Arnold Peiter

Spannungs-meßpraxis

Aus dem Programm Werkstoffkunde, Werkstoffprüfung

Spannungsmeßpraxis
Ermittlung von Last- und Eigenspannungen
von Arnold Peiter

Praktikum in Werkstoffkunde
von E. Macherauch

Werkstoffkunde und Werkstoffprüfung
von W. Weißbach

Technologie der Werkstoffe
von J. Ruge

Werkstoffkunde für Ingenieure
von R. Laska und C. Felsch

Werkstoffkunde der Elektrotechnik
von E. Döring

Werkstoffkunde für die Elektrotechnik
von P. Guillery, R. Hezel und B. Reppich

Plastizitäts- und Elastizitätslehre
von J. Betten

Betriebsfestigkeitslehre
von W.-U. Zammert

Vieweg

Arnold Peiter

Spannungsmeßpraxis

Ermittlung von Last- und Eigenspannungen

Mit 105 Abbildungen

Unter Mitarbeit von
Klaus Goebbels
Reinhard Kaufmann
Henner Ruppersberg
Harald Wern

Friedr. Vieweg & Sohn Braunschweig / Wiesbaden

Prof. Dr.-Ing. *Arnold Peiter*
Fachhochschule Saarbrücken
Leiter des Materialprüfamtes des Saarlandes
(Kapitel 1–9)

Dipl.-Ing. FH *Reinhard Kaufmann*
Measurements Group, Meßtechnik GmbH
München-Lochham
(Kapitel 10)

Privatdozent Dr. *Klaus Goebbels*
Fraunhofer Institut für zerstörungsfreie Prüfverfahren, Saarbrücken
(Kapitel 11 und 12)

Prof. Dr. *Henner Ruppersberg*
Universität Saarbrücken
Fachrichtung: Werkstofftechnik und Werkstofftechnologie
(Kapitel 13)

Dr. *Harald Wern*
Universität Saarbrücken
Fachbereich 11, Experimentalphysik
(Kapitel 14 und 15)

1986

Umschlaggestaltung: Peter Neitzke, Köln
Druck und buchbinderische Verarbeitung: W. Langelüddecke, Braunschweig
Printed in Germany

ISBN 3-528-03363-0

Vorwort

Werkstoffe werden in Bauteilen, Komponenten und Anlagen eingesetzt, um Beanspruchungen zu ertragen. Diese sind z. B. thermischer, chemischer, in erster Linie aber mechanischer Art: die Summe aus Last- und Eigenspannungen darf die werkstoff- und konstruktionsbedingten Grenzwerte nicht überschreiten. Dementsprechend weit entwickelt sind die theoretisch-rechnerischen Verfahren der Spannungsanalyse, Festigkeits- und Plastomechanik, insbesondere unter der Nutzung der Finite-Elemente-Methoden.

Auf der experimentellen Seite begann man etwa um 1900 mit mechanischen Geräten die Änderung von Last- und Eigenspannungen zu erfassen – genau genommen ist jede Spannungsmessung auch heute noch eine Dehnungsmessung –; inzwischen sind die meisten Aufnehmer dieser Art vom Markt verschwunden und durch elektrische Verfahren mit Dehnungsmeßstreifen (DMS) ersetzt. Parallel zu der Umstellung gewannen optische, röntgenographische, akustische u. a. Methoden an Bedeutung, denn sie ermöglichen nach Einarbeitung und Installation sowohl eine schnellere als auch eine zerstörungsfreie Spannungsanalyse, die auch mit der Produktion Schritt halten kann. Die Entwicklung dieser, vielfach als „physikalisch" bezeichneten Verfahren ist noch nicht abgeschlossen, ja noch nicht einmal abzusehen, wenn man an die Mögllichkeiten denkt, die z. B. Lichtleitfasern bieten. Über diese Neuerungen und die damit verbundenen Verbesserungen wird im internationalen Schrifttum berichtet. Dabei kommt aber die Praxis zu kurz.

Ziel des Buches ist, erprobte Verfahren der Spannungsmessung mit ihren Durchführungen und Anwendungen vorzustellen. Dabei werden theoretische Darlegungen nur so weit herangezogen, wie sie zum Verständnis erforderlich sind. Studenten, Techniker, Ingenieure sowie Mitarbeiter in Labors, Prüfanstalten und Werkstätten werden nach dem Durcharbeiten der Ausführungen nicht perfekt in der Spannungsmeßtechnik sein. Sie werden aber beurteilen können, welche Verfahren für sie in Frage kommen, und welche Ergebnisse möglich sind. Erfahrungen muß jeder selbst erwerben, sie sind nicht käuflich. Sollten trotzdem einmal bei einer Spannungsmeßaufgabe die Lichter ausgehen, und man nicht mehr ein noch aus wissen, so können die Autoren sicher weiterhelfen.

Möglich wurde die Darstellung durch ein glückliches Zusammentreffen von Ideen, Personen und Instituten im Saarland. Es begann damit, daß sich Vertreter des Vieweg-Verlages, anläßlich einer Bücherausstellung in der FH Saarbrücken, nach wissenschaftlichen Tätigkeiten erkundigten. Dabei wurde die Idee „Spannungsmeßpraxis" geboren. Durch die Bekanntschaft mit Physikern und Praktikern ergab sich eine Autoren-Gruppe und durch Vorlesungen eine Studenten-Gruppe, die Manuskripte und Bilder druckfertig machte. Schließlich konnten die Texte außer Haus, auf einer Siemens Textverarbeitungsanlage I 4200 geschrieben, gespeichert und korrigiert werden.

Für Mitarbeit und Engagement danken wir den Studenten und angehenden Diplom-Ingenieuren:

Thomas Schwarze und Thomas Schwarz
sowie: V. Degel, U. Reineke, J. Graf, R. Schneider.

Danken möchten wir auch

Herrn Bruno Brück, Ringwalzwerk Saarbrücken-Ensheim und
Herrn Horst Lehnert, Siemens AG Saarbrücken,

für vorübergehende Überlassung der Textverarbeitungssysteme und ihr hilfreiches Entgegenkommen.

Letztlich sind wir dem Vieweg-Verlag, insbesondere Herrn Ewald Schmitt, zu Dank verpflichtet für Unterstützung unseres Vorhabens und schnelle Drucklegung.

Saarbrücken, im Februar 1986 Die Autoren

Inhaltsverzeichnis

1 **Materialbeanspruchung** ... 1
1.1 Materialien ... 1
1.2 Beanspruchungsart ... 2
1.3 Beanspruchungsgrößen ... 5
1.4 Beanspruchungsermittlung ... 7
1.5 Einsatzmöglichkeiten ... 11
1.6 Ausgewählte Anwendungsbeispiele ... 11

2 **Verformungen** ... 18
2.1 Koordinatenverformungen ... 18
2.2 Hauptverformungen ... 23
2.3 Vergleichsformänderungen ... 24

3 **Spannungen** ... 32
3.1 Koordinatenspannungen ... 32
3.2 Hauptspannungen ... 34
3.3 Vergleichsspannungen ... 38

4 **Hooke'sche Gesetze** ... 46
4.1 Elastische Beanspruchung ... 46
4.2 Überelastische Beanspruchung ... 53
4.3 Anisotrope Stoffe ... 55

5 **Mechanische Meßverfahren** ... 57
5.1 Prinzip ... 57
5.2 Der Setzdehnungsmesser zum Messen von Längenänderungen ... 58
5.3 Krümmungsmessung ... 61

6 **Dehnungsmeßstreifen** ... 70
6.1 Prinzip ... 70
6.2 DMS-Meßtechnik ... 72
6.3 Meßwertkorrekturen ... 76
6.4 Aufnehmer und Meßgeräte ... 83

7 **Dehnlinienverfahren** ... 94
7.1 Meßprinzip ... 94
7.2 Maybach-Verfahren ... 94
7.3 Stress-Coat-Verfahren ... 95

8 Lastspannungsermittlung . . . 99
8.1 Verfahren . . . 99
8.2 Meßstellenauswahl . . . 101
8.3 Meßdurchführung . . . 104
8.4 Auswertung . . . 104

9 Eigenspannungen . . . 114
9.1 Entstehung und Verteilung von Eigenspannungen . . . 114
9.2 Meßprinzip . . . 116
9.3 Einschneideverfahren . . . 117
9.4 Ausschneideverfahren . . . 120
9.5 Biegeverfahren . . . 121
9.6 Ausbohr- und Abdrehverfahren . . . 125
9.7 Bohrlochverfahren . . . 126
9.8 Epsilon-Feldanalyse (EFA) . . . 126

10 Das spannungsoptische Oberflächenschichtverfahren . . . 143
10.1 Vorbemerkung . . . 143
10.2 Prinzip . . . 143
10.3 Das Meßgerät . . . 145
10.4 Berechnungsgrundlagen . . . 146
10.5 Der Meßvorgang . . . 149
10.5.1 Messung der Hauptdehnungsrichtungen . . . 149
10.5.2 Messung der Hauptdehnungsdifferenz Bestimmung der Größe der Isochromatenordnung . . . 150
10.6 Applikation der spannungsoptischen Schicht . . . 152
10.7 Zusammenfassung . . . 154

11 Ultraschall-Verfahren . . . 160
11.1 Einleitung . . . 160
11.2 Physikalische Grundlagen . . . 160
11.3 Meßverfahren . . . 163
11.4 Meßtechnik . . . 166
11.5 Anwendungen/praktische Erfahrungen . . . 167
11.5.1 Bleche . . . 168
11.5.2 Schweißnähte . . . 168
11.5.3 Schwere Schmiedestücke . . . 169
11.5.4 Schienen und Schrauben . . . 169
11.5.5 Weitere Entwicklung . . . 169

12 Mikromagnetische Spannungsmessung . . . 179
12.1 Einleitung . . . 179
12.2 Physikalische Grundlagen . . . 179
12.3 Meßverfahren . . . 181
12.4 Meßtechnik . . . 183
12.5 Anwendungen/praktische Erfahrungen . . . 183
12.6 Bewertung/weitere Entwicklung . . . 184

13 Röntgenspannungsmessung 192
13.1 Einführung 192
13.2 Kristallographische Grundlagen 192
13.3 Röntgenographische Grundlagen 195
13.4 Meßtechnik 198

14 Fehleranalyse und Datenreduktion 207
14.1 Problemstellung 207
14.2 Termdefinition 207
14.3 Ausgleichsrechnung 209
14.3.1 Fehlerfortpflanzung 211
14.3.2 Wahrscheinlichkeitsverteilung 213

15 Röntgen-Integralverfahren 224
15.1 Meß- und Auswerteprinzip 224
15.2 Auswertebeispiele 228

16 Ausblick 238

17 Anhang 242

Literaturverzeichnis 244

Sachwortverzeichnis 248

1 Materialbeanspruchung

1.1 Materialien

Technische Vorhaben, Pläne und Entwürfe lassen sich nur mit solchen Materialien verwirklichen, deren Kennwerte bekannt, zuverlässig und in gewissen Grenzen veränderlich und einstellbar sind. Das gilt schon für mikroskopisch kleine Bauelemente der Elektrotechnik, aber auch für Geräte des Alltags für Motore, Maschinen, Leitungen, Chemieanlagen, Hochbauten, Flugzeuge und Raketen. Die dabei eingesetzten Stoffe sind u.a.: Werk-, Bau-, Kunst-, Natur-, Verbund-, Farb- und Isolierstoffe, die jeweils wieder unterteilt werden können in mehrere Untergruppen. So faßt man z.B. unter dem Begriff "Werkstoffe" zusammen: alle Metalle und deren Legierungen, Reinst-, Leicht-, Schwer- und Edelmetalle, hoch und niedrig schmelzende, gegossene, gesinterte, warm und kaltverformte. Verbunden damit ist eine Vielzahl von Kennwerten und deren Abhängigkeiten, die sich noch weiter variieren lassen durch Entwicklung von Verbund-, Tränk- und Schichtwerkstoffen. Diese Materialien sind zum größten Teil in Deutschland seit einigen Jahrzehnten genormt, sowie mit Kurzbezeichnungen und Werkstoffnummern versehen. Nur wenig älter ist der Beginn einer objektiven, wissenschaftlichen Materialprüfung. Ihre Anfänge fallen mit der Industrialisierung im 19. Jahrh. zusammen. [1.1]

In der früher als "Werkstoffkunde" benannten Wissenschaft gab es von allen den bekannten Stoffen nur erklärende Beschreibungen der Gefüge, Phasenumwandlungen und Meßverfahren, unterstützt durch einfache empirische Regeln. Die heutigen "Werkstoffwissenschaften" dagegen begründen Stoffkennwerte, erklären ihre gegenseitigen Abhängigkeiten mit physikalischen Gesetzen, ordnen systematisch die Legierungen und ermöglichen damit auch eine Vorhersage von zu erwarteten Eigenschaften. Sollen verbindliche Aussagen gemacht werden über Materialbeanspruchung und -haltbarkeit, Sicherheitsfaktor und Belastbarkeit, so reichen die stoff- und gefügeabhängigen Kenngrößen alleine nicht aus. Es ist auch die Beanspruchung im späteren Betrieb zu beachten, denn gesicherte Kennwerte in zunächst einaxial belasteten Proben lassen sich nicht ohne weiteres auf neue und mehraxiale Belastungen übertragen. [1.2; 1.3; 1.4]

1.2 Beanspruchungsart

Die seit eh und je an die Techniker gestellte Forderung, immer schneller, leichter und billiger zu produzieren, führte neben der Entwicklung neuer Stoffe zusätzlich zu neuen Verfahren, Einrichtungen und Konstruktionen. Technische, wissenschaftliche Zeitschriften berichten über den damit verbundenen Fortschritt, das Erzielte und Erstrebenswerte.

Infolge der stets dem augenblicklichen Wissensstand vorauseilenden Plänen entsteht auf diese Weise ein dauerndes Spannungsfeld zwischen Erreichtem und Erreichbarem, zwischen Möglichem und Unmöglichem, zwischen Realität und Utopie. Markante Beispiele dieser Wechselwirkung liefert die unmittelbare Vergangenheit, so zum Beispiel die Kerntechnik, die Weltraumforschung, die Luftfahrt und die Energietechnik. Begann man erst vor etwa 100 Jahren mit einer im heutigen Sinne anerkannten Festigkeitslehre, so hat heute die Materialbeanspruchung eine derartige Vielfältigkeit erreicht, daß Mechanik und Festigkeitslehre mit ihren einfachen Annahmen und Näherungen nur eine Abschätzung der Betriebsfestigkeit ermöglichen. Hinzu kommen schwer erfassbare Einflüsse wie z.B. Kerbform und -zahl, Oberflächenrauheit, mechanisch, thermisch und chemisch veränderliche Beanspruchungen, sowie kombinierte Wirkung von äußeren Verschleiß-, Sperr- und Schutzschichten mit der darunter liegenden Tragschicht.

Bei diesem Erkenntnisstand ist es kaum möglich, eine Zusammenstellung aller Versagensarten zu geben. In Tafel 1.1 wird daher nur versucht, die Dreierkette "Beanspruchung- Stoff- Versagen" mit ihren Untergruppen darzustellen. Es ist daraus eine

Vielzahl möglicher Beanspruchungsarten zu entnehmen. Kombiniert man sie, so erreicht man schnell 100 und mehr unterschiedliche Versagensarten. Ein solcher Katalog ist aus mehreren Gründen für die Anwendung nicht praktikabel. Zum einen erlaubt er nicht, gesicherte Kennwerte auf neue Beanspruchungen zu übertragen, und zum anderen schafft er keine Verbindung zwischen den fast immer einaxialen Prüfverfahren und den zumeist mehraxialen wahren Beanspruchungen. Die Folgen wären überhöhte Sicherheitsbeiwerte und Überdimensionierungen. Will man eine optimale Stoffauswertung erreichen, so muß daher versucht werden, die wahre örtliche Beanspruchung an der höchstbeanspruchten Stelle zu messen. Eine vollständige Analyse des gesamten Spannungsfeldes würde zwar alle Schwachpunkte einer Konstruktion erfassen, sie wäre aber zumeist mit einem nicht zu vertretenden Aufwand verbunden. Hier hilft man sich oft weiter mit Messungen an Modellen oder, soweit das möglich ist, mit betriebsgerechten Prüfungen ganzer Konstruktionen, wie z.B. simulierte Belastungen von Flüssigkeitstanks, Motoren und Brücken.

Bei Kunststoffen kommen schon bei klimatischen Einflüssen neben den Abhängigkeiten nach Tafel 1.1 noch weitere hinzu. Dort hängen die Beanspruchungen noch ab von : Textur, Anisotropie, Kristallinität, Füllstoffe, Feuchtigkeit, Bestrahlung u.a.. Sie lassen sich nicht mehr mit konstanten Kenngrößen beschreiben und auch zumeist nicht mit linearen mathematischen Funktionen. Es bleiben nur graphische Parameterdarstellungen oder experimentell veränderliche Kennfunktionen. [1.5]

Experimentelle Verformungs- und Spannungsmessungen sind für alle diese Materialien und Beanspruchungen eine notwendige Ergänzung und Kontrolle erster theoretischer Berechnungen und Sicherheitsabschätzungen. Voraussetzung ist jedoch, daß die Höchst- oder gar Gesamtbeanspruchung gemessen oder verglichen werden kann mit der Materialbelastbarkeit oder dem Versagen der Konstruktion.

Tafel 1.1: Abhängigkeiten zwischen Beanspruchung, Stoff und Versagen

	Kennwerte	Art
Beanspruchung	mechanisch	einaxial: Zug, Druck, Biegung, Torsion, Knicken, Beulen, Abrieb und mehraxiale Kombinationen, einschließlich Eigenspannungen
	thermisch	bei tiefen, klimatischen, hohen und wechselnden Temperaturen
	zeitlich	statisch: Kurz- oder Langzeitversuche; dynamisch: wechselnd, schwellend, stoßend
	chemisch biologisch	in neutralen oder aggressiven Medien mit und ohne Spannungen; in Kontakt mit Gasen, Flüssigkeiten, Schmelzen, Feststoffen
Stoff	Werkstoff Baustoff Kunststoff	amorph und kristallin, ein- und mehrphasig, homogen und heterogen, isotrop und anisotrop und Kombinationen daraus
Versagen	Abtragen Verformen Brechen	Reibung, chemischer Angriff; teil- u. vollplastisches Fließen Kriechen o. Relaxieren Anriß und Weiterriß Spröd-, Verformungs- und Mischbruch

1.3 Beanspruchungsgrößen

Ein allgemein gültiges, theoretisch begründetes Stoffgesetz zur Beschreibung der verschiedenen Versagensarten existiert nicht. Ausgangspunkt der Hypothesen sind Form und Lage von An- und Weiterrissen, von Bruchformen und -flächen sowie von Arbeitsgrößen. Es handelt sich in jedem Falle um eine phänomenologische Beschreibung erkannter oder vermuteter Zusammenhänge des Fließens oder Brechens unter ein- oder mehraxial aufgebrachter Last.

Trotz dieser Vielfalt von Eigenschaften zieht man bei Werkstoffen oft nur einen Kennwert heran, um sie zu charakterisieren und zu bemessen. So unterscheidet man durch die Zugfestigkeit die Baustähle nach DIN 17100 (z.B. St.44-2), Gußeisen mit Lamellengraphit nach DIN 1691 (z.B. GG-25), weissen und schwarzen Temperguß nach DIN 1692 (z.B. GTW-55 und GTS-55) und Gußeisen mit Kugelgraphit nach DIN 1693 (z.B. GGG-60). Bei Aluminium- und Kupferlegierungen nach DIN 1745 und DIN 1785 kann man den Festigkeitskennwert der Analysen-Kurzbezeichnung anhängen (z.B. Al Mg4,5 Mn F30 und Cu Zn30 F35). Nach den EU- und ISO-Normen, sowie den Stahl- Eisen-Werkstoffbehältern werden schweißbare Stähle und Schweißzusätze durch Angabe der Streckgrenze benannt (z.B. FeE460 V, StE360.7). Aus dieser kurzen Darstellung ist zu ersehen, daß zur Beurteilung von Werkstoffen der Zugversuch nach DIN 50145 das wichtigste Prüfverfahren ist. [1.6]

Rechnet man die beiden Meßwerte Kraft F in Newton und Verlängerung ΔL in mm in die Spannung $\sigma = F/S_0$ [N/mm^2] und die Dehnung $\varepsilon = \Delta L/L_0 \cdot 100$ [%] um, so erhält man dimensionsunabhängige Spannung- Dehnung- Kurven. (S_0 = Proben-Anfangsquerschnitt, L_0 = Anfangsmeßlänge bei Raumtemperatur nach DIN 50145) Typische Spannung- Dehnung- Diagramme zeigt Bild 1.1.

Die Kennwerte dieser Diagramme sind:

1. Linearer Anfangsbereich, der auch als Hooke- oder Elastizitätsbereich bezeichnet wird. Der Geradenanstieg entspricht dem Elastizitätsmodul E, und es gilt dort das Hooke´sche Gesetz: $\sigma = E \cdot \varepsilon$.

2. Übergang vom elastischen zum plastischen Bereich. Je nach Werkstoff und Prüfbedingung kann er unstetig (Streckgrenze R_e in Bild 1.1 e) oder stetig sein. Beim stetigem Übergang spricht man von der Proportionalitätsgrenze R_{po} (Bild 1.1b und 1.1 d) oder von der

3. Dehngrenze $R_{p\varepsilon r}$ (siehe Bild 1.2). Dabei ist ε_r die dazu gehörende nichtproportionale Dehnung in %. Es gibt verschiedene Dehngrenzen, die nach DIN 50145 von 0,005 bis 1% reichen können.

4. Plastischer Bereich mit Gleichmaßdehnung und Tangentenmodul E_t (veränderlicher Kurvenanstieg).

5. Zugfestigkeit $R_m = F_m / S_0$ ist die Maximalspannung aus der Höchstkraft F_m und dem Anfangsquerschnitt S_0.

6. Der Einschnürbereich folgt nach Überschreiten der Höchstkraft. Die Zugprobe bricht dann anschließend.

Bis auf einige Ausnahmen tritt eine ausgeprägte Streckgrenze nur bei kohlenstoffarmen, weichgeglühten Stählen auf. Zur Beurteilung des technisch zulässigen elastischen Verhaltens wurden daher nach DIN 50145 Dehngrenzen festgesetzt. Sie werden aus dem σ - ε - Diagramm bestimmt, indem zur Hooke´schen Geraden im Abstand von ε_r (z.B. 0,2%) eine Parallele gezogen wird (siehe Bild 1.2). Die Ordinate des Schnittpunktes ist die gesuchte Dehngrenze $R_{p\varepsilon r}$ (z.B. $R_{p0.2}$ = 230 MPa).

Analoge Spannungs- und Verformungskennwerte gibt es für die

anderen, einaxialen Prüfungen wie Druck, Biegung, Torsion, Schub oder Abscheren (DIN 1602, DIN-Taschenbuch 19 "Materialprüfnormen für metallische Werkstoffe"). Dabei ist weiter zu unterscheiden, ob die Beanspruchung statisch oder dynamisch (wechselnd oder schwellend) über lange oder extrem kurze Zeiten, bei Raumtemperatur oder bei tiefen bzw. erhöhten Temperaturen aufgebracht wird. Es muß unterschieden werden, ob Kriechen vorliegt d.h. Verformen unter konstanter Spannung oder Relaxieren d.h. Spannungsminderung bei konstanter Verformung.

Daneben ist zu beachten, daß Konstruktionsteile selten nur einaxial belastet werden; zumeist wirken immer mehrere Kräfte bzw. Momente in verschiedenen Achsen. Um diese mehraxialen Beanspruchungen durch einen einzigen Kennwert zu erfassen, wird mit Hilfe mathematischer Hypothesen eine rechnerische, als positiv festgelegte Vergleichsspannung geschaffen, die als rein einaxiale Zugspannung die gleiche Beanspruchung hervorrufen soll. Aus dieser Übersicht ist zu ersehen, daß die mechanische Spannung die wichtigste Größe ist, um Materialien und Konstruktionen zu beurteilen und zu vergleichen. Sie ist der Ausgangspunkt aller Festigkeitsberechnungen, Dimensionierungen und Sicherheitsabschätzungen und hängt im starken Maße bei jedem Material neben den Verformungen von der Belastungszeit, -temperatur, -umgebung und -art ab. Damit wird sie zum Schlüssel für jedes Stoffverhalten. Es müssen daher Methoden entwickelt werden, um sie zuverlässig zu ermitteln.

1.4 Beanspruchungsermittlung

Mit dem "Begriff" der Beanspruchung werden im folgenden Spannungen <u>und</u> die zugeordneten Verformungen verstanden. Sie sind bei allen Materialien eng miteinander verknüpft und lassen sich auch unter gewissen Bedingungen ineinander überführen. Erste Aussagen hierüber gewinnt man mit Hilfe der Festigkeitslehre. Es lassen sich damit Spannungen, Verformungen und Verschiebungen vorhersagen. In den letzten Jahren hat es eine Erweiterung durch die "Methode der finiten Elemente" gegeben.

Dadurch ist es auch möglich, die Beanspruchung in kompliziert geformten Maschinenteilen zu ermitteln. |1.7|

Berechnungen setzen einmal voraus, daß alle äußeren und inneren Belastungen erkannt und bekannt sind, und daß sich das Verhalten des Werkstoffes durch einfache Gestzmäßigkeiten beschreiben läßt. Hier beginnen nun die ersten Schwierigkeiten jeder Festigkeitsberechnungen. Sie führen oft zu sehr hohen Sicherheitsfaktoren und den damit verbundenen Überdimensionierungen. Es ist nämlich nicht möglich, alle Nebenlasten, Formabweichungen, Unsymmetrien, Instabilitäten und Plastifizierungen zu erfassen, oder gar mit linearen Funktionen zu beschreiben. Strebt man aber eine optimale Ausnutzung oder Auslegung einer Konstruktion an, so ist es sinnvoll und notwendig, die Spannungsberechnungen durch Spannungsmessungen zu ergänzen. Nur damit gewinnt man vollständige Angaben über die wahre örtliche Spannung. In dem Meßwert subsummieren sich nämlich Last- und Werkstoffmechanik, Fertigungstoleranzen und Betriebszustand; kurz: Die gesamte resultierende Beanspruchung.[1.8; 1.9]

Überblickt man die verschiedenen Verfahren der experimentellen Spannungsermittlung, so stellt man fest, daß die Spannung, als eine der wichtigsten Kenngrößen der Technik, nicht direkt gemessen werden kann. Sie sind vielmehr aus einer Kombination von Messung, theoretischen Annahmen und Berechnungen ermittelt. Es gibt demnach keine Spannungsmeßtechnik, sondern nur ein Messen von Verformungen, bzw. damit zusammenhängenden Größen und eine daraus folgende Berechnung der Spannungen. Umrechnungsfaktoren sind stoffspezifische Elastizitätskonstanten, Schallgeschwindigkeiten, magnetische Kennwerte u.a..

Die experimentelle Ermittlung der Spannungen in Werk-, Bau- und Kunststoffen hat in den letzten Jahrzehnten eine bemerkenswerte Fortentwicklung erfahren. Konnte man früher nur mit mechanischen oder optischen Geräten die Verlängerung und Verkürzung einer Meßstrecke erfassen, so setzten nach 1940 Dehnungsmeßstreifen (DMS) neue Maßstäbe. Dieser sehr leichte Aufnehmer wird fest mit dem Prüfobjekt verbunden und erlaubt mit der dazu entwickelten elektrischen Meßtechnik die Ermittlung von Dehnungen und Stauchungen bei statischer, dynamischer und thermischer Beanspruchung. Damit wurde auch das gleichzeitige Registrieren und Schreiben an mehreren Meßstellen über große Entfernungen möglich. Die DMS-Technik liefert heute die meisten Anwendungsmöglichkeiten zur Spannungsermittlung. Das zeigt sich schon in der Zahl der Hersteller für DMS und der dazu erforderlichen Meßgeräte, aber auch in den vielfältigen DMS-Formen, -Abmessungen und -Anordnungen. Daneben haben sich weitere Verfahren in Werkstätten und Labors durchgesetzt und bewährt.

So werden auch heute noch mechanische Verfahren eingesetzt um statisch wirkende Spannungen zu ermitteln. Dabei werden Meßstrecken durch Anreißen, Einbohren von Löchern oder Anbringen von Kugeln markiert und ihre Verlängerungen oder Verkürzungen $\Delta l = l - l_0$ infolge Be- oder Entlastung gemessen. Die Meßungenauigkeiten sollten kleiner als $\pm$ 1 µm sein. Der Vorteil liegt darin, daß über Nuten, Rillen und Unebenheiten hinweg gemessen werden kann und das umgebende Medium, insbesondere Feuchtigkeit, fast keinen Einfluß auf die Reproduzierbarkeit haben. Der Nachteil ist durch die mechanischen, aufsetzbaren Meßgeräte bedingt, sowie durch das Ausmessen von Strecken und nicht von Formänderungen $\varepsilon = (l - l_0)/l_0$ wie bei DMS.

Verwendet man Dehnungsmeßstreifen, so wird die relative Änderung ihres elektrischen Widerstandes R infolge Dehnung oder Stauchung gemessen. Aus den sehr genauen relativen Widerstandsänderungen läßt sich mit Hilfe eines statistisch ermittelten Eichfaktors k die Formänderung in Meßrichtung ermitteln; denn es gilt:

$$\varepsilon = \Delta l/l_0 = (l - l_0)/l_0 = (\Delta R/R)/k \qquad (1\text{-}1)$$

Die Umrechnung in die zugeordneten Spannungen nach den Hookeschen Gesetzen ist die gleiche wie bei den mechanischen Verfahren.

Dehnlinienverfahren benutzen Lacke oder Harzmischungen um die Beanspruchung sichtbar zu machen. Die Stoffe sind gleichmäßig unter gewissen, vorgeschriebenen Bedingungen aufzutragen. Wird die Probe oder das Werkstück belastet, so reißt der Oberflächenfilm überall dort auf, wo die Bruchdehnung des Überzuges erreicht wird. Senkrecht zu diesem Riß wirkt dann eine ganz bestimmte Spannung, die sich aus den elastischen Werkstoffwerten nachträglich angeben läßt. Zieht man die Rißlinien mit weißer Farbe nach, so erhält man Dehnlinienfelder, ähnlich Höhenlinien in Landkarten. Dort wo sie sich eng zusammenscharen, waren die Spannungen sehr hoch. Der große Vorteil dieses Verfahrens liegt darin, daß man nach Auswertung das gesamte Spannungsfeld der Probe mit einem Blick erfaßt.

Bei Röntgenverfahren wertet man die Reflexion einer monochromatischen Röntgenstrahlung aus. Trifft der Primärstrahl auf das beanspruchte Kristallgitter, so wird durch dessen Verformung unter Last der reflektierende Strahl in einem etwas anderen Winkel zurückgeworfen, als im unverspannten Zustand. Aus der kleinen Winkeländerung lassen sich die Abweichungen der Gitterkonstanten ermitteln, und damit dann auch die Verformungen und Spannungen berechnen.

Die aufwendigen spannungsoptischen Verfahren benutzen das physikalische Prinzip, daß in gewissen durchsichtigen Stoffen, wie Plexiglas oder Araldit bei Beanspruchung die Lichtgeschwindigkeit etwas anders ist als im unverspannten Zustand. Es entstehen dadurch Interferenzen, d.h. örtliche Lichtauslöschung. Aus ihrer Zahl und mit Hilfe einer Eichkonstante lassen sich dann die Spannungen in dem Modell ermitteln. Es ist auch möglich, kleine Platten aus optisch aktiven Stoffen auf undurchsichtige, große Proben aufzukleben und aus deren Interferenzbildern unter Last auf die Spannungen im Werkstück zu schließen. Der Vorteil dieser Verfahren liegt darin, daß auch Spannungsfelder sichtbar gemacht werden.

1.5 Einsatzmöglichkeiten

Über jedes skizzierte Verfahren existierte eine Vielzahl von Veröffentlichungen und Bücher. Um in gedrängter Form eine Übersicht der verschiedenen Einsatzmöglichkeiten zu geben, werden in Tafel 1.2 die Einsatzmöglichkeiten, sowie gewisse Eigenschaften gegenübergestellt. Damit soll einmal versucht werden, die verschiedenen Gesichtspunkte bei Spannungsermittlungen zu vergleichen, wie auch die Verfahren zu beurteilen.

1.6 Ausgewählte Anwendungsbeispiele

Zum Schluß der Ausführungen sollen noch einige Hinweise gegeben werden, wie man bei Planung und Beginn einer Meßaufgabe verfährt. Aus langjähriger Erfahrung kann man sagen, daß Spannungsmessungen heute selten bei Neukonstruktionen eingesetzt werden. Zumeist zwingt ein Versagen der Anlage und ein "nicht-mehr-weiter-können", daß man Dehnungsmeßverfahren einsetzt; so z.B. nach Ausbeulen von Kesselböden unter Prüfdruck, nach Abreißen von Abschleppgestänge, nach Zusammenbrechen von Pumpgestänge, nach dem Auftreten von Rissen in Kranen, Luftvorwärmern, Krücken, Stützen, Ketten, nach dem Losreißen von Verankerungen und nach dem Zusammenwirken von Last- und Eigenspannungen usw..

Steht man vor diesen neuen Aufgaben, so wird man wohl kaum die Wahl haben zwischen den in Tafel 1.2 aufgeführten fünf verschiedenen Verfahren. Trifft dies ausnahmsweise zu, so ist zu bedenken, daß die Einsatzmöglichkeiten zumeist sehr spezifisch sind. Dehnungslinienverfahren wird man zur qualitativen Ermittlung von Spannungskonzentrationen am Prüfkörper (Gußteile und Motorgehäuse) einsetzen, um dann später mit DMS an gefährdeten Stellen die Spannungen exakt zu bestimmen. Die Spannungsoptik wird zumeist an verkleinerten Modellen in Verbindung mit dem DMS-Verfahren verwendet. Es stellen sich dabei vor allem Probleme aus der Baustatik. Röntgenverfahren arbeiten zerstörungsfrei, und so werden sie vor allem zur Eigenspannungsmessung und zur metallkundlichen Analyse verwendet. Mechanische Verfahren sind billig und unempfindlich gegenüber Umwelteinflüssen, und daher setzt man sie oft bei Großmaschinen- und Leitungsbau ein; wie z.B. an Großgefäßen der Stahl- und Chemieindustrie, an Rohrleitungen und an Stellen an deren unmittelbarer Nähe geschweißt wird.

Vor der Installation der Meßeinrichtungen sollten die Meßstellen genau beurteilt und festgelegt werden. Es ist dabei wichtig, die Stellen der größten Beanspruchung zu finden und vielleicht sogar die Richtung der größten und kleinsten Spannungen. Man legt dann die Meßrichtung in diese. Dadurch spart man Meßstellen und auch spätere Auswertungen ein. Manuell lassen sich bei statischer Belastung bis zu hundert Stellen ausmessen. Muß man eine vollständige zweiaxiale Analyse durchführen, mit drei Meßeinrichtungen an jeder Stelle, so lassen sich etwa nur ein Drittel d.h. etwa 30 auswerten. Mit gesteuerten automatischen Anlagen, welche auch die Meßergebnisse aufschreiben oder zeichnen, sind mehrere hundert Meßstellen erfaßbar, d.h. bis zu 20 Meßstellen pro Sekunde und Bandaufzeichnung.

Der Meßort muß eben sein oder höchstens schwach gekrümmt. So sind z.B. DMS-Messungen an Rundungen von fünf Millimetern Durchmesser noch ohne Schwierigkeiten möglich. Es ist aber darauf zu achten, daß der Spannungszustand dort konstant ist. Andernfalls werden nur Mittelwerte von dem Aufnehmer ermittelt.

Vor Meßbeginn ist die Reproduzierbarkeit der ganzen Einrichtung zu prüfen, insbesondere, ob der Nullpunkt unverändert ist. Dazu wird man mehrmals die Meßstellen vor der Belastung ausmessen. Bei mechanischen Verfahren, wo es auch auf die Handhabung der Geräte ankommt, wird man gar das Messen einüben und z.B. bis zu zehnmal die Strecken ausmessen lassen. Während der Messung sind alle äußeren Veränderungen zu berücksichtigen, wie z.B. Verlagerung der Anlage, Erschütterungen und Temperaturänderungen, insbesondere aber Sonneneinstrahlung.

Nach der Messung und Entlastung oder bei Messungen im Freien nach jeder Laständerung sollte unbedingt an allen Meßstellen der Nullpunkt erneut sehr genau festgestellt werden. Dadurch erhält man Hinweise auf überelastische Verformungen unter Last. Sollten diese gar erwartet werden, so wird man in Stufen be- und entlasten und jeweils alle Meßstellen beim Entlasten ausmessen. Die Entlastung aus überelastischer Beanspruchung erfolgt in großen Bereichen linear mit der Lastrücknahme.

Nach dem Messen müssen zumeist recht umfangreiche mathematische Umrechnungen durchgeführt werden. So sind z.B. Hauptspannungen und ihre Richtung zu bestimmen, oder Vergleichsspannungen um mehraxiale Spannungszustände mit einaxialen zu vergleichen.

Dazu gibt es heute schon programmierbare Kleinrechner, welche die recht mühevolle Arbeit abnehmen.

Tafel 1.2: Einsatzmöglichkeiten von Dehnungsmeßverfahren

Einsatz-möglichkeit	Dehnungsmeßverfahren				
	mech. Verf.	DMS-Verf.	Dehnlin.-Verf.	Röntgen-Verf.	Spannungsoptik
Probengröße	$\sim$ cm	$\sim$ mm	$\sim$ cm	$\sim$ mm	zumeist Modell
Meßstrecke	$\geqq$ 10 mm	$\geqq$ 1 mm	$\sim$ mm	$\leqq$ 1 mm	$\sim$ mm
Meßort	zugängig	beliebig	sichtbar	sichtbar	sichtbar
Unebenheiten	ohne Einfluß	abschleifen	ohne Einfluß	ohne Einfluß	unmöglich
Spannungsfeld	nein	nein	ja	nein	ja
Vielstellen-meßtechnik	nein	ja	--	nein	--
dynamische Beanspruchung	nein	ja	möglich	nein	möglich
hohe Temperaturen	200° C	Sonder-DMS	nein	begrenzt	nein
tiefe Temperaturen	ja	ja	ja	ja	ja
Feuchtigkeit	ohne Einfluß	schädlich	schädlich	ohne Einfluß	teilw.schädl.
agressive Medien	möglich	Sonder-DMS	unmöglich	möglich	unmöglich
bewegte Teile	unmöglich	ja	ja	nein	möglich
Telemetrie	unmöglich	ja	nein	nein	nein
Fahrbetrieb	unmöglich	ja	ja	nein	nein
Langzeitmessung	ja	unbegrenzt	nein	ja	ja

Registrierung	nein	ja	nein	ja	nein
automatische Auswertung	nein	ja	nein	ja	nein
Vorbereitung/ Meßzeit	kurz/kurz	mittel/kurz	kurz/kurz	mittel/lang	lang/lang
Heterogene Stoffe	keine Phasentrennung			Phasentrennung	
räumliche Analyse	nein	möglich	nein	nein	ja
Folien	nein	nein	nein	ja	ja
Genauigkeit	gut	sehr gut	mäßig	gut	gut
apparative Einrichtung	klein	groß	sehr klein	sehr speziell	sehr speziell
Preis	niedrig	hoch	sehr niedrig	sehr hoch	hoch
Meßungenauig-keit	$\Delta l_{min} \leqq 1 \mu m$	$\Delta\varepsilon_{min} \leqq 2\ 10^{-6}$	$\Delta\sigma \leqq 50$ MPa	$\Delta\sigma \leqq 20$ MPa	

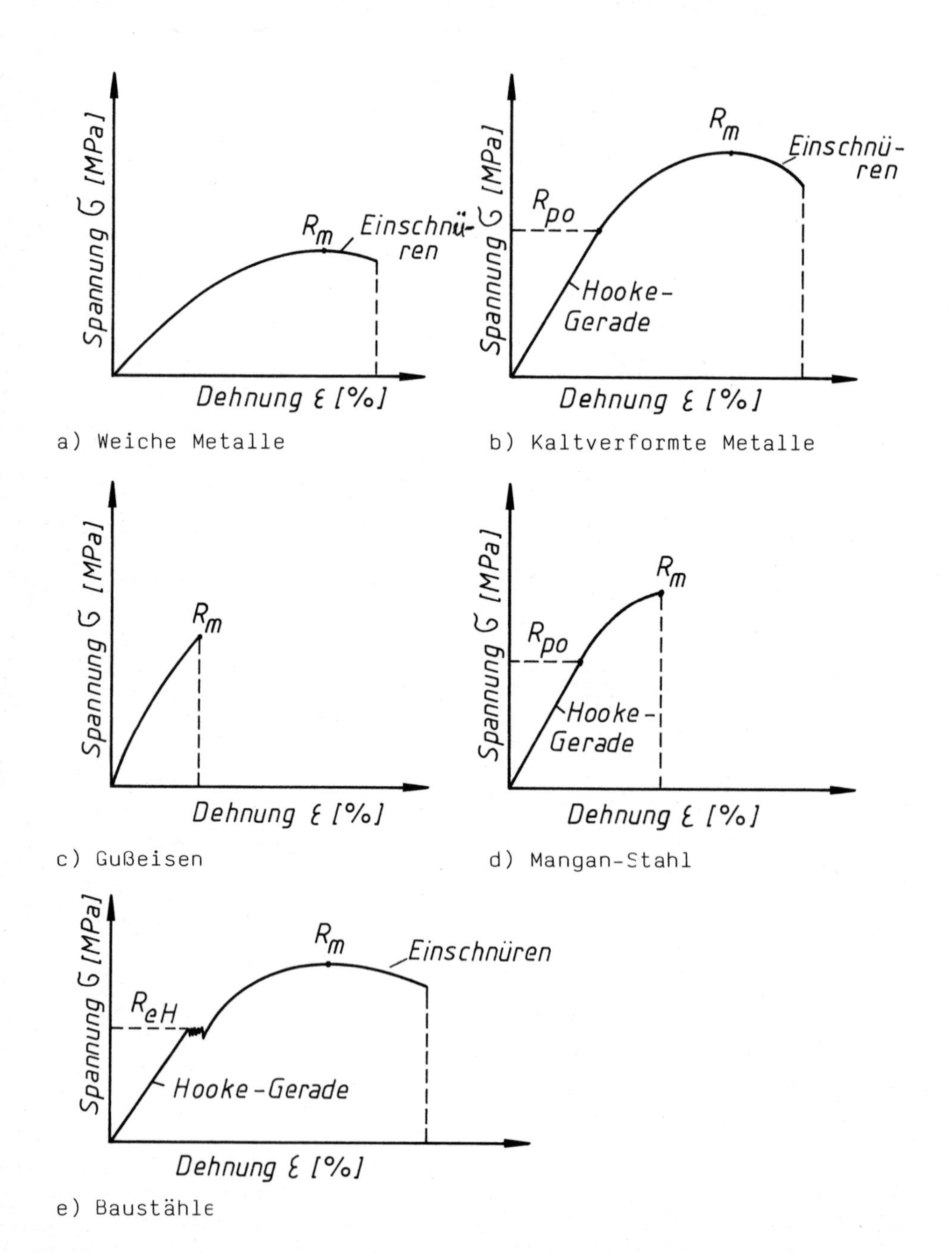

Bild 1.1 Typische Spannung-Dehnung-Diagramme für Werkstoffe

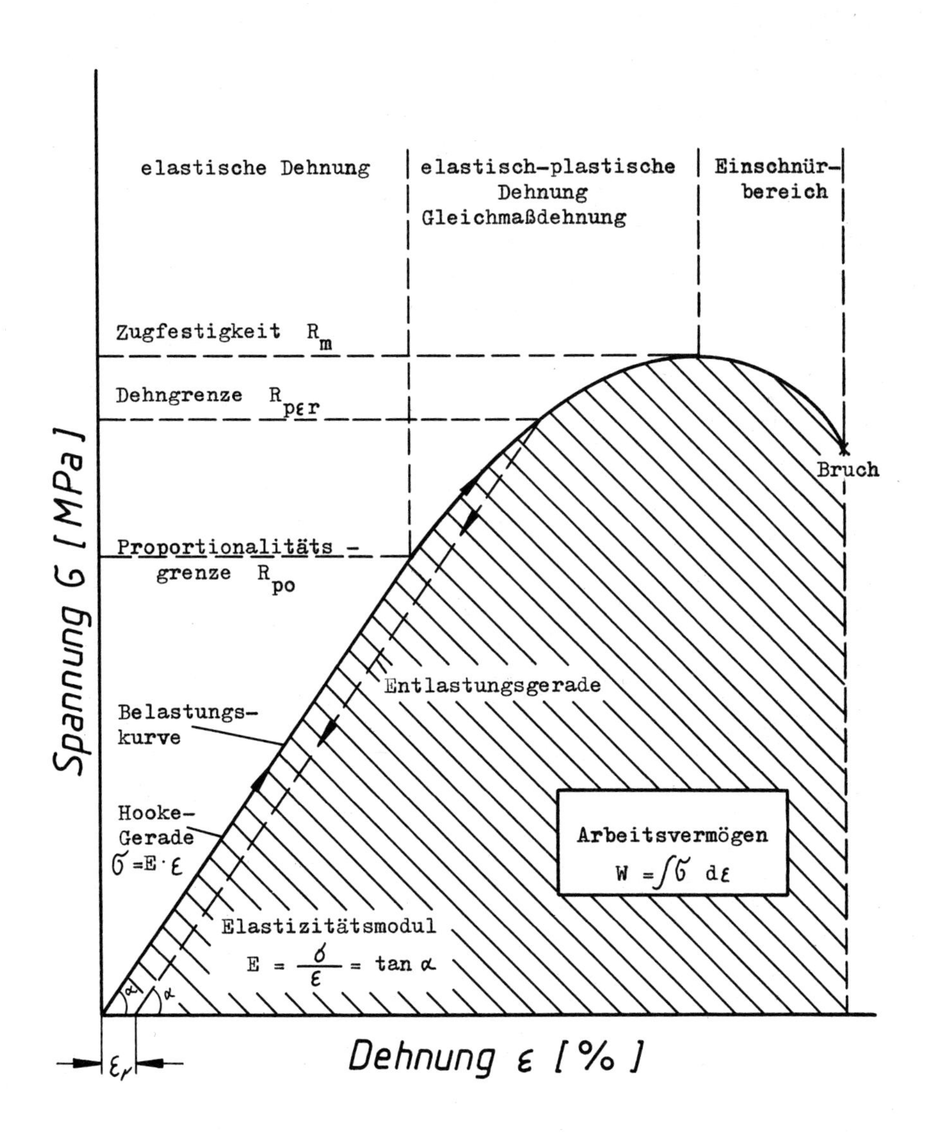

Bild 1.2 Schemat. Spannung-Dehnung-Diagramm mit Kennwerten

2 Verformungen

Unter der Wirkung von Kräften, Momenten, Drücken, Beschleunigungen, Konzentrations- und Temperaturänderungen verformen sich alle Materialien. Es treten dabei Verlängerungen, Verkürzungen und Winkeländerungen auf, die in den Raumrichtungen zumeist verschieden sind. Es hängt daher von den gewählten Koordinaten ab, wie sie zu beschreiben sind.[2.1; 2.2]

2.1 Koordinatenverformungen

In Bild 2.1 ist ein, im mathematischen Sinne, rechts drehendes, rechtwinkliges Koordinatensystem gezeichnet. Man versteht darunter eine solche Anordnung, bei welcher die x-Achse von rechts nach links in die y-Achse überführt wird, wenn sich der Betrachter in die senkrecht stehende z-Achse versetzt denkt. Der gestrichelt eingezeichnete, verformungsfreie, kleine, elementare Quader wird durch die in den drei Ecken angreifenden Verformungen in einen schiefwinkligen Körper überführt. Damit wird der allgemeinste Verformungszustand im Innern eines Werkstückes beschrieben. Er kann sich je nach Beanspruchung oder Werkstückform von Ort zu Ort d.h. innerhalb von Millimeter- oder gar Mikrometerbereichen ändern.

Zunächst sei der einaxiale Fall betrachtet. Bild 2.2, links zeigt einen zylindrischen Zugstab mit der Ausgangslänge l_0, der durch eine mittige, achsparallele Kraft gestreckt wird auf die Endlänge l. Es stellt sich dabei eine Verlängerung $\Delta l = l - l_0$ ein. Die Dehnung ε ist dann nach der Definition: Verlängerung Δl je Längeneinheit l_0 gegeben durch:

$$\varepsilon = \Delta l / l_0 = (l - l_0) / l_0 \quad [-] \qquad (2-1)$$

Mit $l > l_0$ ist ε eine positive, dimensionslose Zahl. Sie wurde früher oft in Prozent oder Promille angegeben; heute jedoch zumeist in 10^{-6}. Wird z.B. ein Stab mit l_0 = 200 mm um Δl = 0,1 mm gestreckt, so berechnet sich für die Gesamtlänge eine mittlere Dehnung von $\varepsilon = 500 \cdot 10^{-6}$ oder 0,05 % bzw. 0,5 ‰. Prozentangaben werden heute vorwiegend nur noch für Abweichungen, relative Fehler oder Streuungen benutzt.

Wird der Stab in Bild 2.2 gestaucht, so gelten die gleichen Beziehungen. Weil aber nun die Endlänge l kleiner ist als die Ausgangslänge l_0, wird ε negativ.

Wird die eingespannte Welle in Bild 2.2, rechts durch ein Drehmoment M_t tordiert, so wandert die Mantellinie A_0B_0 in die Lage A_0B. Es kommt zu Winkeländerungen γ_{lt}, ohne daß sich die Welle dabei in erster Näherung verkürzt oder verlängert. Ist dies die einzige Verformung, so kann man die Indizes l und t weglassen und einfach γ schreiben. Die Größe wird im Bogenmaß gemessen und mit $\widehat{\gamma}$ bezeichnet, um sie von dem Gradmaß γ° zu unterscheiden. $\widehat{\gamma}$ entspricht einem gewissen Bogen des Einheitskreises mit dem Radius R = 1. Dessen Gesamtumfang $U = 2 \cdot \pi \cdot 1$ ist dem Winkel $\gamma^\circ = 360^\circ$ zuzuordnen und daraus ergibt sich die Umrechnung:

$$\gamma^\circ/\widehat{\gamma} = 360/(2 \cdot \pi) \qquad \gamma^\circ = 57{,}30 \cdot \widehat{\gamma} \qquad (2\text{-}2)$$

γ° ist sehr viel kleiner als ein Grad und $\widehat{\gamma}$ entsprechend noch kleiner. Für $\widehat{\gamma} = 2 \cdot 10^{-3}$ errechnet sich nach Gleichung 2-2 ein Gradmaß von $\gamma^\circ = 0{,}1146^\circ$.

Der Scherwinkel γ steht auch in Beziehung zu dem Verdrehwinkel φ. Bild 2.2 ist zu entnehmen, daß man dem sehr kleinen Bogen B_0B beschreiben kann mit:

$$B_0B = \gamma_{lt} \cdot l_0 = \varphi \cdot r_0 \qquad (2\text{-}3)$$

Daraus berechnet sich $\varphi = \gamma_{lt} \cdot l_0/r_0$

Kleine örtliche Form- und Gestaltänderungen lassen sich in Verbindung mit den Seitenänderungen eines Elementarrechteckes bringen, wie es Bild 2.4 veranschaulicht. Die Rechteckfläche kann auf zwei Arten verformt werden. Bleiben die Winkel erhalten und erfahren die Seiten eine Parallelverschiebung durch Normalspannungen, so ergeben sich die Formänderungen, wie im Bild 2.4 angegeben, als erste partielle Ableitungen aus den Längenänderungen. Treten nur Schiebungen durch Schubspannungen auf, so erfahren die Seiten dabei nur eine vernachlässigbar kleine Längenänderung. Bei den kleinen Winkeländerungen darf man außerdem $\tan\gamma = \widehat{\gamma}$ setzen. Der Scherwinkel $\widehat{\gamma}_{xy}$ zwischen zwei benachbarten Seiten ergibt sich dann aus der Summe von zwei partiellen Ableitungen.

Je nach der Verformungsrichtung von P_0 nach P treten in den Elementarvolumen nur Formänderungen (Dehnungen und Stauchungen) oder nur Winkel- bzw. Gestaltänderungen auf. Beide werden unter dem Oberbegriff Verformungen zusammengefaßt.

Überträgt man alle diese Verformungen auf die drei Raumachsen von Bild 2.1, so ergeben sich für rechtwinklige Koordinaten im allgemeinen Fall 3 x 3 = 9 unterschiedliche Größen. Man faßt sie zu einer Matrix:

$$\ulcorner_{\varepsilon} = \begin{pmatrix} \varepsilon_{11} & \varepsilon_{12} & \varepsilon_{13} \\ \varepsilon_{21} & \varepsilon_{22} & \varepsilon_{23} \\ \varepsilon_{31} & \varepsilon_{32} & \varepsilon_{33} \end{pmatrix} \qquad (2\text{-}4)$$

zusammen. Die Doppelindizes bezeichnen: Richtung der Flächennormalen und der Verformungen d.h.

$\varepsilon_{\text{Flächennormale Verformungsrichtung}}$

Bild 2.1 ist die Zuordnung je Element zu entnehmen. Dort wird allerdings vereinfachend angenommen, daß der betrachtete Körper isotrop ist, und damit die Elemente ε_{ij} und ε_{ji} einander gleich sind, was bei quasi-isotropen Stoffen in der Technik zutrifft. Demnach wird technisches, vielkristallines Material in seinem örtlichen, allgemeinsten Verformungszustand beschrieben durch: $\varepsilon_{11} \neq \varepsilon_{22} \neq \varepsilon_{33}$ und $\varepsilon_{12} = \varepsilon_{21}$; $\varepsilon_{23} = \varepsilon_{32}$; $\varepsilon_{31} = \varepsilon_{13}$ d.h. durch sechs zumeist unterschiedliche Verformungen. Davon sind drei Formänderungen ε_{ii} und drei paarweise gleiche Gestalt- oder Winkeländerungen $\varepsilon_{ij} = \varepsilon_{ji}$. Bei den Formänderungen (Dehnungen, Stauchungen) sind Flächennormale und Verformungsrichtung gleich, bei den Gestaltsänderungen stehen sie senkrecht aufeinander. ε_{ii} ist demnach eine relative Längenänderung, ε_{ij} eine Winkeländerung. Wegen den sehr kleinen Winkeländerungen darf man den Tangens dem Bogenmaß gleichsetzen. Zwischen ε_{ij} und γ_{ij} ist aber zu unterscheiden.

Bild 2.3 ist zu entnehmen, daß die Scherung $\widehat{\gamma}$ des quadratischen Elementes verschieden ist von der Winkeländerung seiner Achsen. Wird das gestrichelte Quadrat durch Scherung zu der Raute verformt, so wandert der Punkt A nach B und die senkrechte Achse MA wird um $\widehat{\gamma}/2$ nach MB gedreht d.h. es wird die Gestaltänderung ε_{12}. Das ganze Element wird allerdings um $2 \cdot \widehat{\gamma}/2 = \widehat{\gamma}$ verschoben. Demnach gilt:

$$\varepsilon_{12} = \widehat{\gamma}_{12}/2 \qquad (2\text{-}5)$$

Die Scherung setzt sich demnach aus zwei Teilen zusammen, so wie in Bild 2.4, unten angegeben ist. Für isotrope Stoffe sind beide gleich groß.

Alle Verformungen (ε_{ii} und ε_{ij}) sind nicht unabhängig d.h. man muß Koordinatensystem und Achsen angeben. Die Koordinaten lassen sich formal ineinander überführen, wenn man folgende zyklische Permutation beachtet.

(2-6)

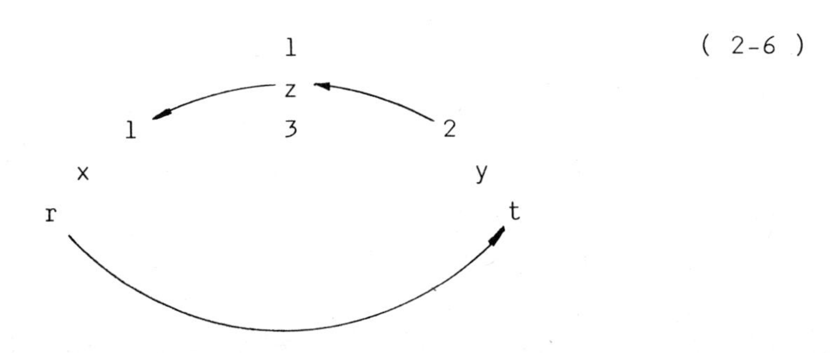

D.h. ε_{11} entspricht ε_{xx} in rechtwinkligen Koordinaten und ε_{rr} in zylindrischen; ε_{23} entspricht ε_{yz} sowie ε_{tl}.

Neben diesen koordinatenabhängigen Verformungen ist es auch wichtig, diejenigen in einer beliebigen anderen Richtung α zu kennen. In Bild 2.5 wird dargestellt, wie sich aus den einaxialen Verformungen ε_x, ε_y und $\widehat{\gamma}_{xy}$ die resultierenden Verformungen ε_α und $\widehat{\gamma}_\alpha$ errechnen. Demnach besteht eine gegenseitige Abhängigkeit. Wird z.B. ein Zugstab nach Bild 2.2 um $\varepsilon_x = 100 \cdot 10^{-6}$ in Längsrichtung einaxial gedehnt, ohne daß eine Querkontraktion ε_y auftritt, so berechnet sich für $\alpha = 30°$ die zugeordneten Form- und Winkeländerungen zu:

$$\varepsilon_{30°} = \varepsilon_x \cdot \cos^2 30° = 100 \cdot 3/4 \cdot 10^{-6} = 75 \cdot 10^{-6};$$
$$\widehat{\gamma}_\alpha = -\varepsilon_x \cdot \sin(2 \cdot 30°) = -100 \cdot 1/4 \cdot 10^{-6} = -25 \cdot 10^{-6}$$

Bei zweiaxialen Verformungen sind die Beziehungen aus Bild 2.5 anzuwenden. Liegen dreiaxiale Koordinatenverformungen vor, so können die Gleichungen aus Bild 2.5 formal erweitert werden. Bezeichnet man gemäß Bild 2.6 die Winkel der betrachteten Flächennormalen n mit den drei Achsen mit (n_x), (n_y) und (n_z), so gilt für die resultierende Formänderung in n-Richtung:

$$\varepsilon_n = \varepsilon_x \cdot \cos^2(nx) + \varepsilon_y \cdot \cos^2(ny) + \varepsilon_z \cdot \cos^2(nz) + \widehat{\gamma}_{xy} \cdot \cos(nx) \cdot \cos(ny) + \widehat{\gamma}_{yz} \cdot \cos(ny) \cdot \cos(nz) + \widehat{\gamma}_{zx} \cdot \cos(nz) \cdot \cos(nx) \quad (2\text{-}7)$$

und für die Gestaltsänderungen:

$$\widehat{\gamma}_n = -(\varepsilon_x - \varepsilon_y) \cdot \sin 2(nx) - (\varepsilon_y - \varepsilon_z) \cdot \sin 2(ny) - (\varepsilon_z - \varepsilon_x) \cdot \sin 2(nz) + \widehat{\gamma}_{xy} \cdot \cos 2(nx) + \widehat{\gamma}_{yz} \cdot \cos 2(ny) + \widehat{\gamma}_{zx} \cdot \cos 2(nz) \quad (2\text{-}8)$$

Mit diesen Ausdrücken lassen sich bei Kenntnis der Koordinatenverformungen die resultierenden Form- und Gestaltsänderungen in beliebige andere Richtungen berechnen. Will man z.B. wissen, unter welchem Winkel zur Stabachse einer ebenen Zugprobe keine Formänderungen ε_α auftreten, so ist von den Größen ε_x, ε_y und $\hat{\gamma}_{xy} = 0$ auszugehen. Entspricht ε_x der Längsdehnung (siehe Bild 2.6), so ist die Querkontraktion nach dem Gesetz von Poisson $\varepsilon_y = -\mu \cdot \varepsilon_x$ und $\hat{\gamma}_{xy} = 0$. Damit erhält man:

$$\varepsilon_\alpha = \varepsilon_x \cdot \cos^2\alpha - \mu \cdot \varepsilon_x \cdot \sin^2\alpha \qquad (2\text{-}9)$$

Für $\varepsilon_\alpha = 0$ folgt der gesuchte Winkel α zu:

$$\tan\alpha = \pm\sqrt{\mu} \qquad (2\text{-}10)$$

Mit $\mu = 0{,}27$ ergibt sich $\alpha = \pm 62{,}5°$.

Wird eine Welle rein auf Torsion beansprucht, und will man wissen unter welchem Winkel α zur Längsachse die größten Formänderungen ε_α auftreten, so ist auszugehen von $\hat{\gamma}_{xy} \neq 0 = \varepsilon_x = \varepsilon_y$ Bildet man die erste Ableitung von:

$$\varepsilon_\alpha = \hat{\gamma}_{xy} \cdot \sin^2\alpha /2 \qquad (2\text{-}11)$$

nach dem Winkel α , und setzt diese null, so ergibt sich:

$$d\varepsilon_\alpha / d\alpha = 0 = \hat{\gamma}_{xy} \cdot \cos 2\alpha \qquad (2\text{-}12)$$

und damit die Winkel $2\alpha = 90° + 180°$ oder $\alpha_1 = 45°$ und $\alpha_2 = 135°$. Appliziert man Dehnungsaufnehmer unter diesen Richtungen, so erhält man dort die größten Anzeigen und damit die kleinste relative Ungenauigkeit.

2.2 Hauptverformungen

Die zweiaxialen Verformungen ε_x, ε_y und γ_{xy} sind zumeist nicht die größten an der Meßstelle. Diese sogenannten Hauptverformungen ε_1, ε_2, γ_1, γ_2 werden aber immer wieder gesucht, denn sie sind mit den dortigen größten Beanspruchungen eng verbunden.

Christian Otto MOHR (1835 - 1918) erkannte als erster,daß sich die beiden Gleichungen des ebenen Verformungszustandes (siehe Bild 2.8) zusammenfassen lassen. Quadriert man und addiert man sie, so läßt sich der Parameter α eliminieren es ergibt sich die Gleichung eines Kreises. Die mathematischen Beziehungen mit numerischer Anwendung sind Bild 2.8 zu entnehmen. Die Richtung der Hauptverformung ergibt sich entweder aus der geometrischen Beziehung des Kreises oder aus den Extremalbedingungen von ε_α und γ_α aus Bild 2.8. Damit lassen sich bei bekannten zweiaxialen Koordinatenverformungen die entsprechenden Hauptverformungen und ihre Richtungen errechnen. Sollen dreiaxiale Analysen durchgeführt werden, so sind für jede der drei Koordinatenebenen analoge Ermittlungen notwendig, d.h. für xy-, yz- und zx- Ebene mit den jeweiligen drei Verformungen ε_x, ε_y, γ_{xy}; ε_y, ε_z, γ_{yz}; ε_z, ε_x, γ_{zx}. Daraus können drei MOHR-Kreise ermittelt werden. Zeichnet man sie in eine Ebene, so daß die zwei kleineren in dem größten liegen, und dessen Durchmesser die Summe der beiden anderen ist. Der Zusammenhang mit einer Matrix ist aus Bild 2.9 zu ersehen.

2.3 Vergleichsformänderungen

Die Wirkung mehraxialer Verformungen auf die Beanspruchung von Werkstoffen kann auch mit Vergleichsformänderungen σ_v beschrieben werden. Je nach experimentell ermittelten Versagensmechanismus beschreibt man sie mit den größten auftretenden Spannungen oder dem mechanischen Arbeitsvermögen. Aus den dabei errechneten Vergleichsspannungen σ_v (siehe Kap. 3) folgt definitionsgemäß die Vergleichsformänderung ε_v zu:

$$\varepsilon_v = \sigma_v / E \qquad (2\text{-}13)$$

E ist der Elastizitätsmodul.

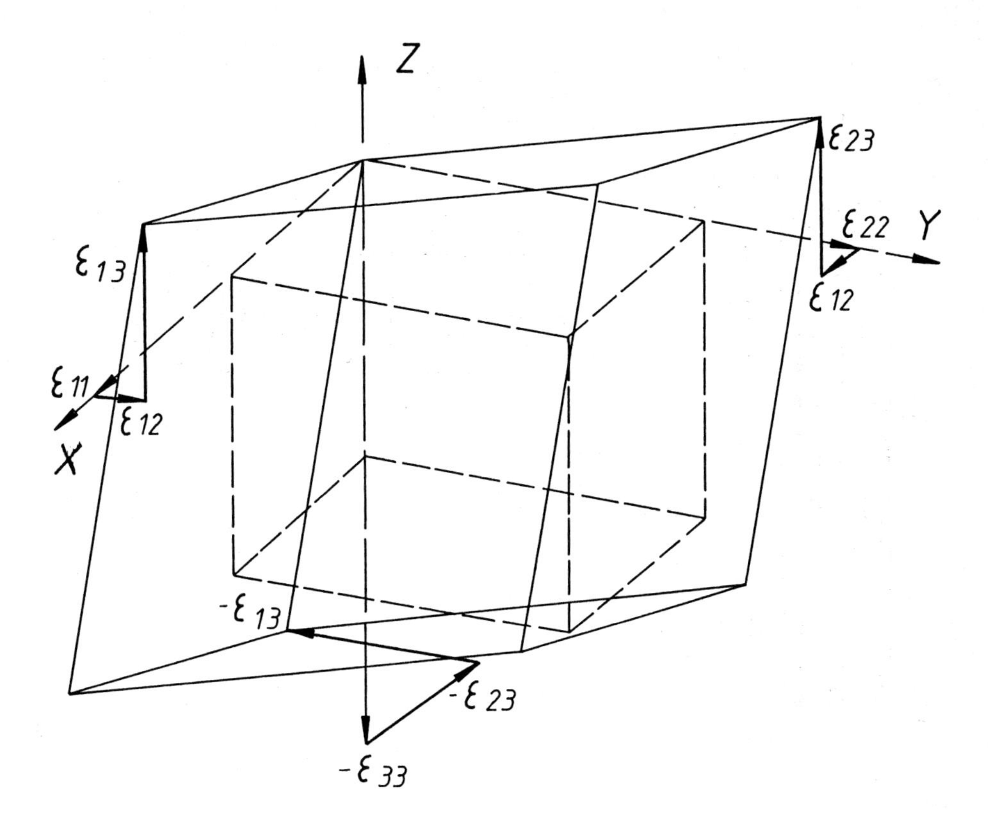

Bild 2.1 Verformungsmatrix und Raumkoordinaten

Jedem Punkt der Probe ist eine Verformungs - Matrix zugeordnet.

$$\underline{\varepsilon} = \begin{pmatrix} \varepsilon_{11} & \varepsilon_{12} & \varepsilon_{13} \\ \varepsilon_{21} & \varepsilon_{22} & \varepsilon_{23} \\ \varepsilon_{31} & \varepsilon_{32} & \varepsilon_{33} \end{pmatrix}$$

$\varepsilon_{12} = \varepsilon_{21}$; $\varepsilon_{13} = \varepsilon_{31}$; $\varepsilon_{23} = \varepsilon_{32}$

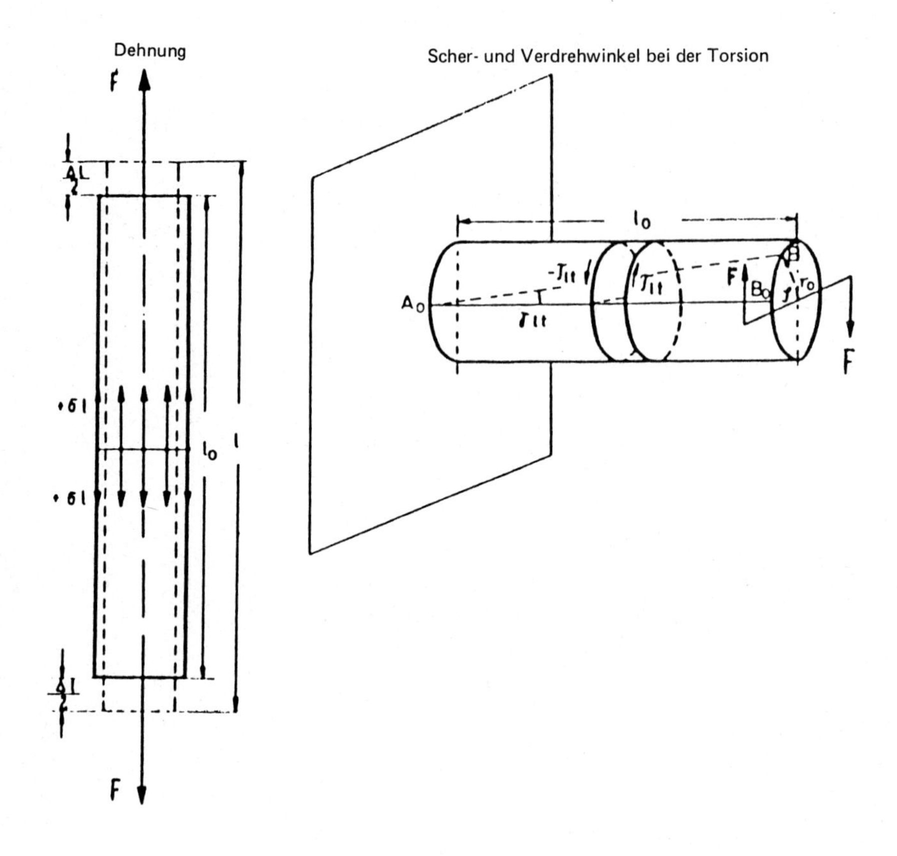

Bild 2.2 Form- und Gestaltänderungen bei Zug und Verdrehen

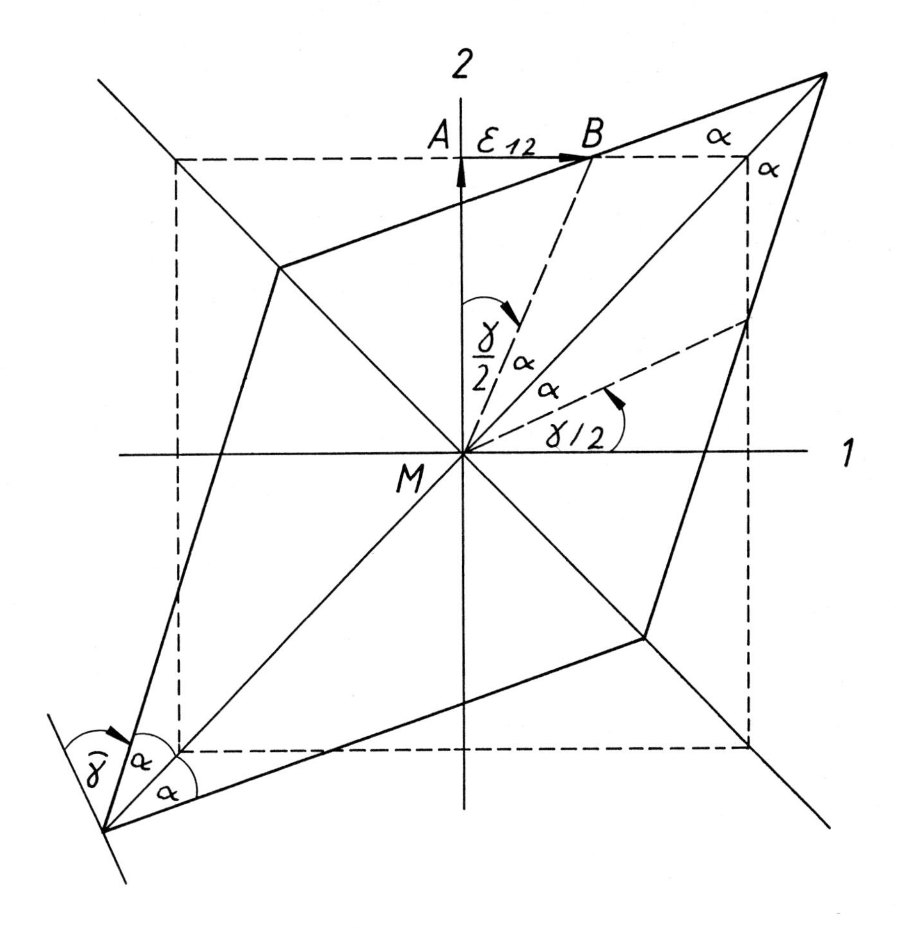

Bild 2.3 Scherung eines Quadrates

Die Winkeldrehung einer Diagonalen (ε_{12}) entspricht $\gamma/2$

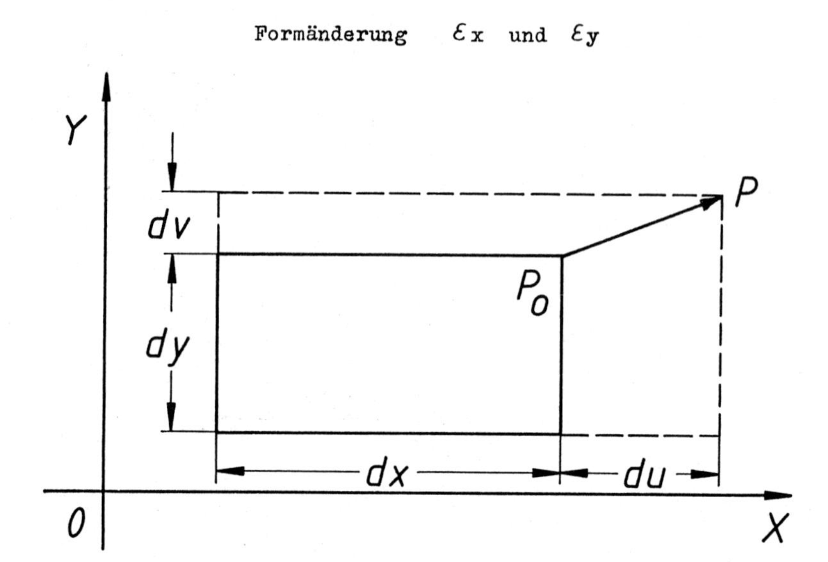

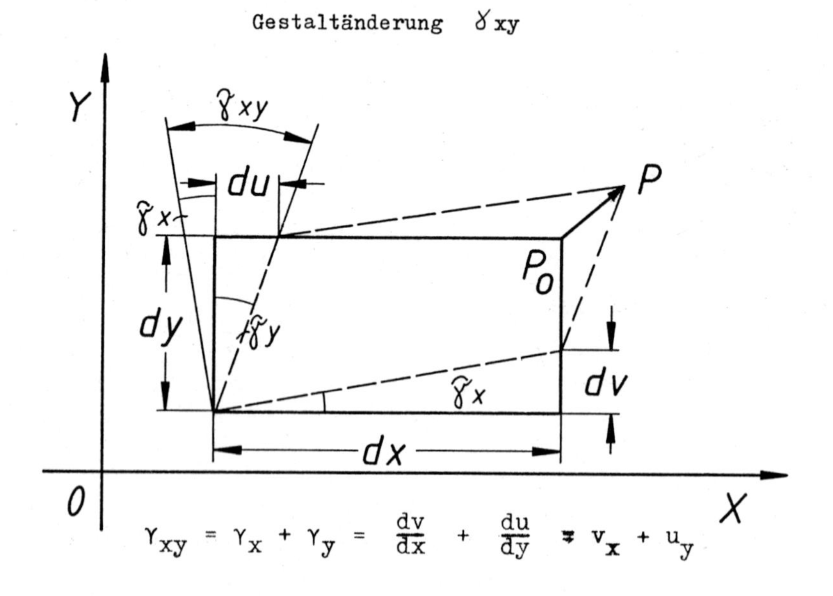

Bild 2.4 Zusammenhang zwischen Längenänderungen und ihren Formänderungen sowie zwischen Schiebungen und ihrer Gestaltänderung an einer Seite eines Elementarvolumens

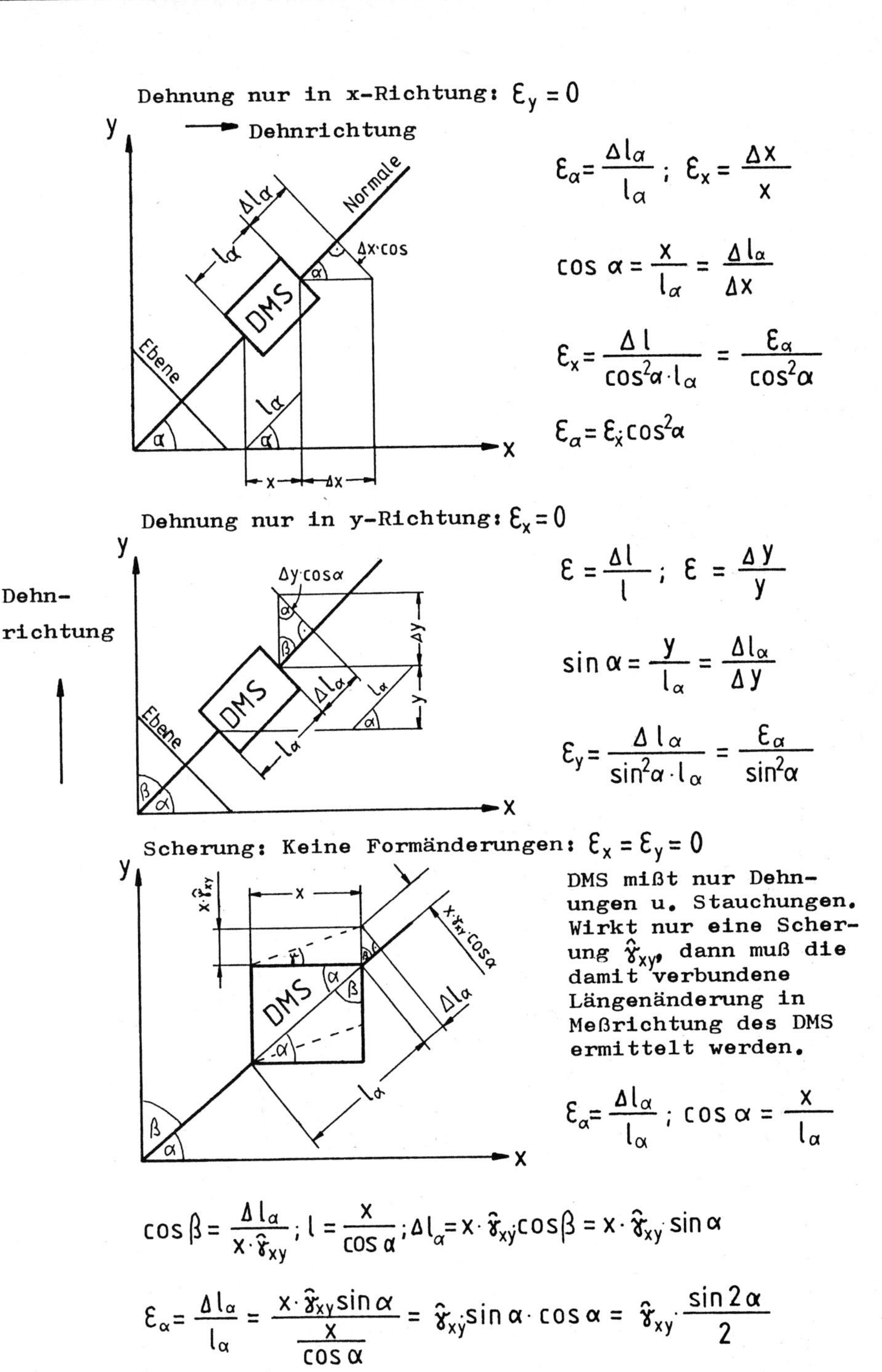

Bild 2.5 Beanspruchungen in Richtung α

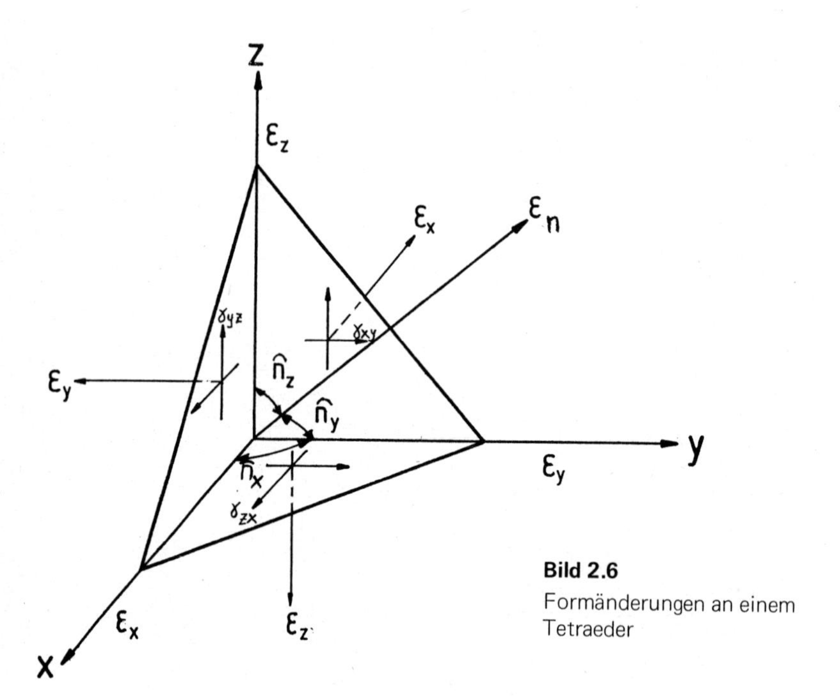

Bild 2.6
Formänderungen an einem Tetraeder

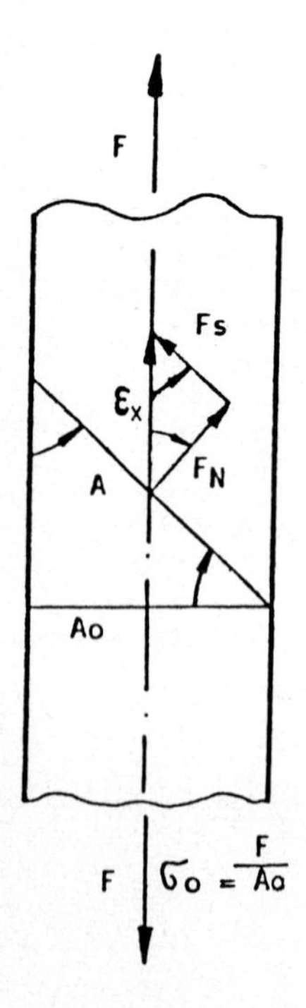

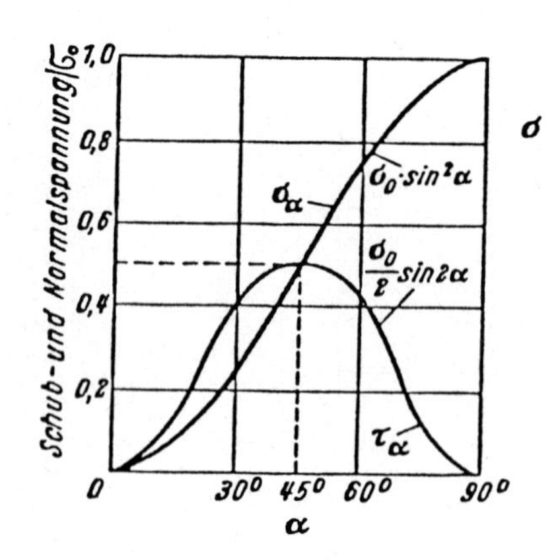

Bild 2.7 Verteilung der Spannungen in einem Zugstab

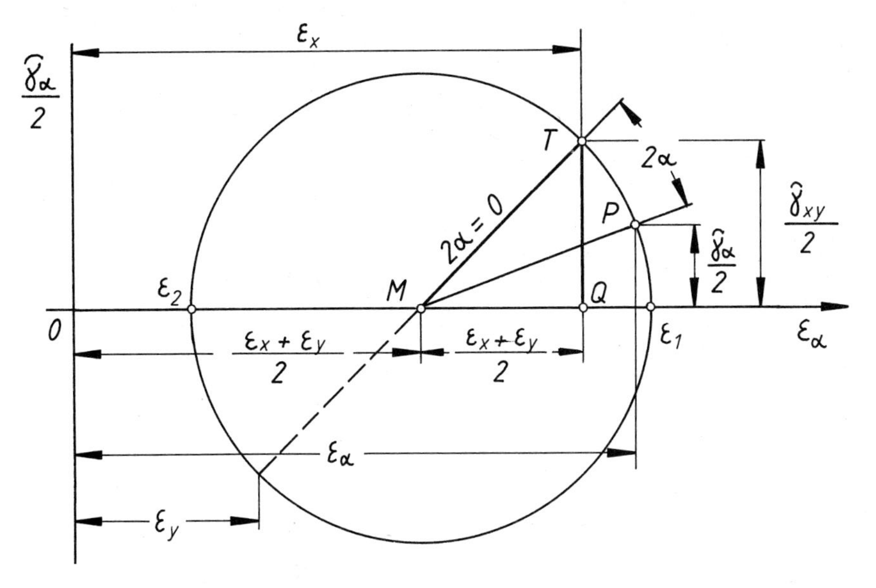

Bild 2.8 Allgemeiner Mohr'scher Verformungskreis eines zweiaxialen Verformungszustandes

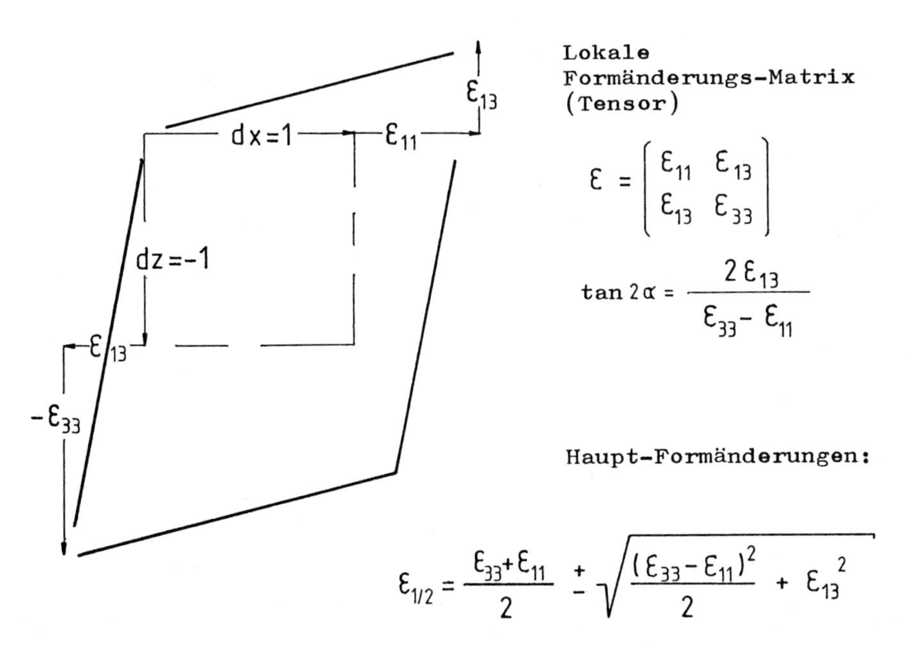

Bild 2.9 Darstellung von Formänderungen als Matrix, Verformungskörper und mathematische Gleichung

3 Spannungen

3.1 Koordinatenspannungen

Wirkt eine beliebige, schräg orientierte Einzelkraft F auf eine Fläche A (siehe Bild 3.1), so kann man sie in eine Normal- und eine Parallelkomponente F_N und F_S zerlegen. Je nach Koordinatensystem läßt sich F_S noch einmal in Richtung der beiden, in der Fläche liegenden Koordinatenachsen projizieren, so daß schließlich drei Kraftkomponenten in Richtung der Raumachsen vorliegen. Damit ergeben sich auch drei zumeist unterschiedliche Kräfte je Flächeneinheit, d.h. eine Normalspannung $\sigma_z = F_N/A$ und zwei Scher- oder Schubspannungen, die für xy-Koordinaten mit $\tau_{zx} = F_{sx}/A$ und $\tau_{zy} = F_{Sy}/A$ bezeichnet werden. Ändern sich die Spannungen in einer betrachteten Fläche nicht, so bezeichnet man sie oft als homogen. Es muß außerdem unterschieden werden zwischen den wahren Spannungen σ und τ und den Nennspannungen σ_0 und τ_0. Der Unterschied ist dadurch bedingt, daß man die wahren Flächen A betrachtet oder die Ausgangsflächen A_0 ohne Belastung. Unter Last verändern sich die Bezugsflächen. Sie verkleinern sich bei Zug, und vergrößern sich bei Druck. Diese Unterscheidungen sind vorallem bei Kunststoffen zu beachten. Bei metallischen Werkstoffen werden sie in der Praxis oft vernachlässigt.

Betrachtet man in einem belasteten Werkstück ein in seiner Lage beliebig gewähltes, würfelförmiges Elementarvolumen von etwa 1 mm³ und kleiner, so läßt dich jede dortige, homogene Beanspruchung durch drei Normal- und sechs Schubspannungen beschreiben (Bild 3.2). Beide Spannungsarten unterscheiden sich durch ihre Angriffsrichtung in bezug auf die Würfelflächen, und zwar stehen die Normalspannungen σ_x, σ_y, σ_z senkrecht darauf, während die Schub- oder Scherspannungen τ_{xy}, τ_{yz}, τ_{zx} in der Würfelfläche liegen. Die Doppelindizes geben Richtung der Flächennormalen und die der Spannung an, entsprechend

$\tau_{\text{Flächennormale Spannungsrichtung}}$

Bei den Normalspannungen fallen diese zusammen, so daß man mit einem Index auskommt.

Im Bild 3.2 versuchen die beiden Normalspannungen σ_x und σ_z den Würfel auseinanderzuziehen. Sie werden daher auch als Zugspannungen bezeichnet. Ihr algebraisches Vorzeichen in Rechnungen ist positiv (+). Die σ_y- Komponente drückt den Würfel zusammen, sie ist eine Druckspannung. Ihr Vorzeichen ist negativ (-). Bei den Schubspannungen ist diese Vorzeichenfestsetzung nicht so eindeutig . Je nach dem positiven oder negativen Drehsinn des erzeugenden Momentes wird das Vorzeichen zumeist als positiv definiert, wenn die Flächennormale in positive Achse zeigt und die Schubspannung ebenfalls.

Den Zusammenhang zwischen äußerem Lastangriff und innerer Beanspruchung kann man auch so beschreiben, daß man sagt, jede beliebig gewählte Beanspruchung erzeugt im allgemeinsten Falle an einer Stelle im Inneren maximal neun verschiedene Spannungen. Diese große Zahl der durch Berechnung oder Messung zu ermittelnden Größen läßt sich auf drei Hauptspannungen σ_1, σ_2, σ_3 verringern, wenn durch geeigenete Drehung des Elementervolumens die Normalspannungen ein Extremum erreichen. Dabei werden die sechs Schubspannungen null. Die Aufgabe der Spannungsmeßtechnik ist es daher, einmal aus beliebig orientierten, gemessenen Verformungen die Spannungen zu berechnen und zum anderen auch anzugeben, wie groß die größten Spannungen sind und in welcher Richtung sie wirken. [3.1]

Schubspannungen mit gleichen Indizes sind in der Größe gleich, in der Angriffrichtung aber nicht. Das läßt sich dadurch beweisen, daß man das Momentengleichgewicht um eine Drehachse in Würfelmitte ansetzt (Bild 3.2). Liegt sie parallel zur x- Achse, so gilt:

$$M_{tx} = 0 = \tau_{yz} \cdot l_0^2 \cdot l_0/2 - \tau_{zy} \cdot l_0^2 \cdot l_0/2 \qquad (3\text{-}1)$$

Analoge Beziehungen lassen sich für die beiden anderen Achsrichtungen aufstellen. Dies führt zu:

$$\tau_{yz} = \tau_{zy} \qquad (3\text{-}2)$$

$$\tau_{xy} = \tau_{yx}\,; \qquad \tau_{zx} = \tau_{xz} \qquad (3\text{-}3)$$

Daraus folgt dann, daß Schubspannungen immer paarweise auftreten und daß sich ihre Anzahl auf drei erniedrigt. Man darf daher für Zylinderkoordinaten schreiben:

$$\tau_{lt} = \tau_{tl}; \quad \tau_{tr} = \tau_{rt}; \quad \tau_{rl} = \tau_{lr} \qquad (3\text{-}4)$$

Anstelle der rechtwinkligen Koordinaten werden in der Praxis oft zylindrische verwendet. Den Übergang erhält man rein formal durch ersetzen von x, y, z durch r, t, l. Bild 3.3 zeigt Lage und Benennung. So ist σ_r eine radiale Zugspannung, σ_t eine tangentiale Druckspannung und σ_l eine longitudinale oder axiale Zugspannung. τ_{lt} ist die durch Verdrehen der Welle (im Bild 3.3 nur ausschnittsweise gezeigt) erzeugte Schubspannung mit ihrem Größtwert im Wellenmantel.

Die im Innern eines Werkstückes vorhandenen neun Spannungskomponenten faßt man zu dem Rechenschema einer Matrix $\underline{\sigma}$ zusammen und spricht dann auch von einem Tensor. Ein dreiaxialer Tensor in Zylinderkoordinaten schreibt sich:

$$\underline{\sigma} = \begin{pmatrix} \sigma_r & \tau_{rt} & \tau_{rl} \\ \tau_{tr} & \sigma_t & \tau_{tl} \\ \tau_{lr} & \tau_{lt} & \sigma_l \end{pmatrix}$$

und ein zweiaxialer Tensor in rechtwinkligen Koordinaten:

$$\underline{\sigma} = \begin{pmatrix} \sigma_x & \tau_{xy} & 0 \\ \tau_{yx} & \sigma_y & 0 \\ 0 & 0 & 0 \end{pmatrix}$$

3.2 Hauptspannungen

Die nach den beliebig gewählten Koordinatenachsen orientierten

Elementarvolumem (Bild 3.2 und 3.3) an einer Stelle im Innern werden nicht immer die am höchsten beanspruchten sein. Je nach Drehung um die drei Raumachsen, werden sich die Spannungen ändern und in einer bestimmten Orientierung ihren Größtwert erreichen. Dieser wird die örtliche Haltbarkeit oder das Versagen der Konstruktion bestimmen. Sie werden analog, zu den Verformungen, als Hauptspannungen σ_1, σ_2, σ_3 und τ_1, τ_2, τ_3 bezeichnet.

Betrachtet man zunächst einmal einen ebenen oder zweiaxialen Spannungszustand, wie er z.B. in der Oberfläche einer Welle, eines Kessels oder einer Stahlkonstruktion vorliegt. Es wird dabei angenommen, daß das sehr kleine, elementare Dreieck OAB von Bild 3.4 die zweiaxiale Beanspruchung in einem Punkt auf der Oberfläche eines Maschinenteiles beschreibt. In einer Lagerstelle einer Antriebswelle z.B., die auch noch einem Biegemoment ausgesetzt ist, bedeutet τ_{lt} die Verdrehung, σ_l die Biegespannung in Längsrichtung und σ_t den Lagerdruck. Diese Einzelbeanspruchungen sind aus Messungen in den Wirkrichtungen oder aus Berechnungen bekannt. Unbekannt sind die Normal- und Schubspannungen σ_α und τ_α in der um den Winkel α beliebig geneigten Schnittebene AB im Bild 3.4 Insbesondere sucht man die Richtungen, in denen die größten Normal- und Schubspannungen wirken. Diese Hauptspannungen werden mit σ_1 und σ_2 bezeichnet. Das Problem läßt sich anschaulich in numerischer oder analytischer Form mit dem Mohr'schen Spannungskreis lösen. Hierzu kann man wie folgt argumentieren:
Hat die Beansspruchung gemäß Bild 3.4 ihren Endzustand erreicht, so muß u.a. Kräftegleichgewicht in x- und y- Richtung vorliegen. Dies bedeutet aber mathematisch:

$$F_x = 0 = -\sigma_x \cdot a - \tau_{yx} \cdot b + \sigma_\alpha \cdot c \cdot \cos\alpha - \tau_\alpha \cdot c \cdot \sin\alpha \qquad (3\text{-}5)$$

$$F_y = 0 = -\sigma_y \cdot b - \tau_{xy} \cdot a + \sigma_\alpha \cdot c \cdot \sin \;\; + \tau_\alpha \cdot c \cdot \cos\alpha$$

Nach Division beider Gleichungen durch c folgt unter Beachtung von $\cos\alpha = a/c$ und $\sin\alpha = b/c$

$$0 = -\sigma_x \cdot \cos\alpha - \tau_{yx} \cdot \sin\alpha + \sigma_\alpha \cdot \cos\alpha - \tau_\alpha \cdot \sin\alpha \qquad (3\text{-}6)$$

$$0 = -\sigma_y \cdot \sin\alpha - \tau_{xy} \cdot \cos\alpha + \sigma_\alpha \cdot \sin\alpha + \tau_\alpha \cdot \cos\alpha$$

Die in der beliebig orientierten α-Ebene wirkenden Spannungen σ_α und τ_α sind die beiden gesuchten Unbekannten. Man erhält sie getrennt aus den zwei Gleichungen (3-6) nach Multiplikation mit $\cos\alpha$ und $\sin\alpha$ und Addition beider Ausdrücke. Führt man auch noch zur Vereinfachung den doppelten Winkel 2α mit Hilfe der Formeln: $\cos 2\alpha = \cos^2\alpha - \sin^2\alpha$ und $\sin 2\alpha = 2 \cdot \sin\alpha \cdot \cos\alpha$, so folgt:

$$\sigma_\alpha = (\sigma_x + \sigma_y)/2 + (\sigma_x - \sigma_y)/2 \cdot \cos 2\alpha + \tau_{xy} \cdot \sin 2\alpha \qquad (3\text{-}7)$$

$$\tau_\alpha = - (\sigma_x - \sigma_y)/2 \cdot \sin 2\alpha + \tau_{xy} \cos 2\alpha$$

Um den Winkel 2α aus der Parameterdarstellung zu eliminieren, werden beide Gleichungen (3-7) quadriert und addiert. Daraus ergibt sich:

$$[\sigma_\alpha - (\sigma_x + \sigma_y)/2]^2 + \tau_\alpha^2 = [(\sigma_x - \sigma_y)/2]^2 + \tau_{xy}^2 \qquad (3\text{-}8)$$

Das ist die Gleichung eines Kreises mit dem Mittelpunkt

$$OM = (\sigma_x + \sigma_y)/2 \qquad (3\text{-}9)$$

auf der σ_α -Achse und dem Radius

$$R = \sqrt{[(\sigma_x - \sigma_y)/2]^2 + \tau_{xy}^2} \qquad (3\text{-}10)$$

Jeder Kreispunkt entspricht mit seinen Koordinaten σ_α und τ_α einem möglichen Spannungszustand in der durch den Winkel α festgelegten Ebene AB von Bild 3.4. Der Nullpunkt von $\alpha (\alpha = 0)$ entspricht gemäß den Gleichungen (3-10) dem Radius MT im Bild 3.5. Will man bei Kenntnis des Mohr'schen Spannungskreises die Spannungen in einer Schnittebene, die um den Winkel α_1

gegen die positive y-Achse geneigt ist, ermitteln, so trägt man ausgehend von dem Radius MT im Bild 3.5 den doppelten Winkel $2\alpha_1$ im mathematisch negativen Sinne (mit dem Uhrzeiger) an. Der so erhaltene Punkt P_1 im Bild 3.5 gibt mit seinen Koordinaten die beiden gesuchten Spannungen $\sigma_{\alpha 1}$ und $\tau_{\alpha 1}$ an. Die resultierende Spannung $s_{\alpha 1}$ ergibt sich mit Hilfe des Pythagoräischen Lehrsatzes $s^2_{\alpha 1} = \sigma^2_{\alpha 1} + \tau^2_{\alpha 1}$ zu der Strecke OP.

Die größten und kleinsten Normalspannungen ergeben sich zu:

$$\sigma_1 = OM + R \tag{3-11}$$

$$\sigma_2 = OM - R$$

Ihre Richtung in der beide wirken, erhält man aus der Forderung, daß dann Punkt T auf der σ_α-Achse in σ_1 oder σ_2 liegen muß. Man bezeichnet diesen Winkel mit α_σ, und es gilt:

$$\tan 2\alpha_\sigma = 2 \cdot \tau_{xy}/(\sigma_x - \sigma_y) \tag{3-12}$$

Dieser Ausdruck ergibt sich aus der Extremal-Forderung von Gleichung (3-7) wenn man $d\sigma_\alpha/d\alpha = 0 = (\sigma_x - \sigma_y)/2\,(\sin 2\alpha) + \tau_{xy}\,(\cos 2\alpha)$
bildet. Weil der Zentrierwinkel $2\,\alpha$ doppelt so groß wie der zugeordnete Peripheriewinkel ist, kann man die Richtungen von σ_1 und σ_2 auch konstruieren (Bild 3.5). Aus den Gesetzmäßigkeiten des Thales-Halbkreises (σ_2, T, σ_1) folgt dann auch, daß beide Richtungen senkrecht aufeinander stehen. Diese Aussage entspricht auch der Forderung, daß die Tangens-Funktion (Gleichung 3-12) nur auf $\pi = 180°$ genau bestimmt ist, d.h. daß sich die beiden α_σ-Werte um 90° unterscheiden.

Ähnliche Aussagen lassen sich auch für die beiden Hauptschubspannungen machen:

$$\tau_{1,2} = \pm R = (\sigma_1 - \sigma_2)/2 \tag{3-13}$$

Bild 3.6 bringt einige typische MOHR'sche Spannungskreise von ein- und mehraxialen Beanspruchungen.

Liegt nur die einaxiale Zugspannung $\sigma_y = \sigma_0$ und $\sigma_x = \tau_{xy} = 0$ vor, so ergibt die erste Gleichung (3-7) die eingangs schon aufgestellte Beziehung aus Gleichung 3-4. Die Schubspannung folgt auf gleiche Weise aus der zweiten Gleichung (3-7).

Abschließend sei noch darauf hingewiesen, daß sich der MOHR'sche Spannungskreis auch in den Verformungskreis überführen läßt. Diese Transformation ergibt sich rein formal, wenn man den Normalspannungen die entsprechenden Formänderungen und den Schubspannungen die halben Gestaltänderungen zuordnet, d.h.:

$\sigma_x \to \varepsilon_x$, $\sigma_y \to \varepsilon_y$, $\sigma\sigma_\alpha \to \varepsilon_\alpha$, $\tau_{xy} \to \gamma_{xy}/2$, $\tau_\alpha \to \gamma_\alpha/2$.

3.3 Vergleichsspannungen

Die örtliche Beanspruchung eines Werkstückes ist zumeist mehraxial. In der Oberfläche liegen durchweg zwei- und im Innern sogar dreiaxiale Spanungszustände vor. Um die Abhängigkeiten mit anderen technologischen Kenngrößen, wie z.B. Fließen, Brechen, Härte, Dauerfestigkeit und Stabilität, zu beschreiben, muß zum Vergleich eine einzige Kenngröße geschaffen werden. [3.2] Diese Vergleichsspannung $\sigma_{v...}$ soll den gleichen gefährdeten Zustand erzeugen, wie eine rein einaxiale Zugspannung. Je nach den Versagensmechanismen durch Trenn-, Gleit- oder Mischbrüche postuliert man verschiedene Versagenshypothesen. Zu ihrer mathematischen Formulierung werden das HOOKE'sche Gesetz, der MOHR'sche Spannungskreis und Arbeitsgrößen herangezogen. Im Einzelnen ergeben sich nachstehende Zusammenhänge:

Normalspannungshypothese, σ_{VN}

Man nimmt an, daß die größten Normalspannungen σ_{max} des mehraxialen Spanungszustandes die gleiche Wirkung haben wie die einaxiale Zugspannung. Mit Hilfe des MOHR'schen Spannungskreises ergibt sich daher:

$$\sigma_{VN} = (\sigma_x + \sigma_y)/2 + \sqrt{(\sigma_x - \sigma_y)^2/4 + \tau_{xy}^2} \qquad (3\text{-}14)$$

$$= \sigma_1 = \sigma_{max} \leqq \sigma_{zul}$$

Diese Vergleichsspannung wird angewendet bei spröden Stoffen, wie z.B. Steine, Beton, Glas, Porzellan, Gußeisen wenn sie auf Zug oder Druck beansprucht werden.

Schubspannungshypothese, σ_{VS}

Man postuliert, daß die größte Schubspannung τ_{max} des mehraxialen Spannungszustandes die gleiche Wirkung hat wie eine dem Betrage nach gleiche Zugspannung. Aus dem Mohr'schen Spannungskreis kann man ablesen:

$$\tau_{max} = R = + \sqrt{(\sigma_x - \sigma_y)^2/4 + \tau_{xy}^2}$$

$$= \tau_1 = (\sigma_1 - \sigma_2)/2 \leqq \tau_{zul}$$

Soll einaxialer Zug die gleiche Schubspannung erzeugen, so muß er doppelt so groß sein, wie τ_{max}, und es gilt:

$$\sigma_{VS} = 2 \cdot \tau_{max} = + \sqrt{(\sigma_x - \sigma_y)^2 + 4 \cdot \tau_{xy}^2} = 2 \cdot R \qquad (3\text{-}15)$$

$$= \sigma_1 - \sigma_2 \leqq \sigma_{zul}$$

Diese Vergleichsspannung wird allgemein angewendet auf zähe Stoffe, insbesondere aber bei überwiegender Druckbeanspruchung spröder Stoffe. Sie ist mathematisch am einfachsten formuliert.

Dehnungshypothese, σ_{VD}

Man fordert, daß die größte örtliche Dehnung $\varepsilon_{max} = \varepsilon_1$ des mehraxialen Spannungszustandes die gleiche Wirkung hat, wie die des einaxialen Zugversuches. Mit Hilfe des HOOKE'schen Gesetzes kann man ε_1 der Vergleichsspannung σ_{VD} zuordnen, und es gilt für den dreiaxialen Spannungszustand:

$$\sigma_{VD} = E \cdot \varepsilon_1 = \sigma_1 - \mu \cdot (\sigma_2 + \sigma_3) \leqq \sigma_{zul} \qquad (3\text{-}16)$$

Für den zweiaxialen Spannungszustand in der Werkstückoberfläche ist $\sigma_3 = 0$. Setzt man die beiden Hauptspannungen σ_1 und σ_2 aus dem MOHR'schen Spannungskreis dann in Gleichung (3-16) ein, so folgt nach einer kurzen Zwischenrechnung:

$$\sigma_{VD} = (1 - \mu) \cdot (\sigma_x + \sigma_y)/2 + (1 + \mu) \cdot \sqrt{(\sigma_x - \sigma_y)^2/4 + \tau_{xy}^2} \leqq \sigma_{zul} \qquad (3\text{-}17)$$

Setzt man für die POISSON-Zahl ihren Durchschnittswert ein $\mu = 0{,}3$ so folgt:

$$\sigma_{VD} = 0{,}35 \cdot (\sigma_x + \sigma_y) + 0{,}65 \cdot \sqrt{(\sigma_x - \sigma_y)^2 + 4\,\tau_{xy}^2} \leqq \sigma_{zul} \qquad (3\text{-}18)$$

Diese Vergleichsspannung wird angewendet bei zähen Werkstoffen zur Vorhersage des Fließens und bei spröden zur Angabe eines Trennbruches, unter der Voraussetzung, daß die Hauptspannungen nicht gleich sind und gleiches Vorzeichen haben.

Formänderungsarbeits-Hypothese, σ_{VF}

Man setzt die durch den mehraxialen Spannungszustand aufgewandte spezifische Formänderungsarbeit A_F gleich der des einaxialen Zugversuches. Mit Hilfe des Hooke'schen Gesetzes und der Beziehung zwischen den elastischen Kennwerten E, G und μ folgt:

$$A_F = 1/2 \cdot \sigma_{VF} \cdot \varepsilon_{VF} = \sigma_{VF}^2/2E \qquad (3\text{-}19)$$

$$A_F = 1/2 \cdot (\sigma_x \cdot \varepsilon_x + \sigma_y \cdot \varepsilon_y + \sigma_z \cdot \varepsilon_z + \tau_{xy} \cdot \gamma_{xy} + \tau_{yz} \cdot \gamma_{yz} + \tau_{zx} \cdot \gamma_{zx}) \qquad (3\text{-}20)$$

Setzt man beide Ausdrücke einander gleich, so findet man nach Umformung die gesuchte Vergleichsspannung:

$$\sigma_{VF} = \sqrt{(\sigma_x^2 + \sigma_y^2 + \sigma_z^2) - 2\mu(\sigma_x\sigma_z + \sigma_y\sigma_z + \sigma_z\sigma_x) + 2(1+\mu)\cdot(\tau_{xy}^2 + \tau_{yz}^2 + \tau_{zx}^2)} \leqq \sigma_{zul} \qquad (3\text{-}21)$$

Diese Vergleichsspannung wird angewendet bei sehr zähen Werkstoffen wie Federstahl oder vergüteten, zähharten Stählen.

Gestaltänderungsarbeits-Hypothese, σ_{VG}

Versuche belegen, daß allseitiger Druck und die damit verbundene Volumenkompression ohne Erliegen bei vielen Stählen sind. Um diesen Zusammenhang zu beschreiben, muß man daher den Einzelspannungen in Gleichung (3-21) einen allseitigen Spannungszustand mit der Mittelspannung $\sigma_m = 1/3\,(\sigma_x + \sigma_y + \sigma_z)$ überlagern. Dadurch entsteht eine Gestaltänderung (Winkeländerung) im Gegensatz zu den Formänderungen in der Gleichungen (3-19) bis (3-21). Setzt man in Gleichung (3-21) anstelle der Normalspannungen die Spannungsdeviatoren: $\sigma_x - \sigma_m$, $\sigma_y - \sigma_m$, $\sigma_z - \sigma_m$ ein, und berücksichtigt man die Gestaltänderungsarbeit des einaxialen Zugversuches

$$A_G = 2/12G \cdot \sigma_{VG}^2 = \sigma_{VG}^2 / 6G \qquad (3\text{-}22)$$

so erhält man nach einer umfangreichen Zwischenrechnung:

$$\sigma_{VG} = \sqrt{1/2[(\sigma_x - \sigma_y)^2 + (\sigma_y - \sigma_z)^2 + (\sigma_z - \sigma_x)^2] + 3(\tau_{xy}^2 + \tau_{yz}^2 + \tau_{zx}^2)} \leqq \sigma_{zul}$$

Diese Vergleichspannungen eignet sich am besten zum Beschreiben der technologischen Eigenschaften verformungsfähiger, weicher Baustähle. [3.3]

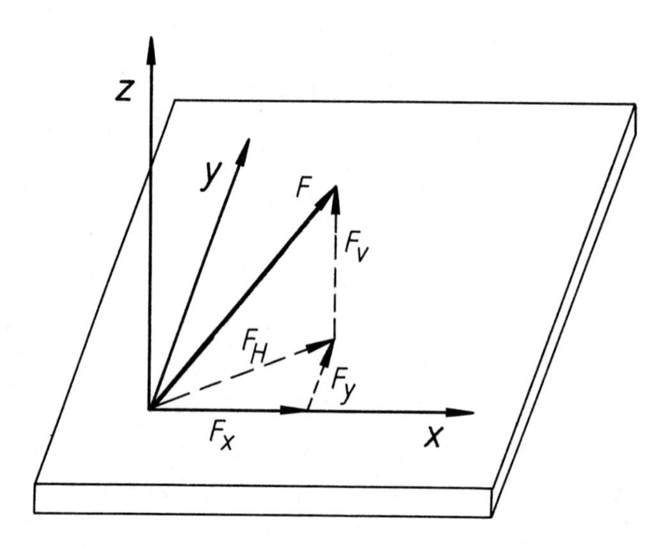

Bild 3.1 Kräfte im räumlichen Koordinatensystem

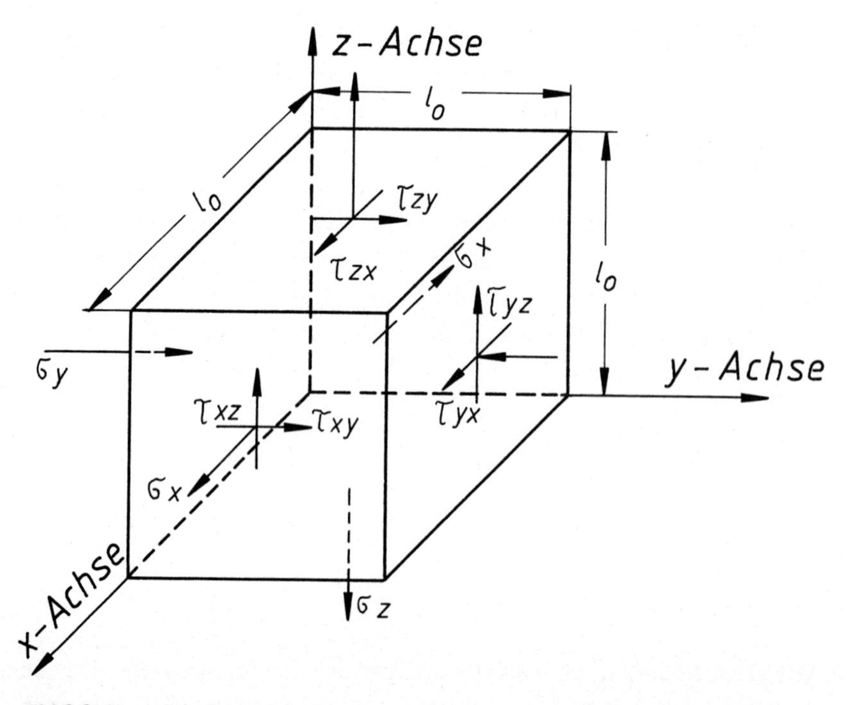

Bild 3.2 Kubisches Elementarvolumen mit der Kantenlänge l_0 in rechtwinkligen Koordinaten. Zum besseren Verständnis wurden die Schubspannungen nur auf den sichtbaren Flächen eingetragen

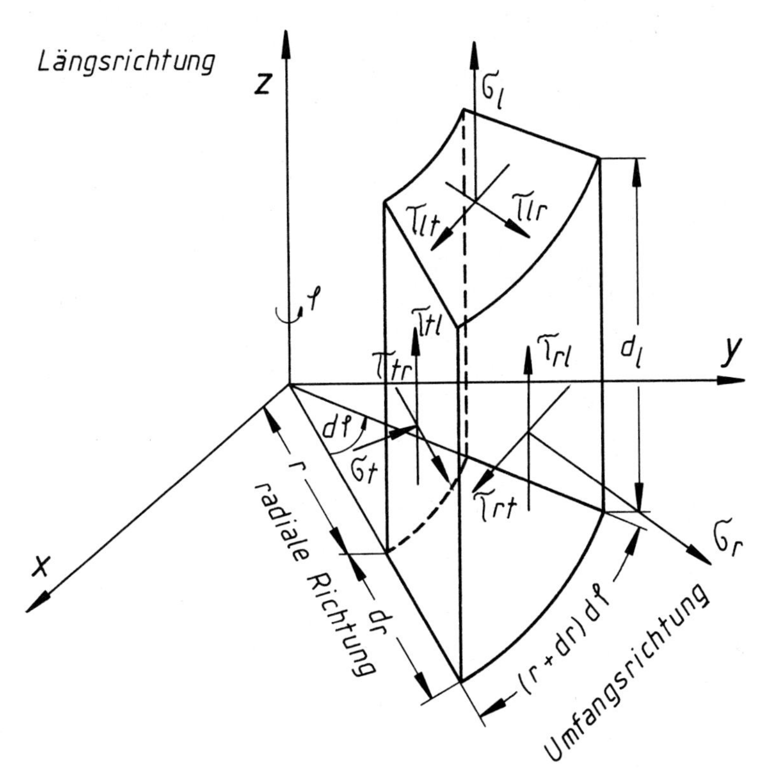

Bild 3.3 Elementarvolumen in Zylinderkoordinaten. Zum besseren Verständnis wurden alle Spannungen nur auf den sichtbaren Flächen eingetragen

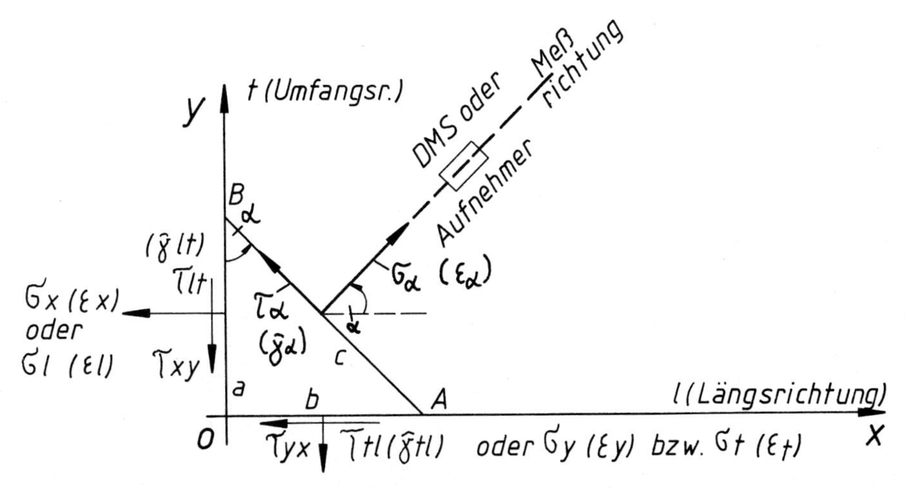

Bild 3.4 Normal- und Schubspannungen, sowie die zugeordneten Verformungen an den Seiten eines elementaren Dreiecks der Dicke 1

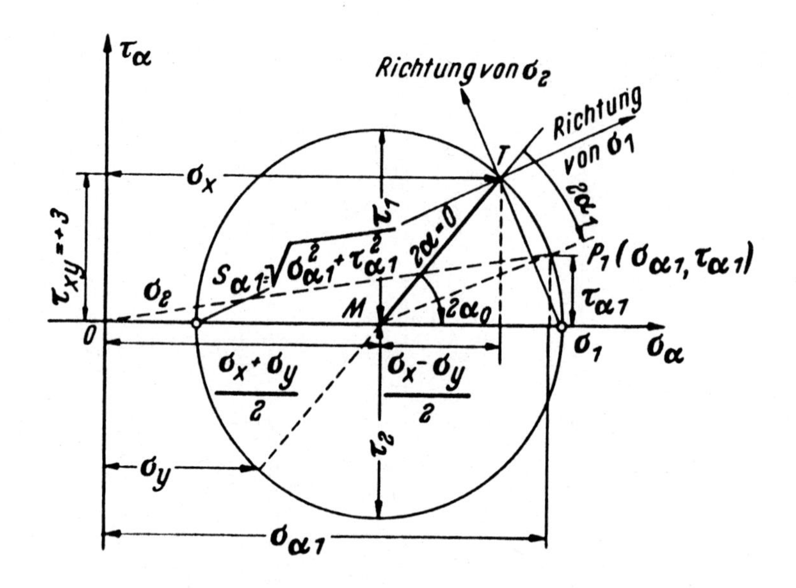

Bild 3.5 Mohr'scher Spannungskreis in allgemeiner Darstellung

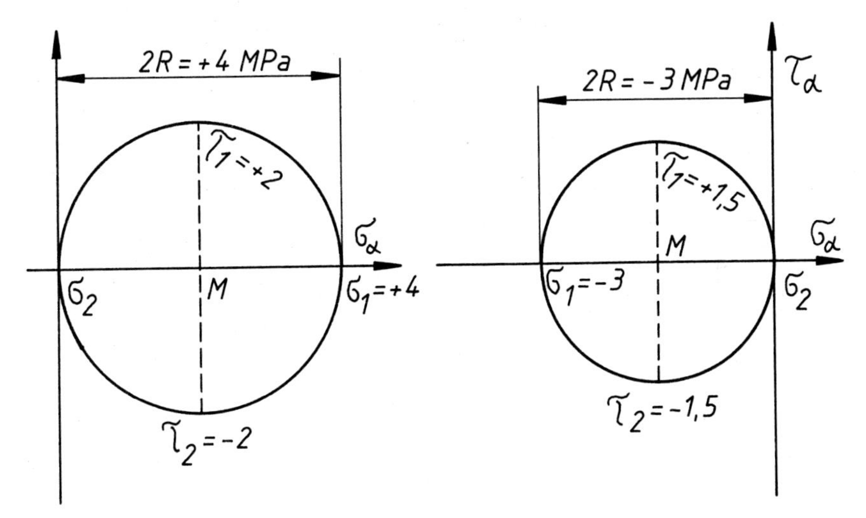

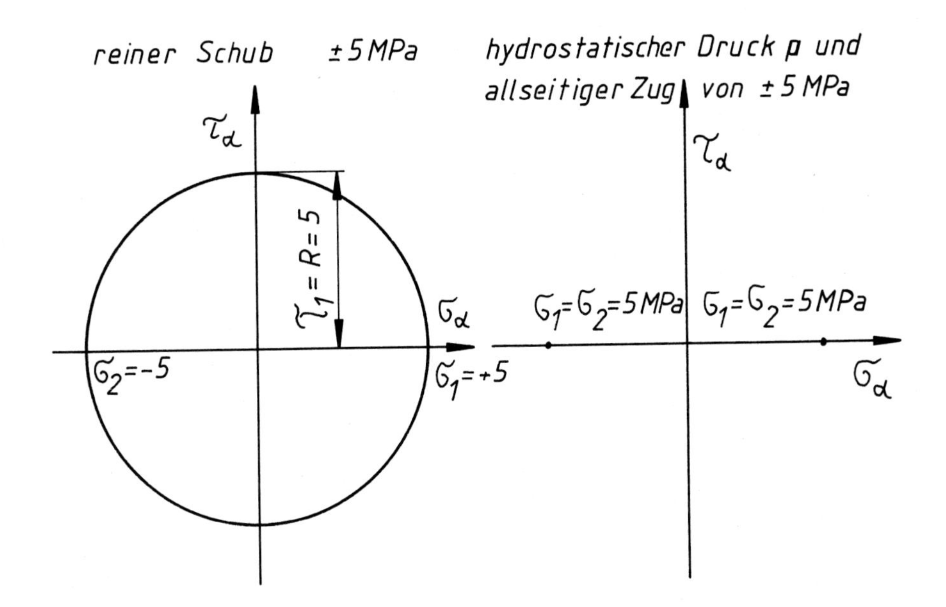

Bild 3.6 Typische Spannungszustände und ihre Mohr'schen Spannungskreise

4 HOOKE'sche Gesetze

Die häufig benutzte Bezeichnung "Spannungsmessung" ist zumeist nicht zutreffend, denn es werden in der mechanischen Meßtechnik ganz selten "Spannungen" gemessen, ja noch nicht einmal die zugeordneten Kräfte. Die Spannungen werden vielmehr aus gemessenen Verformungen mit Hilfe der Elastizitätskonstanten berechnet. In der Festigkeitslehre werden sie dagegen aus den bekannten äußeren Kräften und Momenten ermittelt und den Abmessungen des beanspruchten Teiles.

4.1 Elastische Beanspruchung

Das Wort "elastisch" ist eine seit dem 17./18. Jahrh. bezeugte Neubildung aus dem Griechischen und bedeutet "dehnbar, biegbar". Gemeint ist damit das anfängliche reversible Verhalten eines Materials unter äußerer Belastung. Überschreitet diese nicht eine gewisse Grenze, so gehen die auferlegten Verformungen wieder in ihren Anfangszustand zurück, d.h. die ε- und γ-Werte streben wieder bei Entlastung nach Null (siehe Bild 4.1).

Robert HOOKE (1635-1703), englischer Physiker, geboren auf der Insel Wight, formulierte 1678 das später nach ihm benannte elastische Gesetz mit den Worten: "Sic tensio, sic vis" ["Wie die (Längs-)Dehnung, so die Kraft (je Fläche)"]. Er postuliert damit allgemein eine Proportionalität zwischen Verformungen und Spannungen. [4.1]

Bei einaxialer Belastung, z.B. im Zugversuch gilt dann in Stablängsrichtung:

$$\sigma_1 = E \cdot \varepsilon_1 \qquad (4\text{-}1)$$

Der Proportionalitätsfaktor E ist der für jeden Werkstoff veränderliche Elastizitätsmodul. Er ist bei den meisten Metallen und ihren Legierungen ein in den Grenzen von ± 5% unveränderlicher Wert und weicht nur bei erheblichen Änderungen der chemischen Zusammensetzung von diesem ab. So gilt für unlegierte und niedrig legierte Stähle E = 205000 $\pm$ 5000 N/mm².

Erst bei hochlegierten Stählen, z.B. bei rostfreien Stählen mit 18% Cr und 8% Ni, sinkt E um 15% auf etwa 180000 N/mm². Bei den Gußeisensorten schwankt der E-Modul infolge der verschiedenartigen, heterogenen Gefügestruktur in weiten Grenzen von 100000 bis 200000 N/mm². Außerdem ist er dann noch für eine Sorte spannungsabhängig. Für GG-20 sinkt z.B. E von 110000 auf 90000 N/mm² ab, wenn die Zugsannung von 40 auf 120 N/mm² ansteigt. Aus diesem Verhalten folgt, daß die Spannungs-Dehnungs-Kurve von Gußeisen keine Gerade ist, wie es das einaxiale Hooke'sche Gesetz nach Gleichung 4-1 fordert, sondern eine schwach gekrümmte Kurve. Vergleicht man nämlich Gleichung 4-1 mit der analytischen Gleichung einer Geraden, so ergibt sich, daß E dem Geradenanstieg entspricht gemäß:

$$E = \tan \alpha = \Delta\sigma / \Delta\varepsilon \qquad (4\text{-}2)$$

Eine zweite Stoffkonstante wurde von dem französischen Physiker und Mathematiker Siméon Denise POISSON (1781-1840) festgestellt. Er beobachtete, daß unter den damaligen Versuchsbedingungen bei einem Zugversuch Querkürzung $\varepsilon_q = (d-d_0)/d_0$ und Längsdehnung ε_l in einem konstanten Verhältnis stehen:

$$\mu = -\varepsilon_q / \varepsilon_l = 1/m \qquad (4\text{-}3)$$

Der Kehrwert der POISSON-Zahl μ wird als Querkontraktionszahl m bezeichnet. Genaue Messungen belegen heute, daß die Konstanz nicht ganz zutrifft und daß sich μ schon bei kleinen Spannungen ändert. Dies trifft auch für Gummi zu. Die POISSON-Zahl fällt dort oft von 0,55 auf 0,40 mit steigenden Zugspannungen ab. Dieser Verlauf wird auch an Stählen beobachtet, wobei der häufig verwendete Mittelwert von μ = 0,3 in Wirklichkeit je nach Stahlsorte und Spannung zwischen 0,25 und 0,35 schwankt. Bei Kunststoffen liegt der Wert zwischen μ = 0,4 und 0,5. Damit wird die theoretische obere Grenze erreicht, die bei plastischen Verformungen unter Volumenkonstanz von der Festigkeitslehre vorausgesagt wird. Trotz dieser Abweichungen spricht man auch heute noch von der Poisson-Konstanten, obwohl es besser wäre, zumindest von der Poisson-Zahl oder gar der μ-Kennfunktion zu sprechen.

Die dritte und damit letzte Kenngröße elastischer Beanspruchung isotroper Stoffe ist der Schub- oder Schermodul G. Er verbindet die Gestaltänderung $\widehat{\gamma}$ mit der Scherspannung τ in der schon von Hooke geforderten linearen Form:

$$\tau_{xy} = G \cdot \widehat{\gamma}_{xy} \qquad (4\text{-}4)$$

Diese Zuordnung gilt auch für die anderen Richtungen. Man braucht nur die Indizes zu permutieren, um die fehlenden Gleichungen zu erhalten. Beachtet man, daß zwischen den drei elastischen Stoffkennwerten E, μ und G die Beziehung besteht:

$$G = E / [2 \ (1 + \mu)] \qquad (4\text{-}5)$$

So ist man in der Lage, das elastische Verhalten eines Stoffes schon mit zwei Zahlenwerten zu beschreiben. In erster Näherung darf man sagen, daß bei allen Stoffen der Schermodul ein Drittel des E-Moduls ist.

Will man sehr genaue Spannungsangaben aus Verformungsmessungen machen, so wird man die elastischen Kenngrößen zuvor ermitteln. Dazu eignen sich die einaxialen Prüfverfahren. Nach Möglichkeit wird man eine ähnliche Prüfung wie bei der späteren Spannungsmessung wählen und nicht etwa E aus Ultraschallmessungen für statische Untersuchungen verwenden. Es ist nämlich zu berücksichtigen, daß das Werkstoffverhalten nicht immer den geforderten linearen oder einfachen Gesetzen folgt und daß sich wegen der angewendeten Näherungen Abweichungen ergeben können.

Die Kombination der Erkenntnisse von Hooke und Poisson führte zu den allgemeinen, räumlichen Spannungs-Verformungs-Beziehungen. Demnach muß man unterscheiden zwischen Normal- und Schubspannungen (σ und τ) sowie zugeordneten Formänderungen und Gestaltänderungen (ε und γ). Bild 3.2 zeigt die neun möglichen Spannungskomponenten an einem Elementarvolumen in rechtwinkligen Koordinaten. An isotropen und homogenen Stoffen bestehen in erster Näherung nur lineare Beziehungen zwischen σ und ε , sowie zwischen τ und γ . Man kann sie so formulieren, daß Normalspannungen nur die Abmessungen eines Körpers ändern und Schubspannungen nur die Winkel.

Die Dehnung oder Stauchung ε_x in einer beliebigen Richtung ist außerdem direkt proportional der gleichgerichteten Zug- und Druckspannung σ_x, vermindert um den μ-fachen Wert der beiden dazu senkrecht stehenden Spannungen ($\mu \cdot \sigma_y + \mu \cdot \sigma_z$).

Bei Schubspannungen τ_{xy} besteht keine Querwirkung der orthogonalen Spannungen (τ_{yz}, τ_{zx}). Diese Beziehungen sind in Tafel 4.1 zusammengestellt und nach Spannungen und Verformungen aufgelöst. Zur Auflösung der drei Hooke'schen Gleichungen nach den Normalspannungen (siehe Tafel 4.1, links oben) kann man sie nach den Veränderlichen ordnen und mit der Cramer-Regel mit Determinantenrechnung ermitteln. Einfacher ist es jedoch, die x bezogene Gleichung mit ($1 - \mu$) und die beiden folgenden mit μ zu multiplizieren und zu addieren. Es entfallen dabei alle Spannungsgrößen bis auf σ_x, so daß diese Größe dann explizit angegeben werden kann (siehe Tafel 4.1, rechts oben). Zuweilen werden diese auch in nachstehender Form angegeben:

$$\sigma_x = E_1 \cdot [(1-\mu) \cdot \varepsilon_x + \mu \cdot (\varepsilon_y + \varepsilon_z)] \qquad (4-6)$$

$$\sigma_y = E_1 \cdot [(1-\mu) \cdot \varepsilon_y + \mu \cdot (\varepsilon_z + \varepsilon_x)]$$

$$\sigma_z = E_1 \cdot [(1-\mu) \cdot \varepsilon_z + \mu \cdot (\varepsilon_x + \varepsilon_y)]$$

Hierin bedeutet $E_1 = E/[(1+\mu) \cdot (1-2\mu)]$

Tafel 4.1: Beziehungen zwischen elastischen Verformungen und ihren Spannungen

Verteilung	Verformungszustand	Spannungszustand	Beispiele
Dreiaxial	Alle Verformungen verschieden Null $E \cdot \varepsilon_x = \sigma_x - \mu(\sigma_y + \sigma_z)$ $E \cdot \varepsilon_y = \sigma_y - \mu(\sigma_z + \sigma_x)$ $E \cdot \varepsilon_z = \sigma_z - \mu(\sigma_y + \sigma_x)$	Alle Spannungen verschieden Null $\sigma_x = \frac{E}{1+\mu} \left\| \varepsilon_x + \frac{\mu}{1-2\mu} (\varepsilon_x + \varepsilon_y + \varepsilon_z) \right\|$ $\sigma_y = \frac{E}{1+\mu} \left\| \varepsilon_y + \frac{\mu}{1-2\mu} (\varepsilon_x + \varepsilon_y + \varepsilon_z) \right\|$ $\sigma_z = \frac{E}{1+\mu} \left\| \varepsilon_z + \frac{\mu}{1-2\mu} (\varepsilon_x + \varepsilon_y + \varepsilon_z) \right\|$	allgemeinste Beanspruchung im Innern isotroper Stoffe
	$G \cdot \gamma_{xy} = \tau_{xy}$ $G \cdot \gamma_{yz} = \tau_{yz}$ $G \cdot \gamma_{zx} = \tau_{zx}$		
zweiaxial	Verformungen in z-Richtung Null $(\varepsilon_z = 0)$ $\frac{E}{1+\mu} \cdot \varepsilon_x = \sigma_x(1-\mu) - \sigma_y \cdot \mu$ $\frac{E}{1+\mu} \cdot \varepsilon_y = \sigma_y(1-\mu) - \sigma_y \cdot \mu$ $\varepsilon_z = 0$ oder $\sigma_x = \frac{E}{1+\mu} \left\| \varepsilon_x + \frac{\mu}{1-2\mu}(\varepsilon_x + \varepsilon_y) \right\|$	Spannungen in z-Richtung Null $(\sigma_z = 0)$ $E \cdot \varepsilon_x = \sigma_x - \mu \cdot \sigma_y$ $E \cdot \varepsilon_y = \sigma_y - \mu \cdot \sigma_x$ $E \cdot \varepsilon_z = \mu(\sigma_x - \sigma_y)$ $\sigma_z = 0$ $\sigma_x = \frac{E}{1-\mu^2} \cdot (\varepsilon_x + \mu \cdot \varepsilon_y)$	$\varepsilon_z = 0$ allgemeinster Verformungsstand langer prismatischer Körper unter Querkräften bei behinderter Längsformänderung $z = 0$

	$\sigma_y = \frac{E}{1+\mu} \left\vert \varepsilon_y + \frac{E}{1-2\mu}(\varepsilon_x + \varepsilon_y) \right\vert$ $\sigma_z = \frac{E}{1+\mu} \cdot \frac{\mu}{1-2\mu}(\varepsilon_x + \varepsilon_y)$ Aus $\varepsilon_z = 0$ folgt $\sigma_z = \mu \cdot (\sigma_x + \sigma_y)$ $G \cdot \gamma_{xy} = \tau_{xy}$ $\gamma_{yz} = \tau_{yz} = 0$ $\gamma_{zx} = \tau_{zx} = 0$	$\sigma_y = \frac{E}{1-\mu^2} \cdot (\varepsilon_y + \mu \cdot \varepsilon_x)$ Aus $\sigma_z = 0$ folgt $\varepsilon_z = -\frac{\mu}{1-\mu}(\varepsilon_x + \mu \cdot \varepsilon_y)$	allgemeinster makroskopischer Spannungszustand unbelasteter Oberflächen
Einaxial	Nur Verformurgen in x-Richtung ($\varepsilon_x \neq 0$) $\frac{E}{1+\mu} \cdot \frac{\mu}{1-2\mu} \cdot \varepsilon_x = \sigma_x$ $\varepsilon_y = 0$ $\varepsilon_z = 0$	Nur Spannungen in x-Richtung ($\sigma_x \neq 0$) $E \cdot \varepsilon_x = \sigma_x$ $E \cdot \varepsilon_y = -\mu \cdot \sigma_x$ $E \cdot \varepsilon = -\mu \cdot \sigma_x$	$\varepsilon_x \neq 0$ Zug- oder Druckkörper mit behinderter Querformänderung
	$\sigma_x = \frac{E}{1+\mu} \cdot \frac{1-\mu}{1-2\mu} \cdot \varepsilon_x$ $\sigma_y = \frac{E}{1+\mu} \cdot \frac{\mu}{1-2\mu} \cdot \varepsilon_x$ $\sigma_z = \frac{E}{1+\mu} \cdot \frac{\mu}{1-2\mu} \cdot \varepsilon_x$ $\gamma_{xy} = \tau_{xy} = 0$ $\gamma_{yz} = \tau_{yz} = 0$ $\gamma_{zx} = \tau_{zx} = 0$	$\sigma_x = E \cdot \varepsilon_x$ $\sigma_y = 0$ $\sigma_z = 0$	$_x$ 0 Zug- oder Druckkörper mit freier Querformänderung

Bei anisotropen oder texurierten Stoffen gelten die Hooke-Gleichungen in ihrer einfachsten Form nach Tafel 4.1 nicht mehr. Im allgemeinsten Falle hängen die Verformungen von allen sechs Spannungen ab, und es gilt z.B. für die Formänderung in x-Richtung:

$$\varepsilon_x = s_{11} \cdot \sigma_x + s_{12} \cdot \sigma_y + s_{13} \cdot \sigma_z + s_{14} \cdot \tau_{xy} + \qquad (4\text{-}7)$$

$$+ s_{15} \cdot \tau_{yz} + s_{16} \cdot \tau_{zx}$$

Analoge Beziehungen ergeben sich für ε_y, ε_z, γ_{xy}, γ_{yz}, γ_{zx}. Es folgen daraus 6 x 6 = 36 elastische Konstanten. Sie reduzieren sich jedoch für die verschiedenen Kristallsysteme wegen vorhandener Symmetrie. So folgt z.B. für das bei Metallen am häufigsten vorkommende kubische Gitter, daß drei Konstanten ausreichen, um das Spannungs-Verformungs-Verhalten vollständig zu beschreiben. Die erweiterten Hooke'schen Beziehungen in Form von Gleichung 4-7 sind unumgänglich bei Untersuchungen von Verbundkörpern mit z.B. glasfaserverstärkten Kunststoffen.

Zur numerischen Anwendung der Hooke-Gesetze ist zu beachten, daß sie streng nur für wahre Spannungen gültig sind und nicht für Nennspannungen, bei denen die wirkende Kraft auf den Anfangsquerschnitt bezogen ist. Bei Metallen ist dieser Unterschied zumeist vernachlässigbar klein, bei Kunststoffen und Gummi nicht. Dort verringert sich der Querschnitt A_0 bei Zug merklich. Dies läßt sich mit Hilfe der Poisson-Zahl μ aus dem Zugversuch wie folgt berechnen: Der wahre Stabdurchmesser d berechnet sich aus dem Anfangswert d_0 und der Querkontraktion ε_q zu:

$$d = d_0 \cdot (1 + \varepsilon_q) = d_0 \cdot (1 - \mu \cdot \varepsilon_1) \qquad (4\text{-}8)$$

Die wahre Spannung wird errechnet aus der wirkenden Zugkraft F und dem wahren Querschnitt A zu:

$$\sigma = F/A = F/[(\pi \cdot d_0^2 /4) \cdot (1-\mu \cdot \varepsilon_1)^2] \qquad (4-9)$$

$$\neq \sigma_0 / (1 - 2 \cdot \mu \cdot \varepsilon_1) \neq \sigma_0 \cdot (1 + 2 \cdot \mu \cdot \varepsilon_1)$$

Beachtet man, daß bei großen plastischen Verformungen $2\mu = 2 \cdot 0{,}5 = 1$ ist, so ergibt sich für $\varepsilon_1 = 0{,}05$ eine Erhöhung der wahren Spannung gegenüber der Nennspannung um 5%.

4.2 Überelastische Beanspruchung

Überschreitet eine größere Belastung die elastische Grenze (siehe Bild 4.1), so gelten die linearen Beziehungen nach Tafel 4.1 nicht mehr. Die Spannungs-Dehnungs-Kurve weicht dann mit beginnender plastischer Verformung von der Geraden ab, und der neue Kurvenanstieg ist kleiner als der Geradenanstieg E. Damit verbunden sind auch niedrigere Spannungen als sie sich mit den Hooke-Gleichungen ergeben.

Der elastisch-plastische Übergang läßt sich bei Kenntnis der Gleichungen für den geraden, elastischen und gekrümmten, plastischen Kurventeil exakt errechnen. Es müssen dort Punkt- und Tangentengleichheit für beide Kurvenäste bestehen. In der Praxis ist der Punkt jedoch schwierig zu bestimmen, falls nicht, wie bei weichen Stählen, eine ausgeprägte Fließgrenze beobachtet wird. Nach der deutschen Norm DIN 50145, Ausgabe Mai 1975, "Zugversuch" zur Prüfung metallischer Werkstoffe, wird bei stetigem elastisch-plastischen Übergang eine Dehngrenze $R_{p\varepsilon r}$ bestimmt um den Übergangspunkt zu bestimmen. Der Index "p" weist auf die nichtproportionale Dehnung hin und ergibt die nach Entlasten vorhandene Restdehnung in Prozent an. $R_{p0,2}$ = 400 MPa bedeutet demnach, daß nach Entlasten von der Zugspannung 400 MPa eine Restdehnung von 0,2% gemessen wird, d.h. eine Meßlänge von l_0 = 100 mm hat sich dann um 0,2 mm verlängert. Es können verschiedene Dehngrenzen gemessen und auch vereinbart werden, z.B. $R_{p0,01}$, $R_{p0,2}$, R_{p1}. Die Elastizitätsgrenze wird oft mit $R_{p0,001}$ bestimmt.

Die Spannungen im überelastischen Verformungsbereich können auf zwei Arten ermittelt werden. Kennt man die mathematischen Beziehungen für den geraden und gekrümmten Kurventeil, so lassen sich die Spannungen rein rechnerisch aus den gemessenen Verformungen unter Last ermitteln. Dieser Weg ist mit mathematischen Schwierigkeiten verbunden und auch mit technologischen Unsicherheiten. Man erhält einfachere Beziehungen, wenn man neben den Belastungs- auch Entlastungsmessungen macht und dabei insbesondere die Rückfederungen $\varepsilon_{rü}$ nach vollständiger Entlastung mißt (siehe Bild 4.2). Werkstoffe federn linear und parallel zur Belastungskurve zurück, d.h. der konstante E-Modul entspricht dem Anstieg der gesamten Rückfederungsgeraden. Demnach läßt sich der nach überelastischer Verformung erreichte Punkt P(ε, σ) beschreiben mit dem rückfedernden und verbleibenden Anteil ε_r der Formänderungen, und es gilt nach Bild 4.2:

$$E = \tan\alpha = \sigma/\varepsilon_{rü} \qquad (4\text{-}10)$$

$$\sigma = E\cdot \varepsilon_{rü} = E\cdot (\varepsilon - \varepsilon_r) \qquad (4\text{-}11)$$

Überträgt man dieses einaxiale Gesetz auf die Gleichungen von Tafel 4.1, so ist jeweils nur vor dem Index der Verformungen ε und γ der Zusatz "rü" zu schreiben. Diese Beziehungen gelten dann für den ganzen Umformbereich, d.h. bis zur Bruchspannung. Beachtet man, daß bei rein elastischer Beanspruchung definitionsgemäß $\varepsilon_r \equiv 0$ ist, so gehen alle diese Gleichungen automatisch in die angegebenen von Tafel 4.1 über. Dadurch lassen sich die Hooke-Gesetze in ihrer Form und mit ihren Parametern beibehalten. Eine kleine Einschränkung ist jedoch zu beachten. Bei starken plastischen Verformungen ändern sich die Elastizitätskonstanten E und μ etwas infolge elastischer Nachwirkungen. Insbesondere strebt μ gegen 0,5. Der Gleitmodul G bleibt konstant. Außerdem erfolgt die Ent- und Wiederbelastung nicht ganz linear. Es wird eine kleine Fläche dabei eingeschlossen. Diese Hysteresis ist aber sehr klein und kann für technische Spannungsmessungen vernachlässigt werden.

4.3 Anisotrope Stoffe

Alle bisherigen Betrachtungen und Berechnungsgleichungen basierten auf der Annahme, daß die Werkstoffe quasi-homogen und quasi-isotrop sind. Dies trifft auch auf Metalle zumeist näherungsweise zu. Aber bereits Weiterbearbeitungsvorgänge von Rohmaterialien und Halbzeugen z.B. durch Walzen oder Tiefziehen von Stahlblechen verändern diesen Zustand. Der größte Teil der Kristalle nimmt eine, durch die Beanspruchungsrichtung des Bearbeitungsvorganges bestimmte, gerichtete Lage ein; das Material erhält eine anisotrope Struktur. Noch stärker ausgeprägte Strukturen findet man bei natürlichen Werkstoffen wie Holz oder bei künstlich hergestellten Werkstoffen wie faserverstärkten Kunststoffen (CFK oder GFK) und auch bei Verbundwerkstoffen.

Diese faserverstärkten Kunststoffe finden heutzutage, wegen ihrer Vorteile gegenüber Stahl, immer mehr Verwendung. So sind sie in Richtung der Fasern enorm hoch belastbar (bis 1200 N/mm^2) und dabei sehr viel leichter als Stahl, korrosionsbeständig und gegen die meisten Säuren und agressive Medien resistent.

Will nun der Konstrukteur diese Vorteile nutzen, so muß er genau über die besonderen Eigenschaften und die Werkstoffkennwerte der eingesetzten Kunstoffe informiert sein. So zeigt ein Bauteil, das z.B. würfelförmig sei, bei identischer Belastung in jeder der Richtungen der Raumachsen unterschiedliche Festigkeiten und Elastizitäten. Das ist dadurch begründet, daß anisotrope Stoffe, im Gegensatz zu isotropen Stoffen, nicht drei Elastiztätskenngrößen besitzen, sondern zwölf richtungsabhängige. Dies führt zu folgenden Gleichungen:[4.3]

$$\varepsilon_x = \frac{1}{E_x} \cdot \sigma_x - \frac{\nu_{xy}}{E_y} \cdot \sigma_y - \frac{\nu_{xz}}{E_z} \cdot \sigma_z \qquad (4\text{-}12)$$

$$\varepsilon_y = \frac{1}{E_y} \cdot \sigma_y - \frac{\nu_{yz}}{E_z} \cdot \sigma_z - \frac{\nu_{yx}}{E_x} \cdot \sigma_x \qquad (4\text{-}13)$$

$$\varepsilon_z = \frac{1}{E_z} \cdot \sigma_z - \frac{\nu_{zx}}{E_x} : \sigma_x - \frac{\nu_{zy}}{E_y} \cdot \sigma_y \qquad (4\text{-}13)$$

$$\gamma_{yz} = \frac{1}{G_{yz}} \cdot \tau_{yz} \qquad (4\text{-}14)$$

$$\gamma_{zx} = \frac{1}{G_{zx}} \cdot \tau_{zx} \qquad (4\text{-}15)$$

$$\gamma_{xy} = \frac{1}{G_{xy}} \cdot \tau_{xy} \qquad (4\text{-}16)$$

Hierin sind:

- E_x, E_y, E_z die drei Elastzitätsmoduln in den drei orthogonalen Richtungen x, y und z.
- G_{xy}, G_{yz}, G_{zx} die drei Gleitmoduln in den von den indizierten Richtungen angegebenen Gleitebenen.
- ν_{xy}, ν_{xz},... usw. die sechs Querkontraktionszahlen, bei denen der erste Index die quer zur Belastungsrichtung betrachtete Verformungsrichtung und der zweite Index die Richtung der Belastung (Spannung) angibt.

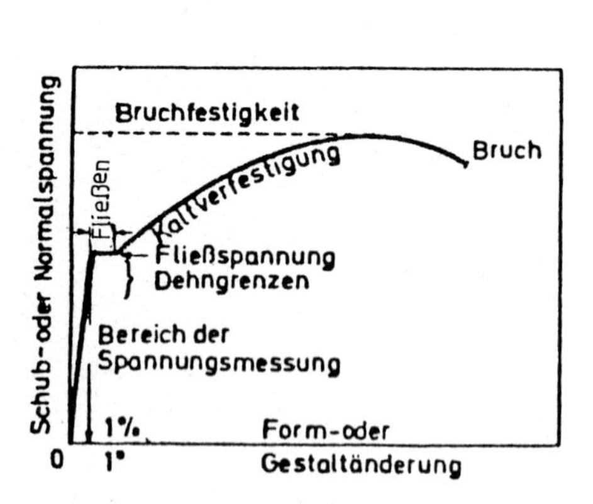

Bild 4.1 Spannungs-Verformungs-Diagramm von weichem Stahl, z. B. St 37 oder St 42, bei einaxialer Prüfung

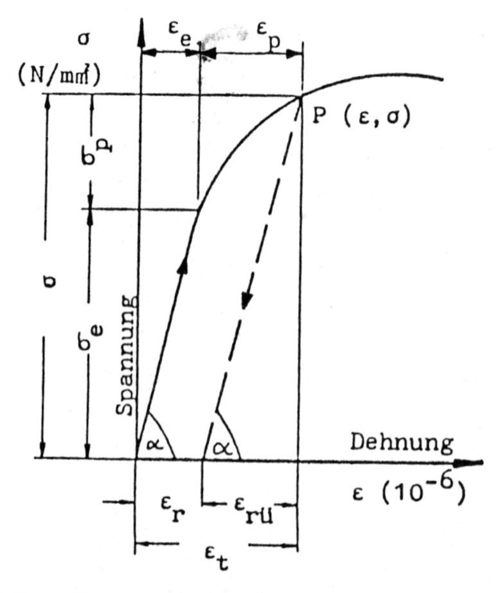

Bild 4.2 Elastische und überelastische Verformung

5 Mechanische Meßverfahren

5.1 Prinzip

Bis etwa ins Jahr 1940 wurden Verformungsmessungen mit mechanischen oder mechanisch-optischen Geräten ausgeführt. Sie waren an der Meßstelle angeklemmt und ermöglichten wegen ihrer Abmessungen und ihres Gewichtes nur statische Messungen. Ein weiterer Nachteil war, daß für jede Meßstelle ein Gerät zur Verfügung stehen mußte. Weil man mit bloßem Auge nur Bruchteile eines Millimeters abschätzen kann, war es notwendig, durch mechanische Hilfsmittel die Ablesegenauigkeit zu steigern.Häufig eingesetzt waren damals der Tensometer von HUGGENBERGER, der durch doppelte Hebelübersetzung 1000-2000- fache Vergrösserung erreichte, sodann der Spiraltensometer von JOHANNSON bei dem verdrillte Metallbänder Vergrößerungen bis zu 5000- fach ermöglichten. In der Werkstoffprüfung wurden Spiegel-Dehnungs meßgeräte zur Aufnahme von Spannungs-Dehnungs Kurven verwendet. Am bekanntesten war das MARTENS-Spiegelgerät mit Vergrößerungen von etwa 500. Ein Kombinationsgerät der JUNKERS-Motorenwerke erlaubte Vergrößerungen bis zu 16.000-fach; es war aber auch daher sehr labil. Schließlich waren auch noch mechanisch pneumatische und -elektrische Geräte im Einsatz, sowie Saiten-Dehnungsmesser, bei denen aus der Frequenzänderung einer schwingenden Saite auf die Längenänderung geschlossen wurde.

Nach dem Aufkommen der Dehnungsmeßstreifen und den vielfältigen Last und Eigenspannungsanalysen wurden diese Geräte nicht mehr hergestellt und auch nicht mehr eingesetzt. Geblieben sind zum Messen großer Strecken von 100 mm und mehr die 1/100- und 1/1000- mm Meßuhren und Mikrometer und für kleine Strecken bis zu 10 mm der 1961 entwickelte Setzdehungsmesser nach PFENDER mit dem Überträger nach FEUCHT, frühere Leiter und Mitarbeiter der BUNDESANSTALT FÜR MATERIALPRÜFUNG in Berlin.

Beim Einsatz mechanischer Meßgeräte ist zu beachten, daß sie nur die Länge einer Strecke messen, nicht aber ihre Krümmung infolge Verbiegen oder Winkeländerung infolge Verdrehen. Die damit verbundenen Verformungen beschreiben aber erst die an der Meßstelle vorhandene Beanspruchung. So lassen sich z.B. geringe Biege- und Torsionsbeanspruchungen durch Ausmessen einer einzigen Strecke mit mechanischen Aufnehmern nicht gesichert nachweisen. Es kommt dabei fast nur zu Ausbiegungen und Verdrehungen nicht aber zu Längenänderungen. Will man eine vollständige Spannungsanalyse durchführen, so sind demnach an einer Meßstelle in drei Richtungen jeweils drei Längenänderungen bzw.Verformungen zu messen. Wird nur eine Meßstelle ausgemessen, so sind Längen-, Krümmungs- und Winkeländerungen zu ermitteln. Absolutgenauigkeit der Angaben wird dabei weniger gefordert als eine gute Reproduzierbarkeit. Zur Spannungsberechnung müssen nämlich, aus den Meßwerten Differenzen und Relativwerte gebildet werden, so daß sich additive Fehler eleminieren.

5.2 Der Setzdehnungsmesser zum Messen von Längenänderungen

Das in der BUNDESANSTALT FÜR MATERIALPRÜFUNG, Berlin (BAM) von M. PFENDER entwickelte Gerät ist aus den Bildern 5.1 u. 5.2 zu ersehen. Es wurde entwickelt, um ein schnelles, unbeschwertes Ausmessen beliebig vieler Meßstellen mit einer Hand ausführen zu können. Das Gewicht beträgt 460 g . Zum Erreichen einer hohen Meßgenauigkeit werden verschiedene Griffarten des Bügels vorgeschlagen (siehe Bild 5.3) und auch verschiedene Aufsetzpunkte der Finger, um ein Verdrehen des Gerätes um die vertikale Achse zu vermeiden. [5.1]

Das Markieren der Meßstrecken geschieht mit gehärteten Stahlkugeln, die einen Durchmesser von 1/16 Zoll haben. Diese können einmal in die Oberfläche des Werkstückes eingeschlagen (Bild 5.5) oder aber auch als mechanische Dehnungsmeßsteifen (Bild 5.4) auf die Oberfläche geklebt werden. Zum Einschlagen der Kugeln wurden Spezialkörner entwickelt (Bild 5.5), die lineare, quadratische, dreieckige und sechseckige Kugelanordnungen mit unterschiedlichen Abständen ermöglichen. Damit wird die zweiaxiale Spannungsanalyse wesentlich verbessert. Das Körnerloch wird mit einer Punze nachgeformt oder, wenn hohe Bruchfestigkeit dies nicht erlaubt, mit einem Bohrer aufgebohrt. Dies wird man auch bei spröden Werkstoffen durchführen, die andernfalls aufreißen könnten. Bei dem Einschlagen der Kugeln ist mit großer Sorgfalt zu arbeiten. Sie dürfen z.b. nicht auf dem Lochgrund aufliegen und an den Rändern darf sich kein Grat bilden, der ein exaktes Aufsetzen der Meßgefüge behindern würde.

Daneben besteht auch die Möglichkeit, durch Aufkleben von Kugelmeßmarken bestimmte Meßstecken auf der Oberfläche zu markieren. Dieses Verfahren ist besonders zum Ermitteln von Eigenspannungen geeignet, denn auf diese Weise wird jeder Eingriff auf die Verteilung der Eigenspannungen ausgeschaltet. Die mechanischen Dehnungsmeßstreifen sind in verschiedener Ausführung zu erhalten (Bild 5.4): als Metallplättchen, in die Kugeln eingeschlagen sind, oder als Papier- und Kunststoffstreifen, die bis zu fünf direkt aneinander anschließende Meßstrecken (sechs Halbkugeln) haben. Außerdem können auch Rosetten mit zwei oder drei Meßstrecken verwendet werden. Zum Aufkleben dient der Setzdehnungsmesser, dessen beweglicher Fuß so eingestellt wird, daß die zu erwartende Längenänderung in den Meßbereich der Uhr fällt. Als Kleber können Zweikomponentenkleber verwendet werden, wie sie von der Industrie für elektrische Dehnungsmeßstreifen entwickelt worden sind.

Der Meßvorgang läuft wie folgt ab:
Das Gerät wird bei angezogenem Abzughebel (siehe Bild 5.3, unten) mit dem beweglichen Meßfuß zuerst auf die anvisierte Meßmarkierung gesetzt. Der Anpreßdruck soll bei horizontalen Messungen etwa dem Eigengewicht entsprechen, wenn die Meßlänge 60-100 mm beträgt. Der Winkelhebel ist bei diesem Aufsetzen frei beweglich und kann sich auf die zu messende Strecke einstellen. Ein sicherer Sitz auf den zuvor eingeschlagenen Stahlkugeln erleichtert das Ansetzen. Beim späteren Freilassen des

Abzughebels, was nicht schneller als innerhalb zwei Sekunden geschehen soll, wird der Winkelhebel arretiert. Erst beim weiteren Absinken des Abzughebels setzt der Meßuhrbolzen auf und mißt mit der Meßuhr die abgegriffene Strecke aus. Eine Dämpfungsbremse sorgt dafür, daß der Winkelhebel auch beim schnellen Abgreifen und Messen durch den Meßuhrbolzen nicht in seiner fixierten Lage verändert wird. Die einzelnen Phasen der Messung können Bild 5.3 entnommen werden; den Aufbau des Setzdehnungsmessers in schematischer Darstellung zeigt Bild 5.1.

Die normale Meßlänge des Setzdehnungsmessers ist 100 mm, der Anzeigebereich der Uhr ± 0,5 mm. Die Meßlänge kann durch Zusatzschienen auf 300 mm erweitert, aber auch auf 10 mm verkürzt werden. Bei einer Meßungenauigkeit von weniger als 1 µm lassen sich demnach bei einer unteren Meßlänge von 10 mm in Stahl Spannungen von ± 20 MPa nachweisen. Bei einer größeren Meßstrecke werden noch genauere Angaben möglich, denn die absolute Meßgenauigkeit bleibt etwa konstant. Dabei muß jedoch beachtet werden, daß es sich hierbei nur um mittlere Angaben der Spannungen handeln kann. Es ist nämlich damit zu rechnen, daß sich die Last- und Eigenspannungen bei großen Meßlängen ändern.

Für manche Meßprobleme ist der Setzdehnungsmesser zu groß und unhandlich. Hierfür wurde daher von W. FEUCHT ein Zusatzgerät entwickelt, das ein Abgreifen der Meßlänge und ein anschliessendes Ausmessen im Setzdehnungsmesser erlaubt. Die Meßlängenüberträger für Meßlängen von 10 und 20 mm arbeiten wie der Setzdehnungsmesser, haben aber keine Meßuhr (siehe Bild 5.6 bis 5.9). Ansicht und schematischer Aufbau zeigt Bild 5.9. Das Aufsetzen erfolgt wie bei dem Setzdehnungsmesser. Zum Ausmessen der Strecke wird der Setzdehnungsmesser auf ein Stativ vertikal montiert und der feste Meßfuß auf die Meßlängen von 10 bzw. 20 mm eingestellt. Trotz dieser Übertragungsmessung sind Meßungenauigkeit und -streuung nicht größer als bei direkten Messungen. Die absolute Meßunsicherheit beträgt daher auch hier ± 1 µm. Dies erklärt sich zum Teil dadurch, daß sich der Überträger bei diesen kleinen Strecken besser handhaben läßt als der größere Setzdehnungsmesser. [5.2]

Der Einsatz der Aufnehmer muß geübt werden. Es empfiehlt sich, zunächst eine Meßstelle mehrmals, bis zu zehnmal, auszumessen. Dabei sind Bruchteile der Skaleneinteilung noch zu schätzen. Es können mit Sicherheit Unterteilungen von ± 0,2 µm erkannt werden. Nach Einübung wird man zur Kontrolle jede Meßstrecke mindestens dreimal ausmessen und dann einen Mittelwert bilden. Auf diese Weise lassen sich Längenänderungen von ± 0,5 µm noch nachweisen. Bei einaxialer Beanspruchung von Stahl entspricht dies für eine Meßstrecke von 10 mm einer Spannung von ± 10 MPa.

Der Nachteil des Setzdehnungsmessers ist das mehrmalige Ausmessen der Meßstrecken vor und bei der Belastung. Müssen zur zweiaxialen Spannungsanalyse drei Richtungen erfaßt werden, sind demnach mindestens neun Einzelmessungen erforderlich. Diese Meßwerte sind zu notieren, sodann sind aus ihrer Differenz die Längenänderungen zu bestimmen und schließlich noch durch dividieren die Formänderungen. Gibt man die Werte in programmierte Kleinrechner ein, vereinfacht man die Weiterverarbeitung. Es bleiben aber manueller Einsatz und subjektiv bedingte Abweichungen.

Vorteile der mechanischen Verfahren sind ihre Unempfindlichkeit gegenüber Feuchtigkeit, Korrosion und Oberflächenform. Man kann über Rillen und Bohrungen hinweg messen und die Meßlänge in weiten Grenzen verändern. Letztendlich sind sie preisgünstig und schell einsatzbereit.

5.3 Krümmungsmessung

Der Setzdehnungsmesser erfaßt nur ebene Verformungen, d.h. Dehnungen / Stauchungen. Mißt man in einer Blechoberfläche, so lassen sich demnach aus Messungen in drei Richtungen zwei Normal- und eine Scherspannung angeben, die über die Blechdicke als konstant angenommen werden müssen. Krümmungen der Meßstrecken aus der Oberfläche heraus, wie sie bei der Biegung auftreten, lassen sich damit faßt nicht nachweisen. Zu deren Erfassung muß eine Dreipunktmessung durchgeführt werden. Meßprinzip und Ausführung sind aus Bild 5.10 und 5.11 zu ersehen. Danach wird durch den mittleren, beweglichen Meßfuß der Biegepfeil f gemessen und aus der Meßstrecke l zwischen den beiden festen Meßfüßen der Krümmungsradius ρ bzw. die Krümmung $k = 1/\rho$ errechnet. Zumeist vernachlässigt man f^2 gegenüber $l^2/4$ und arbeitet mit der angegebenen Näherung. Für ein Stahlblech mit der Dicke $t = 2\,e$ ergibt sich die örtliche Biegespannung zu:

$$\sigma_b = \pm E \cdot e \cdot k \qquad (5\text{-}1)$$

Mit $2\,e = 1$ mm, $f = \pm 1$ µm, $l = 20$ mm berechnet sich eine Biegespannung in Stahlblech von $\sigma_b = \pm 2$ MPa. Die Nachweisung des Biegepfeiles darf mit ± 1 µm angenommen werden, so daß dies auch dem absoluten Fehler entspricht.

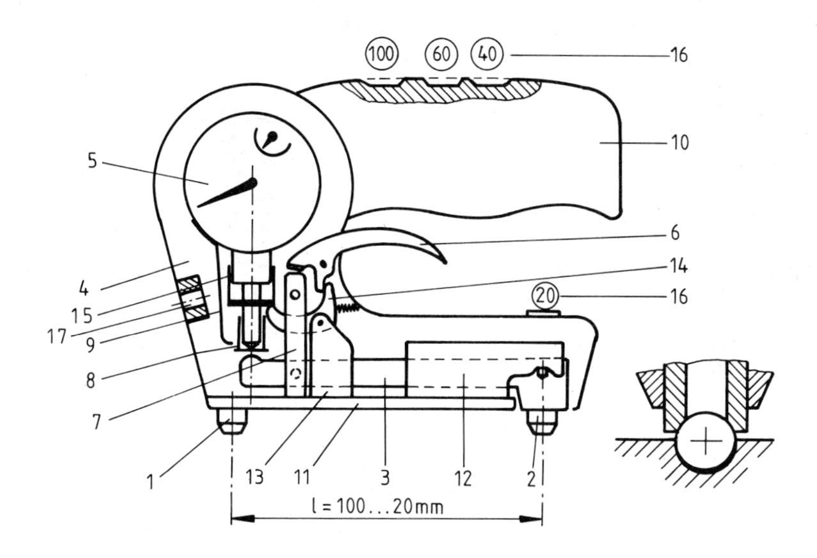

Bild 5.1 Schematische Darstellung des BAM-Setzdehnungsmessers Ausführung 1960 (Bauart M. Pfender)

1. Fester, versetzbarer Meßfuß
2. Beweglicher Meßfuß
3. Winkelhebel 5:1
4. Stahlblechgehäuse
5. Meßuhr mit 0,005 mm-Teilung
6. Abzughebel
7. Zweiteilige Bremsklammer
8. Überdruck-Stoßdämpferzylinder
9. Abstreifer für 8
10. Holzgriff
11. Grundschiene
12. Lagergehäuse für Winkelhebel
13. Lagerbock für Zwischenhebel
14. Zwischenhebel
15. Saugbremszylinder am Meßuhrtastbolzen
16. Griffmarken am Holzgriff und am Gehäuse für die verschiedenen Meßlängen
17. Gewindebuchse zum Anschrauben von Verlängerungen für 200 und 300 mm Meßlänge

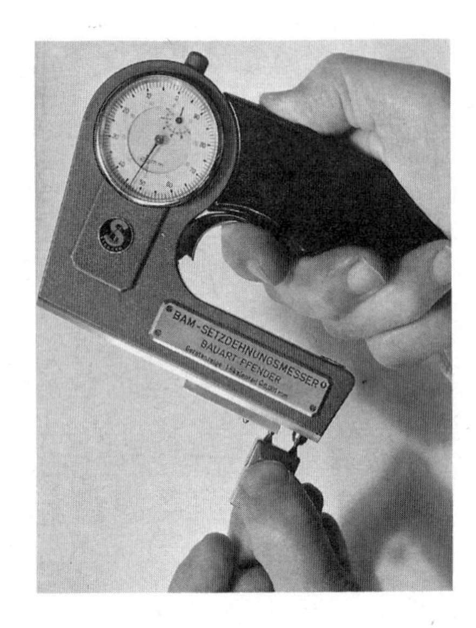

Bild 5.2 BAM-Setzdehnungsmesser

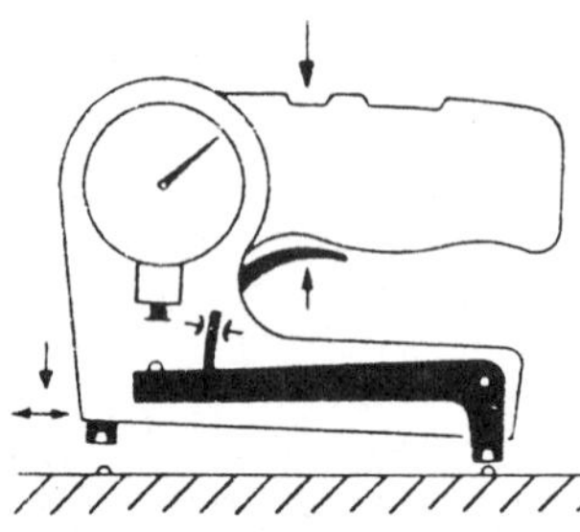

Aufsetzen
beweglichen Fuß zuerst bei ganz angezogenem Abzughebel, dadurch Meßuhrtastbolzen abgehoben und Winkelhebel frei

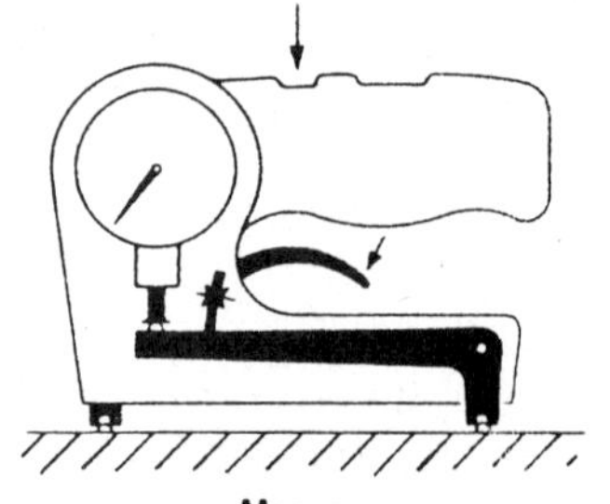

Messen
Abzughebel ablassen, dadurch erst Winkelhebel arretiert, dann setzt Meßuhrtastbolzen auf

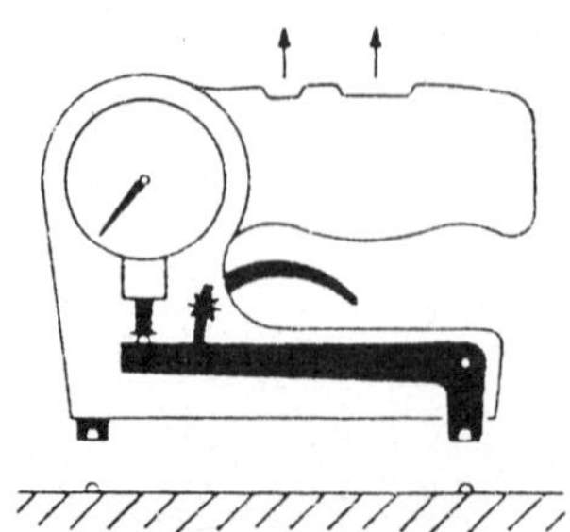

Abheben und Ablesen
bei abgelassenem Abzughebel, dadurch Stehenbleiben der Meßuhranzeige, Ablesen aus günstigster Sicht

Bild 5.3
Messen mit dem BAM-Setzdehnungsmesser

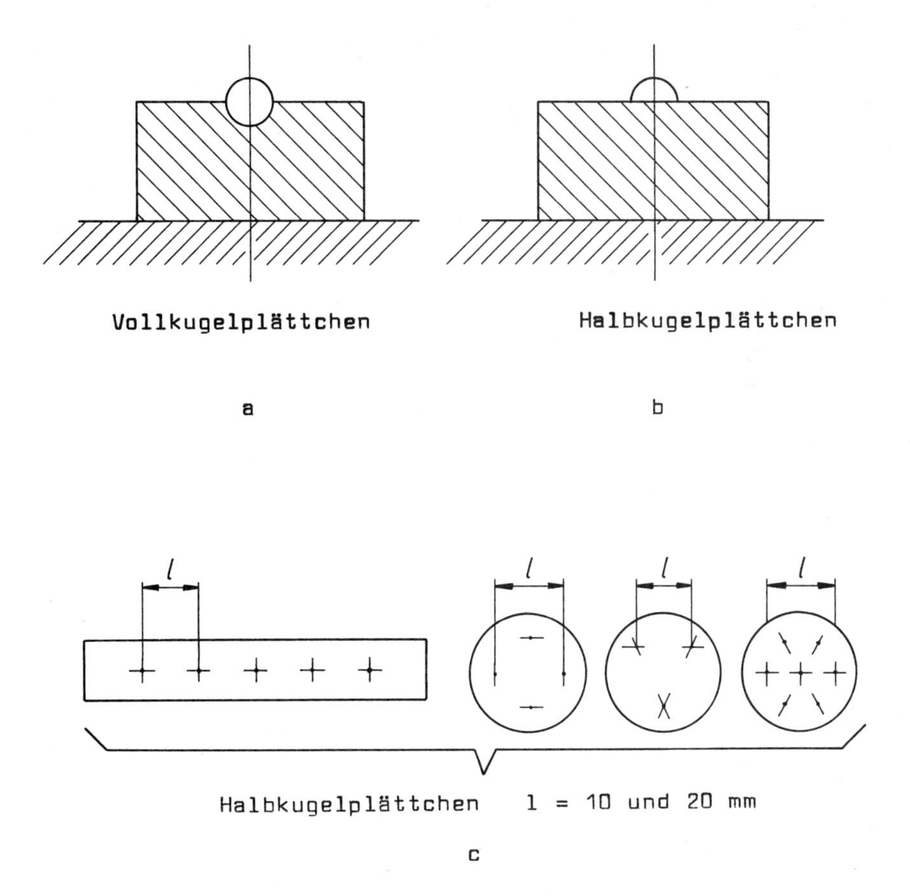

Bild 5.4 Markieren von Meßstrecken durch Aufkleben von Kugelmarken für den BAM-Setzdehnungsmesser (Bauart M. Pfender)

a) Aufklebbares Vollkugelplättchen aus Metall mit eingeschlagener ganzer Kugel 1/14″
b) Aufklebbares Halbkugel-Metallplättchen mit aufgeklebter oder aufgelöteter Halbkugel
c) Aufklebbare Halbkugelstreifen aus Papier mit fertig aufgeklebten Halbkugeln als fortlaufende Meßstreckenfolge oder als Rosetten mit zwei oder drei Meßstrecken von 10 oder 20 mm Länge

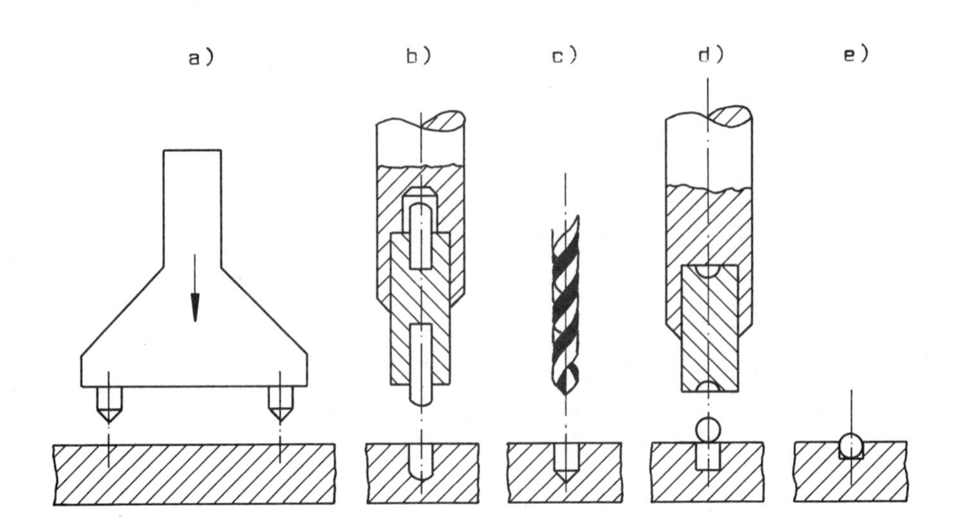

f)

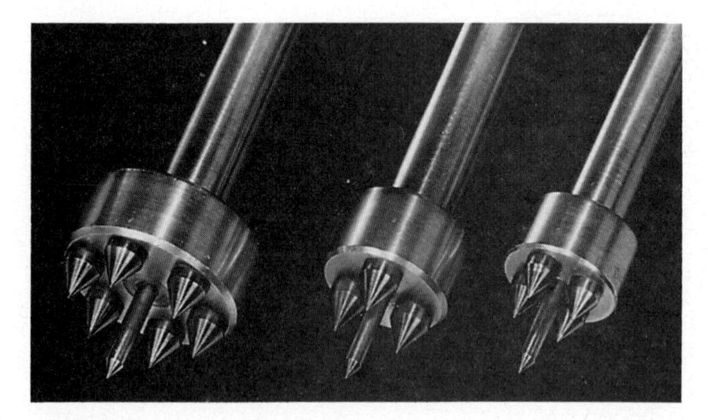

Bild 5.5 Markieren von Meßstrecken durch Einschlagen von Stahlkugeln für den BAM-Setzdehnungsmesser

a) Meßstrecke mit Doppelkörnern leicht ankörnen
b) Kugelaufnahme mit Punze nachformen
c) oder auf 1,4 mm Dmr. und 1,1 bis 1,3 mm Tiefe aufbohren, wenn die Bruchfestigkeit des Werkstoffes 700 MPa übersteigt
d) Kugel einlegen, mit Döpper leicht eintreiben
e) Eingetriebene Kugel liegt dicht im Lochgrund auf
f) Mehrfachkörner

Bild 5.6
BAM-Übertrager für Meßstrecken von 10 und 20 mm

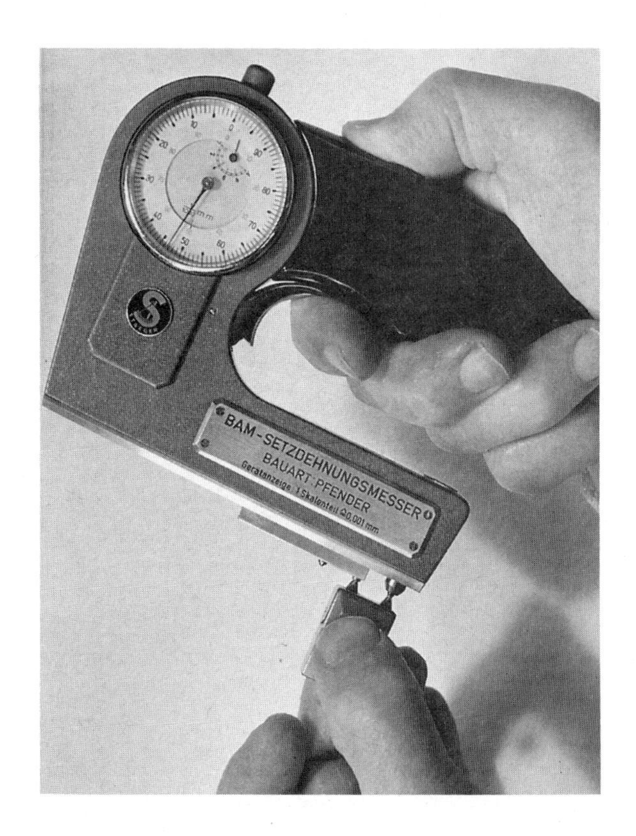

Bild 5.7
Das Arbeiten mit BAM-Übertrager und BAM-Setzdehnungsmesser

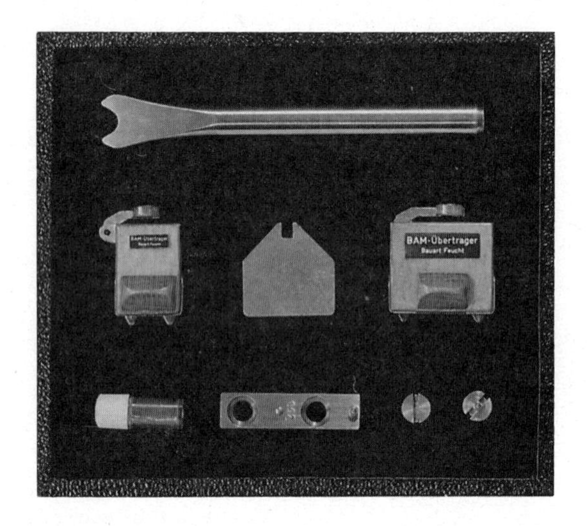

Bild 5.8
BAM-Übertrager mit Zubehör

Schematische Darstellung eines BAM-Messlängenübertragers mit einer Messlänge von 20 mm

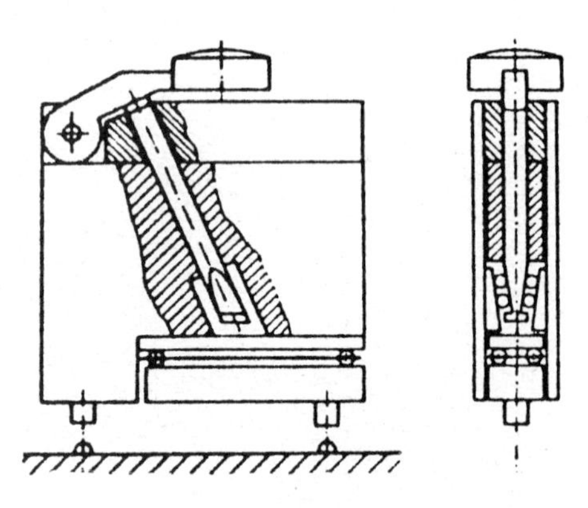

BAM-Messlängenübertrager beim Abtasten einer Objekt-Messstrecke

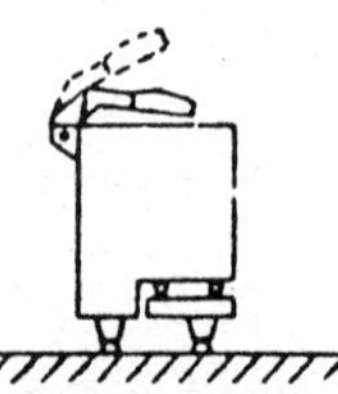

Bild 5.9
Das Arbeiten mit dem BAM-Übertrager

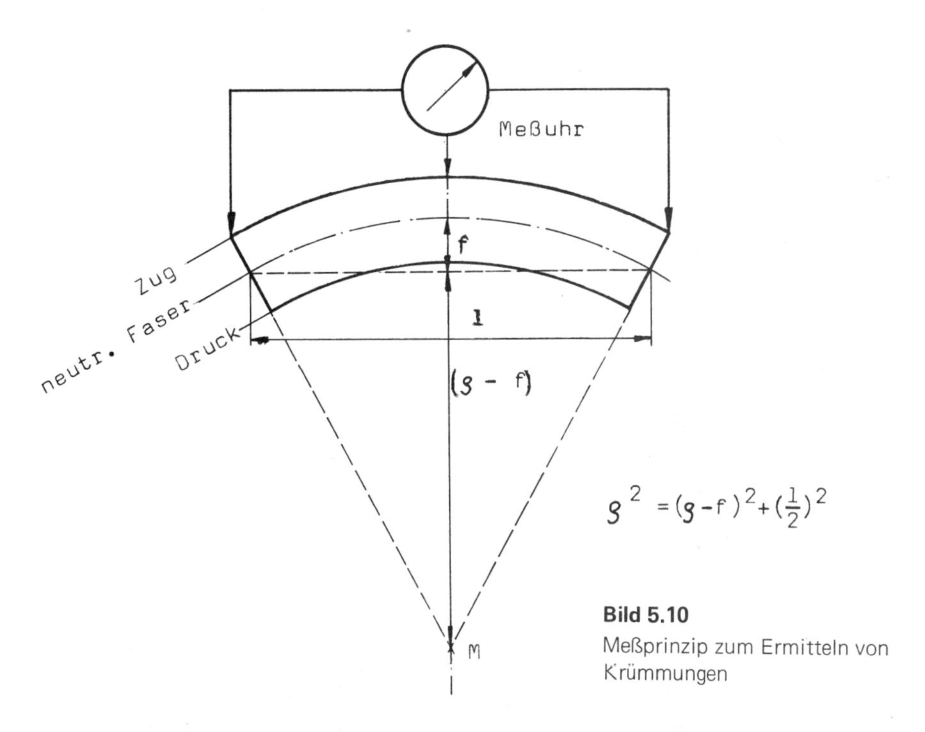

Bild 5.10
Meßprinzip zum Ermitteln von Krümmungen

Bild 5.11 Krümmungsmesser für Meßstrecken von 50, 75 und 100 mm

6 Dehnungsmeßstreifen

6.1 Prinzip

Werden Werkstoffe elastisch gedehnt ($+\varepsilon$) oder gestaucht ($-\varepsilon$), so fällt der elektrische Widerstand R infolge von Gefüge- und Geometrieänderungen. Diesen ε - R - Effekt entdeckte im Jahre 1856 der irisch-schottische Physiker William THOMSON, der spätere Lord KELVIN of LARGS (1824-1907). Er wollte für die englische Marine Meerestiefen mit abgesenkten Membrandruckkörpern ermitteln und dazu die durch steigenden Wasserdruck veränderlichen Membranverformungen mit Dehnungen von Drähten messen, die im Innern der Körper befestigt waren. Zur technischen Anwendung dieses Vorhabens kam es damals nicht.

Erst im Jahre 1937 griffen die beiden Amerikaner A.C. RUGE und E.E. SIMMONS unabhängig von einander die Entdeckung wieder auf, um an Gebäudemodellen die auftretenden Schwingungen und Verformungen zu messen, wenn sie auf Rütteltischen z.B. erdbebenähnlichen Erschütterungen ausgesetzt wurden. Dazu wurden einmal kurze Metalldrähte zwischen Zigarettenpapier geklebt und dann an den Meßstellen appliziert und zum anderen die Drähte frei zwischen Isolierstiften gespannt. Damit war die Idee des aufklebbaren Dehnungsmeßstreifens geboren. Verkürzt nennt man ihn auch Dehnungsmeßstreifen oder noch kürzer DMS. Im Englischen heißt er "strain gage" und im Französischen "gauge de contrainte".

Seit etwa 1940 werden DMS industriell hergestellt, um die örtlichen Verformungen zu messen. Man schätzt, daß 1985 bis zu 100 Millionen gefertigt wurden. Um 1960 begann man das mäanderförmige Drahtgitter mit rundem Querschnitt durch photo-chemisch, aus Folien geätzten Meßgitter zu ersetzen. Dadurch wurde es möglich unterschiedliche Formen und Größen herzustellen. Es gibt heute nur noch wenige Draht-DMS (siehe Bild 6.1); die Standardausführung ist der Folien-DMS mit rechteckigem

Leiterquerschnitt. Der VDI/VDE Ausschuß "Experimentelle Spannungsanalyse" hat erstmals 1974 die Richtlinie "Dehnungsmeßstreifen mit metallischem Meßgitter, Kenngrößen und Prüfbedingungen" (VDI/VDE 2635) erarbeitet, nach der 21 Kenngrößen von DMS definiert und ermittelt, sowie die Meßergebnisse dargestellt werden sollen. Das Regelwerk wurde inzwischen wieder überarbeitet.

Das Meßprinzip sei für einen runden Leiterquerschnitt erläutert. Für Rechteckquerschnitte gelten analoge Beziehungen.

Wird ein Draht der Länge l, dem Querschnitt $A = \pi \cdot d^2/4$ und dem spezifischen elektrischen Widerstand ρ gedehnt oder gestaucht, so ändert sich sein absoluter Widerstand R. Dieser kann sehr genau mit der Wheatstone'schen Brücke gemessen werden. Daraus läßt sich dann auch die örtliche Dehnung oder Stauchung $\pm\varepsilon$ errechnen. Die notwendigen Beziehungen für einen DMS ergeben sich wie folgt:
Logarithmiert man den Ausdruck für den elektrischen Widerstand

$$R = \rho \cdot l/A = \rho \cdot 4\, l/(\pi \cdot d^2) \qquad (6\text{-}1)$$

und bildet man den Differenzenquotienten, so ergibt sich für kleine, endliche Änderungen:

$$\Delta R/R = \Delta\rho/\rho + \Delta l/l - 2\,\Delta d/d \qquad (6\text{-}2)$$

Beachtet man, daß für die Längs- und Querdehnung gilt:

$$\varepsilon_l = \Delta l/l \quad ; \quad \varepsilon_q = \Delta d/d = -\mu \cdot \varepsilon_l \qquad (6\text{-}3)$$

so erhält man:

$$(\Delta R/R)_{DMS} = \left(1 + 2\mu + \frac{\Delta\rho}{\rho \cdot \varepsilon_l}\right) \cdot \varepsilon_l = k \cdot \varepsilon_l = \text{Anzeige} \qquad (6\text{-}4)$$

Der Klammerausdruck ist eine Werkstoffkonstante k, die auch als k-Faktor bezeichnet und experimentell bestimmt wird. Weil der DMS nur einmal zu benutzen ist, kann k nur als statistischer Mittelwert angegeben werden. Die heutige Fertigung erlaubt jedoch durch Konstanthalten aller äußeren Einflüße einen extrem kleinen Streubereich von unter ± 1%. Wiederverwendbare DMS, die wie Sebstklebefolien aufgeklebt werden, haben sich nicht bewährt. [6.1]

Gleichung 6-4 besagt, daß der elektrische Widerstand größer wird bei Dehnungen ($\varepsilon > 0$) und kleiner bei Stauchungen ($\varepsilon < 0$). Elastische Winkeländerungen d.h. Scherungen oder Verdrehungen haben in erster Näherung keinen Einfluß auf den Widerstand. Alle DMS haben ein Meßgitter von 120 bis 600 Ω aus Konstantan (Cu Ni 44 Mn 1 nach DIN 17644, Ausgabe Dez. 1983). Der k-Faktor liegt bei k = 2,0 ± 0,1. Die Länge der üblichen DMS-Meßgitter reichen von 0,3 bis 150 mm; ihre Breite von 3 bis 30 mm. Sie sind den thermischen Änderungen der gebräuchlichsten Werk-, Bau- und Kunststoffen angepaßt. Sie können eingesetzt werden etwa zwischen ± 200° C, bei dynamischen Beanspruchungen und bei Formänderungen bis zu ± 5%. Bei Stahl reicht dieser Wert bis weit in den plastischen Verformungsbereich. Weitere technische Daten, wie z.B. mechanische Hysteresis, Dauerschwingverhalten, kleinste Krümmungsradien sind den Prospekten der Hersteller zu entnehmen. Inzwischen wurden Form, Abmessung, Applizierung und Einsatzbereich der DMS so variiert, daß in fast allen praktisch vorkommenden Fällen exakte Messungen der Verformungen möglich sind. Einher ging die Einrichtung von DMS-Produktionstätten, die eine gleichbleibende und kontrollierte Fertigung garantieren. Dies ist eine unabdingbare Forderung; denn die meisten DMS-Kennwerte sind erst nach dem Applizieren meßbar, und in das Meßsignal können eine Vielzahl von Einflußgrößen eingehen. Sie ergeben sich aus der Meßkette: Werkstücke, Kleber, DMS, Leitung, Meßgerät, Anzeige, Auswertung, Rechengenauigkeit.[6.2]

6.2 DMS-Meßtechnik

Um sehr kleine Formänderungen ε bis zur Größenordnung von 10^{-6}

zu messen, verwendet man zumeist die von dem englischen Physiker Sir Charles WHEATSTONE (1802-1875) im Jahre 1843 entwickelte Brückenschaltung. In Bild 6.2 ist R_1 der unbekannte, auszumessende elektrische Widerstand eines DMS. Seine relative Änderung ist der örtlichen Formänderung nach Gleichung 6-4 proportional. R_2 ist ein bekannter Vergleichswiderstand; R_3, R_4 sind durch Abgreifen veränderliche, aber auch bekannte Widerstände. Zum Ermitteln von R_1 und damit der Formänderung ε kann man nach zwei Methoden vorgehen. Nämlich:

Nullmethode
Nach dem Applizieren und Anschließen des DMS (R_1) wird die Brücke durch Verschieben des Läufers zwischen R_3 und R_4 so abgeglichen, daß das Galvanometer im Brückenzweig keine Spannung zwischen den beiden Parallelleitungen anzeigt. Dann wird der DMS belastet. Dadurch ändert sich sein Widerstand R_1. Die sich einstellende Brückenspannung wird sodann wieder durch Verschieben des Läufers so kompensiert, daß sie wieder Null ist. Aus den Änderungen von R_3 und R_4 läßt sich dann die gesuchte Formänderung wie folgt ermitteln:
In Bild 6.2 wird dargelegt, daß die Brücke im Gleichgewicht ist, wenn die diagonalen Widerstandsprodukte einander gleich sind. Es gilt daher auch:

$$R_1 = R_2 \cdot \frac{R_3}{R_4} \qquad (6\text{-}5)$$

Durch logarithmisches Differenzieren ergibt sich für endlich kleine Änderungen mit R_2 = konst., $R_3 + R_4 = R$ = konst. und $\Delta R_3 = - \Delta R_4$:

$$\Delta R_1/R_1 = k \cdot \varepsilon_1 = \Delta R_3/R_3 - \Delta R_4/R_4 = \Delta R_3 \frac{R}{R_3 \cdot R_4} \qquad (6\text{-}6)$$

Stellt man den Läufer in Bild 6.2 in R/2, so gilt $R_3 = R/2 + \Delta R_3$ und $R_4 = R/2 - \Delta R_3$ und damit:

$$\Delta R_1/R_1 = k \cdot \varepsilon_1 = \Delta R_3 \cdot \frac{R}{R^2 - \Delta R^2_3} \approx \Delta R_3/R \qquad (6\text{-}7)$$

Aus der Läuferverschiebung ΔR_3 und dem Gesamtwiderstand R läßt sich somit die gesuchte Formänderung ε_1 angeben, wenn k bekannt ist. Der relative Fehler durch die Näherung ergibt sich zu:

$$F = \frac{k\cdot\varepsilon - k\cdot\varepsilon_{mess}}{k\cdot\varepsilon} = 1 - (\varepsilon_{mess}/\varepsilon) = \pm \Delta R_3/ R \qquad (6\text{-}8)$$

Er kann sehr klein gehalten werden und liegt weit unter 1‰. Die Nullmethode ist nur bei statischem Messen anwendbar, denn nur dabei lassen sich die Brückenabgleiche herstellen. Ein Vorteil ist, daß die Brückenspeisespannung nicht in die Auswertung eingeht.

Ausschlagmethode

Hierbei wird nach dem Applizieren des DMS und dem Brückenabgleich belastet und aus der sich einstellenden Brückenspannung die Formänderung ε_1 ermittelt. In das Ergebnis geht zusätzlich ein, wie aus bild 6.2 zu ersehen, die Brückenspeisespannung U_{sp} und die Galvanometergenauigkeit. Es wird außerdem mit zwei Näherungen gearbeitet.

1. Näherung: Nimmt man den Galvanometerwiderstand R_G sehr groß, so folgt:

$$U_G \approx \frac{U_{sp}\cdot k\cdot\varepsilon_1}{2\cdot(2 + k\cdot \varepsilon_1)}$$

2. Näherung: Vernachlässigen von ε im Nenner ergibt:

$$U_G \approx U_{sp}\cdot k\cdot \varepsilon_1 / 4 = U_{G,mess}$$

Der relative Fehler ist dann:

$$F = (U_G - U_{G,mess})/ U_G = -\varepsilon$$

Der Fehler ist also so groß, wie der Meßwert selbst. Bei Zug ist er um ε zu groß, bei Druck um ε zu klein. Mißt man z.B. $\varepsilon = 100 \cdot 10^{-6}$, so ist der Fehler -10^{-4} = - 0,1 d.h. der wahre Wert ist $= 99{,}99 \cdot 10^{-6}$. Dies ist zumeist vernachlässigbar.

Je nachdem, ob der DMS 1 in Bild 6.2 gedehnt oder gestaucht wird, ist der Galvanometerausschlag positiv (nach rechts) oder negativ (nach links). Dies läßt sich aus Gleichung zu Bild 6.2 ablesen, aber auch durch Differenzieren der Galvanometerspannung U_G beweisen.

Legt man den aktiven, messenden DMS 1 in den linken, oberen Brückenzweig (Bild 6.3, oben) und den konstanten DMS 2 nach rechts, so kehrt sich der Galvanometerausschlag um, d.h. bei Zug geht er nach links und bei Druck nach rechts. Dies kann man aus der Gleichung in Bild 6.3, oben für den Galvanometerausschlag sehen. Widerstände sind immer positive Größen. R_2 hat gegenüber R_1 ein negatives Vorzeichen. Dadurch ergibt sich eine Umkehr der Anzeige. Erweitert man diese Erkenntnis auf alle vier DMS in der Brücke, so ergeben sich die in Bild 6.2 dargestellten Galvanometerausschläge für Dehnung und Stauchung. Analog zu diesen Anzeigerichtungen ändern sich auch die relativen Fehler. Sie haben immer das umgekehrte Vorzeichen der Anzeige.

Verwendet man nur einen aktiven DMS 1, so ist es angebracht, im Nachbarzweig einen Kompensations-DMS 2 zu applizieren, der nur die Temperaturänderungen am Meßobjekt mitmacht. Er muß die gleichen thermischen Kennwerte haben wie der aktive DMS, sodaß er Temperaturformänderungen des aktiven DMS kompensiert (siehe Bild 6.3).

Das unterschiedliche Verhalten der Brückenzweige bei Dehnungen und Stauchungen wird benutzt, um die Galvanometeranzeige zu vervielfachen. Einzelheiten sind Bild 6.4 zu entnehmen. Demnach ist z.B. mit einer Halbbrücke bei Biegung möglich den Ausschlag zu verdoppeln oder je nach Schaltung, bei schräg gerichteten Kräften, deren Vertikal- oder Horizontalkomponente zu ermitteln. Analoge Beziehungen gelten für Zug- und Torsionsstäbe.

WHEATSTONE-Brücken können mit Gleich- oder Wechselspannung betrieben werden. Dabei wird eine gleichbleibende Konstantspannung verlangt, denn diese geht in das Meßergebnis ein. Bei Änderungen der Leitungen, Kontakte, Übergangs- und Isolierwiderständen ändern sich auch die Anzeigen. Dies ist wohl der grösste Nachteil der Schaltung. Die zwei Näherungen zum Ermitteln der Formänderungen machen sich nur bei großen Meßwerten bemerkbar. Sie können numerisch oder auch experimentell durch zusätzliche Leitungen kompensiert werden.

Seit etwa 1975 ist es durch den Einsatz von Mikroprozessoren möglich, Konstantstromquellen mit relativen Abweichungen von $\leqq 10^{-7}$ zu bauen. Dadurch werden die Nachteile der WHEATSTONE-Brücke kompensiert. Das Meßprinzip mit seinen mathematischen Beziehungen ist in Bild 6.5 dargestellt für einen Aktiv- und einen Passiv-DMS. Anzeigeungenauigkeiten durch Thermospannungen kann man bei statischen Messungen durch ein zweites Messen nach Umpolen eleminieren oder durch vorheriges Kalibrieren numerisch korrigieren.

Sollen mehrere oder gar viele DMS ausgemessen werden, so ist dies durch manuelle oder gesteuerte Meßstellenumschalter erreichbar. Sie erlauben das Ansteuern von 100 und mehr DMS in einer Sekunde. Koppelt man diese Einheit mit Rechnern, Schreibern, Druckern oder Meßsignalspeichern, so ist eine lückenlose Aufnahme und Auswertung bei statischen, dynamischen und stochastischen Beanspruchungen möglich.

6.3 Meßwertkorrekturen

Die Anzeige der Meßgeräte kann durch verschiedene Einflüsse verändert werden, sodaß die wahren, örtlichen Formänderungen erst nach Korrektur zu erhalten sind. Im Einzelnen ergeben sich folgende Zusammenhänge:

k-Faktor
Die örtliche mit DMS zu messende Formänderung ε ergibt sich aus der relativen Widerstandsänderung des DMS und einem Pro-

portionalitätsfaktor k. Er hat je nach Fertigung eine Toleranz in der Größenordnung von ± 1% und weniger. Diese geht in alle Messungen mit ein und überlagert sich additiv mit anderen Ungenauigkeiten. Zumeist kann man k am Meßgerät einstellen, ($k_{Gerät}$), sodaß die gesuchten ε-Werte als Anzeige ($\varepsilon_{Anz.}$) direkt erscheinen. Liegen die k-Werte dazwischen, läßt sich die wahre Formänderung ermitteln mit:

$$\varepsilon = \varepsilon_{Anz.} \cdot k_{Gerät} / k_{DMS} \qquad (6\text{-}9)$$

Mechanische Hysteresis (Bild 6.5)
Die Anzeigen bei Be- und Entlastung differieren geringfügig. Die Unterschiede werden durch die gesamte Applikation (DMS, Klebstoff, Klebdicke u.a.) bedingt. Sie verringern sich schon erheblich bei der 2. und 3. Belastung von z.B. 1%. auf 0,5‰.

Linearitätsfehler
In Verbindung mit einer mechanischen Hysteresis werden auch zuweilen Abweichungen, in der linearen Meßwertverteilung beobachtet. Sie liegen in einer Größenordnung von ± 2% für $\varepsilon > 3000 \cdot 10^{-6}$ und betragen damit absolut etwa $\pm 60 \cdot 10^{-6}$.

Querempfindlichkeit
DMS reagieren auch auf quer zu ihrer Längsrichtung auftretenden Verformungen. Die Querempfindlichkeit ist zumeist kleiner als ± 2%.

Maximale Formänderung
Die lineare Abhängigkeit zwischen den Formänderungen und relativen Widerstandsänderungen nach Gl. 6-1 gilt nur in einem begrenzten Bereich. Der Grenzwert ist erreicht, wenn die Anzeige um mehr als ± 5% von der Linearverteilung abweicht. Für übliche DMS liegt dieser Wert bei $\varepsilon = 50.000 \cdot 10^{-6} \mathrel{\hat{=}} 5\%$. Spezielle DMS messen Formänderungen linear bis $100.000 \cdot 10^{-6}$ = 10% und mehr. Sie können jedoch nur einmal belastet werden. Durch Kaltverfestigung ändert sich ihre Anzeigegenauigkeit.

Temperaturgang

Mißt man bei verschiedenen Temperaturen, so werden mechanische Spannungen vorgetäuscht. Um diesen Einfluß zu kompensieren gibt es DMS, welche dem linearen Wärmeausdehnungskoeffizienten α des zu prüfenden Werkstoffes angepaßt sind. Dieser Temperatur-Koeffizient α_{DMS} hängt von mehreren mechanischen und elektrischen Größen ab. Es sind DMS für unterschiedliche Stoffe entwickelt worden, wie z.B. ferritischen oder austenitischen Stahl, Aluminium, Titan, Kunststoffe. α_{DMS} reicht von etwa 0 bis $70 \cdot 10^{-6}$ / K. Die Toleranz des Temperaturganges liegt bei $\pm 1 \cdot 10^{-6}$ / K und erfaßt einen Bereich von 0 bis 150°C.

Kriechen und Relaxieren

Unter Kriechen versteht man zeitabhängige Verformungen, bei konstanter Last, unter Relaxieren den Abbau von Spannungen bei konstanter Dehnung. Das mit einem Gewicht gestreckte Gummiseil kriecht, verschraubte Maschinenteile relaxieren bei hohen Temperaturen merklich. Das Verformungs-Zeit-Verhalten von DMS, ist aus Bild 6.7 zu ersehen. Würde kein Kriechen vorliegen, ergäbe sich nach der Höchstlast eine Horizontale. Der DMS versucht aber, die eigene Beanspruchung durch Verkürzen abzubauen. Entlastet man ihn nach einiger Zeit, so hat sich der Nullpunkt zu tieferen Werten verschoben. Im Laufe von Tagen strebt er dann wieder dem eingangs gemessenen Nullpunkt zu. Dieses Verhalten ist nur durch den Träger und Kleber bestimmt. Die Meßdrähte kriechen nicht. Bei dynamischer Beanspruchung beobachtet man diesen Effekt nicht, solange die Mittelspnnung Null ist. Bild 6.8 bringt ein schematisches Zeit-Temperatur-Kriech-Diagramm. Bei Raumtemperatur beträgt das Kriechen etwa $\Delta\varepsilon / \varepsilon$ = 0,05 bis 1 %. Es ist bei Langzeitmessungen zu berücksichtigen.

Nullpunktdrift

Arbeitet der DMS im veränderlich feuchten Medium, so können sich durch Quell- und Schrumpfungsvorgänge auch Abmessungsänderungen des Trägers ergeben. Dies führt zu Widerstandsänderungen und damit zu einem Wandern des Nullpunktes.

Dauerschwingverhalten
Bei dynamischer Beanspruchung von DMS kann es in Abhängigkeit der Lastwechsel zu Änderungen des Nullpunktes und der Mitteldehnung kommen. Diese Einflüsse sind unabhängig von der Frequenz; es wirken sich nur die Zahl der durchlaufenden Schwingungen aus. Aufgrund dieser Zusammenhänge wurden DMS entwikkelt, welche ihren elektrischen Widerstand merklich mit den Lastwechseln ändern und so eine Abschätzung der dynamischen Beanspruchung ermöglichen.

Isolationswiderstand R_{ISO}
Der DMS ist gegenüber dem Werkstück durch einen Isolationswiderstand getrennt. Dieser liegt parallel zu R_{DMS} und darf bei Kurzzeitmessungen als konstant angenommen werden. Der relative Meßfehler F ist zumeist $\leqq -10^{-3}$% und damit vernachlässigbar. Der Isolationswiderstand kann sich bei Langzeitmessungen um den Faktor 10 und mehr ändern.

DMS-Erwärmung
Der Meßstrom I erzeugt im DMS-Meßdraht eine Wärme W_1, welche der Meßzeit t und $I^2 \cdot R_{DMS}$ proportional ist. Im thermischen Gleichgewicht, d.h. nach einigen Minuten, stellt sich dann eine Temperaturdifferenz ΔT ein, die bedingt ist durch die Wärmeabgabe W_2 an das Werkstück. Diese ist proportional der DMS-Drahtoberfläche und der Temperaturdifferenz ΔT. Für d_{DMS} = 16 µm ergeben sich Temperaturänderungen von etwa ΔT = 10°C bei Meßströmen von 10 bis 14 mA. Dies ist nicht zu vernachlässigen bei Kunststoffen mit großem Wärmeausdehnungskoeffizient. In diesem Fall muß mit sehr kurzen Meßzeiten gearbeitet werden.

Leitungswiderstand R_L
Die Wheatstone'sche Brücke mißt relative Widerstandsänderungen und unterscheidet nicht zwischen DMS- und Leitungswiderständen (R_{DMS}, R_L). Bei langen Leitungen gilt daher gemäß Gl. 6-1:

$$k\varepsilon_{Mess} = \Delta R_{DMS} / (R_{DMS} + R_L) \qquad (6\text{-}10)$$

Daraus ergibt sich:

$$\varepsilon_{DMS} = \varepsilon_{Mess} \; (1 + R_L / R_{DMS}) \qquad (6\text{-}11)$$

Es wird somit zu wenig gemessen. Der relative Fehler beträgt:

$$F(R_L) = R_L / R_{DMS} \qquad (6\text{-}12)$$

Um diesen Einfluß zu kompensieren verlegt man den Anschluß des DMS an der Wheatstone'schen Brücke zum entfernten DMS. Dazu benötigt man ein dreiadriges Meßkabel. Man spricht daher von einer Dreileiterschaltung. Dies ist nur erforderlich, wenn mit Viertelbrücken gearbeitet wird oder wenn der Temperaturkompensations-DMS nicht gleich lange Anschlußleitungen hat wie der aktive DMS (Bild 6.9).

Leiterkapazität C_L.
Benutzt man Trägerfrequenzmeßverstärker (Frequenz f) so kann sich die Leiterkapazität C_L auf die DMS-Messung bemerkbar machen. C_L liegt parallel zu R_{DMS}. Daraus folgt:

$$\varepsilon_{DMS} = \varepsilon_{Mess} \; |1 + (2 \cdot \pi \cdot f \cdot C_L \cdot R_{DMS})^2| \qquad (6\text{-}13)$$

Es wird somit zu wenig gemessen. Der relative Fehler ist:

$$F(C_L) = (\varepsilon_{DMS} - \varepsilon_{Mess}) / \varepsilon_{DMS} = (2 \cdot \pi \cdot f \cdot C_L \cdot R_{DMS})^2 \qquad (6\text{-}14)$$

Randfaserabstand e
DMS messen wegen der Leimschicht und ihrer eigenen Dicke nicht in der Oberfläche des Werkstückes sondern oberhalb von ihr und zwar nach Bild 6.10 um:

$$\Delta t = t_{Leim} + t_{DMS} / 2 \qquad (6\text{-}15)$$

Bei reiner Biegung ergeben sich daher größere Meßwerte als der Randfaser e = d/2 entspricht:

$$F(e) = \Delta\varepsilon / \varepsilon_e = \Delta t/e = 2 \cdot \Delta t/d \qquad (6\text{-}16)$$

Mit t_{DMS} = 0,12 bis 0,16 mm, t_{Leim} = 0,05 mm und e = 5 mm, liegt der Fehler zwischen F(e) = 3,4 und 4,2%. Bei 1 mm dicken Blechen steigt er um den Faktor 10 an.

Schiefplazierter DMS

Ist ein DMS in einem zweiaxialen Verformungsfeld mit ε_x und ε_y plaziert und mißt er unter einem Winkel α zur x-Achse, so sind die Meßwerte ε_α durch beide Verformungen beeinflußt. Es gilt die Beziehung nach Bild 6.11:

$$\varepsilon_\alpha = \varepsilon_x \cdot \cos^2\alpha + \varepsilon_y \cdot \sin^2\alpha \qquad (6\text{-}17)$$

ε_x und ε_y lassen sich nur mit einem zweiten DMS ermitteln. Bei einaxialer Beanspruchung wie z.B. im Zugversuch gilt nach dem Poisson'schen Gesetz $\varepsilon_y = -\mu \cdot \varepsilon_x$ und damit:

$$\varepsilon_\alpha = \varepsilon_x \cdot [1 - (1 + \mu) \cdot \sin^2\alpha] \qquad (6\text{-}18)$$

Plaziert man den DMS unter dem Winkel α zur Zugstabachse, so ist der relative Fehler:

$$F = (\varepsilon_\alpha - \varepsilon_x) / \varepsilon_x = -(1 + \mu) \cdot \sin^2\alpha \qquad (6\text{-}19)$$

Es wird daher zu wenig gemessen. Bei $\alpha = 5°$ wird ein Fehler von etwa - 1% erreicht.

Es sei noch darauf hingewiesen, daß es verformungsfreie Richtungen gibt. Mißt man nur mit einem DMS, kann es daher zu irrigen Auswertungen kommen. Bei einaxialer Beanspruchung ergibt sich diese Richtung aus Gl. 6-17 zu:

$$\cot\alpha = \sqrt{\mu} \qquad (6\text{-}20)$$

Mit μ = 0,27 liegt sie bei $\alpha = 62{,}5°$ zur Stabachse

Mittragen der DMS
Bei dünnwandigen Bauteilen bedingt die Applikation von DMS eine merkliche Veränderung der Wandstärke. Dies führt zu einer Versteifung des örtlichen Querschnittes, wobei DMS eine äußere Last mittragen. Es werden daher nicht die wahren Verformungen gemessen, sondern die um $\Delta\varepsilon$ verminderten. Eine rechnerische Abschätzung ist am einfachsten beim Zugstab.

Temperatureinflüsse
Jede Temperaturveränderung ΔT bewirkt Abmessungs- und Kennwertenänderungen. In einem Bereich von 0° bis 100° C können sie mit einer linearen Funktion beschrieben werden. Der zugeordnete Beiwert kann positiv und negativ sein. Es ist zu beachten, daß er auf verschiedene Temperaturen bezogen sein kann. Physikalische Angaben beziehen sich zumeist auf 0° C, technische auf + 20° C bzw. auf T° C. Unterscheidet man solche verschiedene, lineare Beiwerte mit dem Index "0" und "T" so gilt die Umrechnung:

$$\alpha_T = \frac{\alpha_0}{1 + \alpha_0 \cdot \Delta T_{0T}} \approx \alpha_0 \cdot (1 - \alpha_0 \cdot \Delta T_{0T}) \qquad (6\text{-}21)$$

Abmessungsänderungen
Fast alle Stoffe dehnen sich bei Temperaturerhöhung aus und es gilt in erster Näherung für eine Länge L:

$$L_T = L_{20} \cdot [1 + \alpha_{20} \cdot \Delta T + \beta_{20} \cdot (\Delta T)^2] \qquad (6\text{-}22)$$

Lineare Temperaturbeiwerte wichtiger Werkstoffe sind in nachstehender Tabelle zusammengestellt.

Stoff	Guß-eisen	Bau-stahl	Cu-Leg.	Al-Leg.	Mg-Leg.	Kunst-stoffe
α_{20} $\lvert 10^{-6}/°C \rvert$	9÷10	11÷13	16÷17	23÷24	26÷27	150

Bei Metallen kann zumeist auf eine Umrechnung nach Gl. 6-21 verzichtet werden, denn die Korrektur liegt unter 1 % ; bei Kunststoffen ist sie wesentlich größer. Bei ΔT = 200° C und mehr müssen auch die quadratischen Beiwerte beachtet werden. Beachtet oder kompensiert man Temperaturänderungen nicht, so werden Spannungen vorgetäuscht, die sich mit dem einaxialen HOOKE'Gesetz abschätzen lassen zu:

$$\Delta\sigma = E \cdot \Delta\varepsilon = E \cdot \alpha \cdot \Delta T \qquad (6\text{-}23)$$

Für T = 10° errechnet sich für Stahl eine Spannungsänderung von etwa $\Delta\sigma$ = 24 MPa.

6.4 Aufnehmer und Meßgeräte

Die DMS-Technik eröffnete durch das genaue Messen kleiner Verformungen auch die experimentelle Ermittlung vom Kräften, Momenten, Drücken, Verschiebungen, Verdrehungen, Geschwindigkeiten und Beschleunigungen. Das DMS-Applizieren zeigt Bild 6.11

Die Ermittlung der an einer Konstruktion angreifenden Kräfte und Momente basiert auf den Beziehungen der Festigkeitslehre. Bei elementarer Belastung gilt für:

$$\text{Zug/Druck} \qquad \sigma = E \cdot \varepsilon = F/A \rightarrow F = E \cdot A \cdot \varepsilon \qquad (6\text{-}24)$$

$$\text{Biegung} \qquad \sigma_b = E \cdot \varepsilon = M_b/W_b \rightarrow M_b = E \cdot W_b \cdot \varepsilon$$

$$\text{Torsion} \qquad \tau = G \cdot \gamma = M_t/W_t \rightarrow M_t = G \cdot W_t \cdot \gamma$$

Kennt man die elastischen Konstanten E und G, sowie die Abmessungen, so lassen sich aus den Verformungen die an der Meßstelle wirkenden Kräfte und Momente ermitteln.

Bild 6.3 zeigt für Viertel- und Halbbrückenschaltung einige Meßbeispiele, insbesondere wie man durch DMS-Schaltungen gewisse Einzelkräfte bei gemischter Beanspruchung messen kann. Durch Vollbrücken lassen sich diese Angaben noch erweitern. Dabei werden auch temperaturbedingte Abmessungsänderungen kompensiert. Eine Temperaturkompensation wird stets erreicht, wenn zumindest zwei gleiche DMS gleiche Temperaturänderungen erfahren und in der Brücke benachbart geschaltet sind (nicht diagonal gegenüber). Nachbarzweige der Brücke haben bei gleicher Dehnung/Stauchung entgegengesetzte Galvanometeranzeigen $\varepsilon_1 = -\varepsilon_2$ (siehe Bild 6.2). Ihre Überlagerungen heben sich daher auf.

Ein Ausführungsbeispiel zur exakten Längskraftmessung mit einem Zugstab zeigt Bild 6.12 . Durch Vollbrückenschaltung und 2 DMS in jedem Zweig wird eine Kompensation erreicht von: Biegung, Torsion und Temperaturänderungen. Außerdem ist die Anzeige durch die längs und quer angeordneten DMS um den Faktor $2 \cdot (1 + \mu) = 2{,}6$ größer als die wahre Längsdehnung.

Kennwertänderungen

Alle mechanischen und physikalischen Kennwerte ändern sich mit der Temperatur. Bekannt geworden sind Angaben über:

Elastizitätsmodul $E_T = E_{20} \cdot (1 + \beta_{20} \cdot \Delta T)$ (6-25)

spez. elekt. Widerstand $\rho_T = \rho_{20} \cdot (1 + \gamma_{20} \cdot \Delta T)$

β_{20} ist bei Metallen zumeist negativ und in der Größenordnung von $-400 \cdot 10^{-6}$/ K. Bei Baustahl ist $\beta = -270 \cdot 10^{-6}$/ K d.h. $\Delta T = +4°$ C bedingt eine Minderung des E-Moduls um rund 1% .

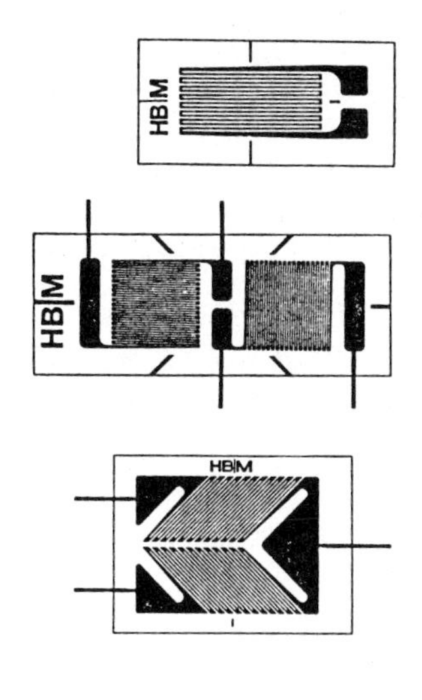

1. 1 Meßgitter-DMS - Für einaxiale Spannungsermittlungen.

2. 2 Meßgitter-DMS - Für axiale Spannungsfelder bekannter Hauptrichtungen.

3. TORSIONS-ROSETTE - Z.B. zur Messung von Torsionsverformungen auf Wellen.

4. 3-ELEMENT-ROSETTE - Wird eingesetzt bei mehraxialen Spannungsfeldern unbekannter Richtung. Als 90°-Rosette oder als 120°-Rosette gebräuchlich. Durch Einsetzen der drei Meßwerte in die entsprechenden Rosettengleichungen können Hauptdehnungsrichtungen und Hauptdehnunggrößen errechnet werden.

5. MEMBRAN-ROSETTE - Spezial-DMS (Vollbrücke) zur Konstruktion von Membran-Druckaufnehmern.

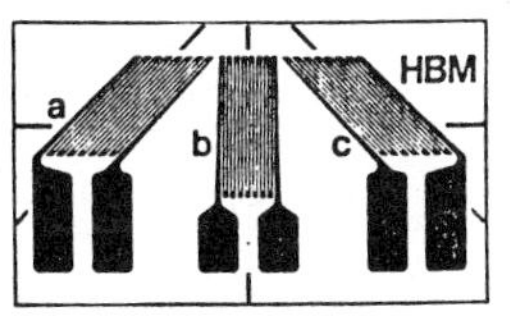

6. KANTEN-ROSETTE - Für Messungen an Querschnittsübergängen.

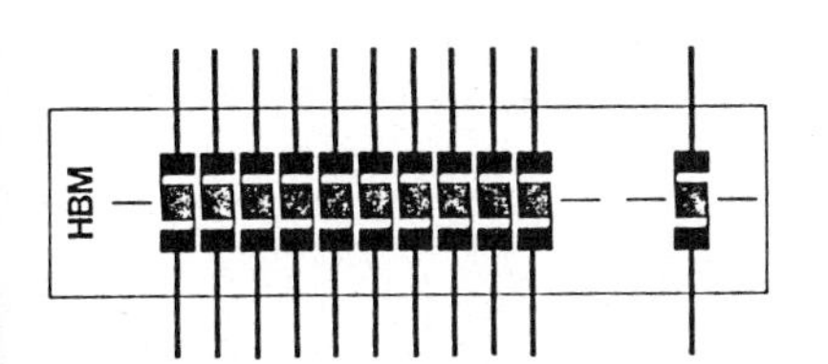

7. DMS-KETTE - Zur Messung von Verformungsgradienten.

Bild 6.1 Grundsätzliche Gittergeometrien von DMS

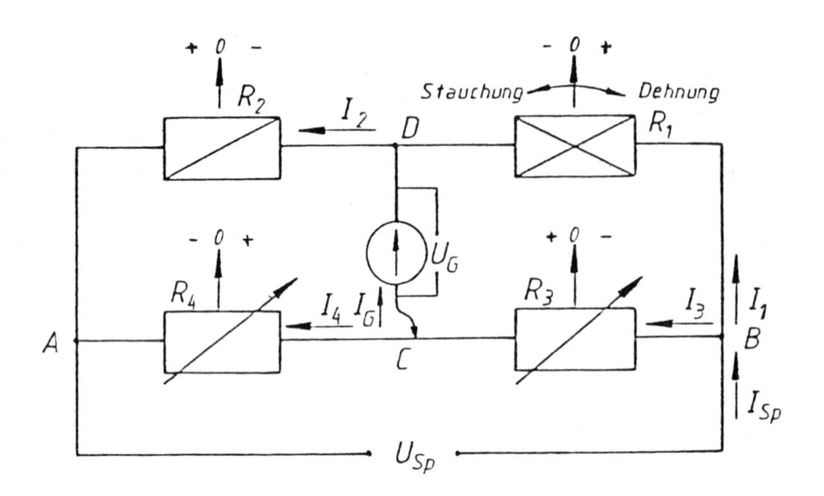

Galvanometerausschlag

$$(s \cdot U_G)_{R1} = U_{Sp} \cdot \frac{s \cdot R_1 \cdot R_2}{(R_1 + R_2)^2}$$

Abgleichbedingung

$$R_1 \cdot R_4 = R_2 \cdot R_3$$

Bild 6.2 Die Wheatstone'sche Meßbrücke
Schaltung und Galvanometerausschlag

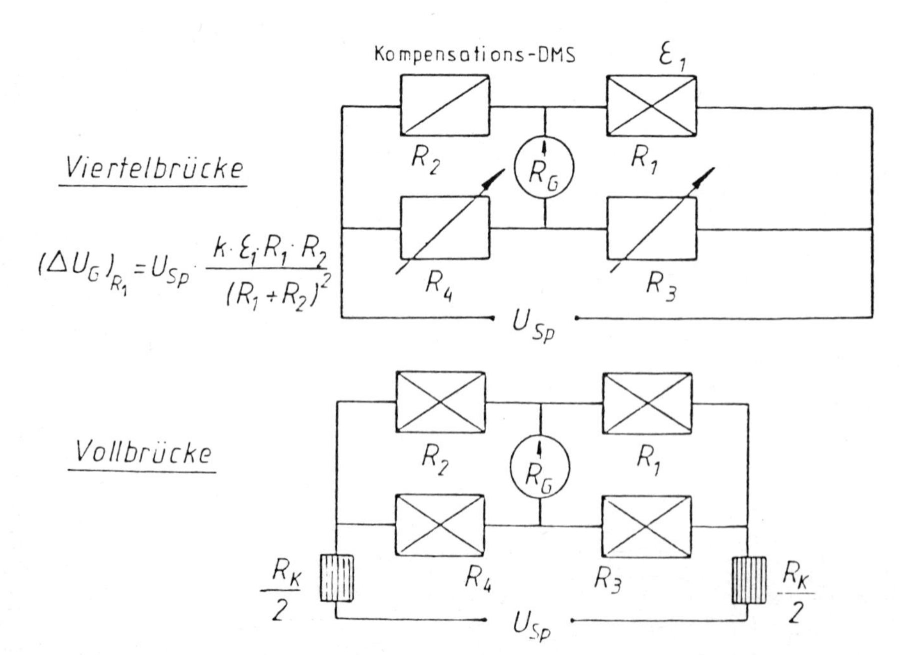

Bild 6.3 Viertelbrücke und Vollbrücke

Meßausführung

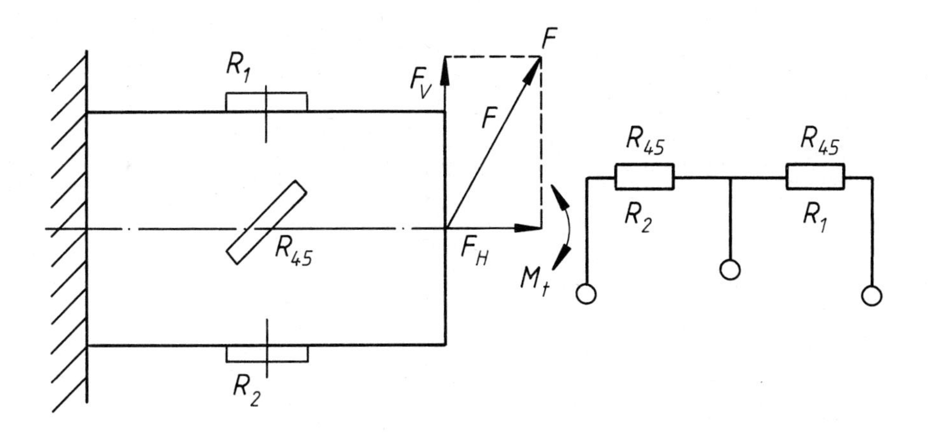

Beanspruchungen	Schaltung	Anzeige
	Viertelbrücke	
F_H	R_1 oder R_2	$\varepsilon_1 = \varepsilon_2$
F_V	R_1 oder R_2	$-\varepsilon_1 = \varepsilon_2$
F	R_1 oder R_2	$\varepsilon_1 \neq \varepsilon_2$
M_t	R_{45}	$\varepsilon_{45} = \frac{\hat{\gamma}}{2}$
	Halbbrücke	
F_H	$R_1 + R_2$	0
F_V	$R_1 + R_2$	$-2\,\varepsilon_1$
F	$R_1 + R_2$	nur durch F_V
M_t	$2\,R_{45}$	$2\,\varepsilon_{45} = \hat{\gamma}$
M_t + F	$2\,R_{45}$	nur durch Torsion

Bild 6.4 DMS an einer Welle mit unterschiedlicher Beanspruchung

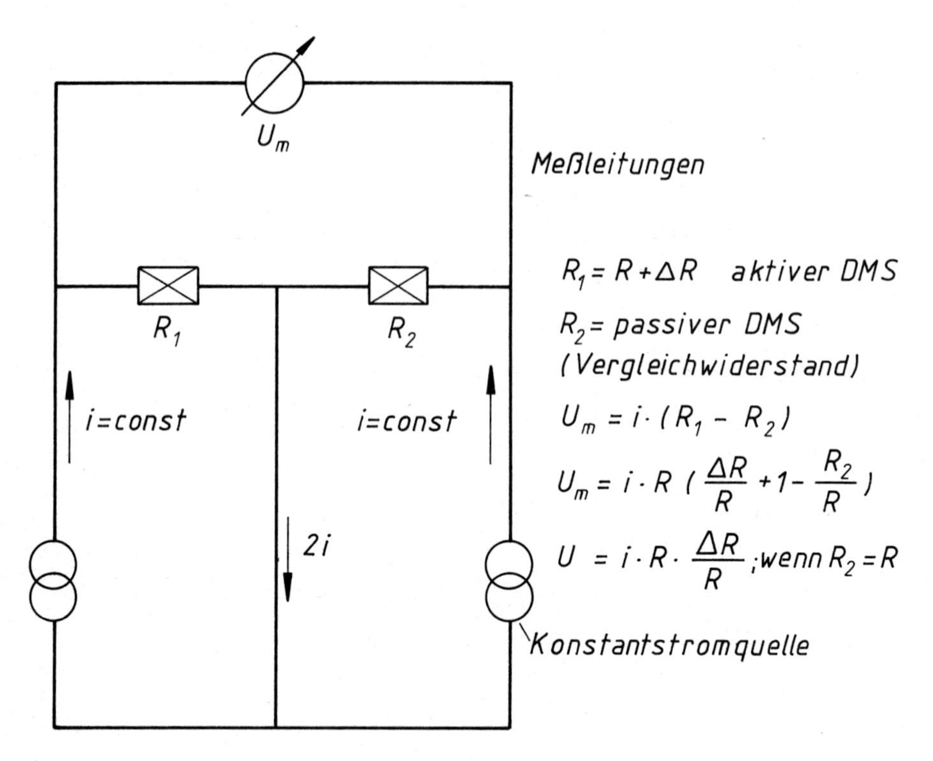

Bild 6.5 Prinzip der Dehnungsmessung mit konst. Strom

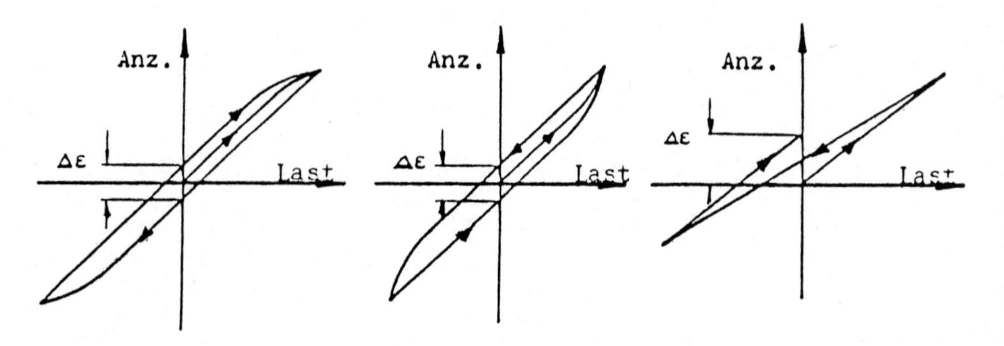

Bild 6.6 Hysteresis vom DMS

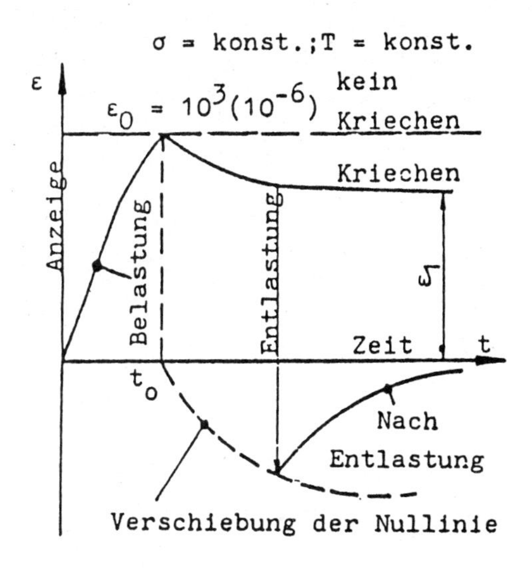

Bild 6.7 Kriechen vom DMS

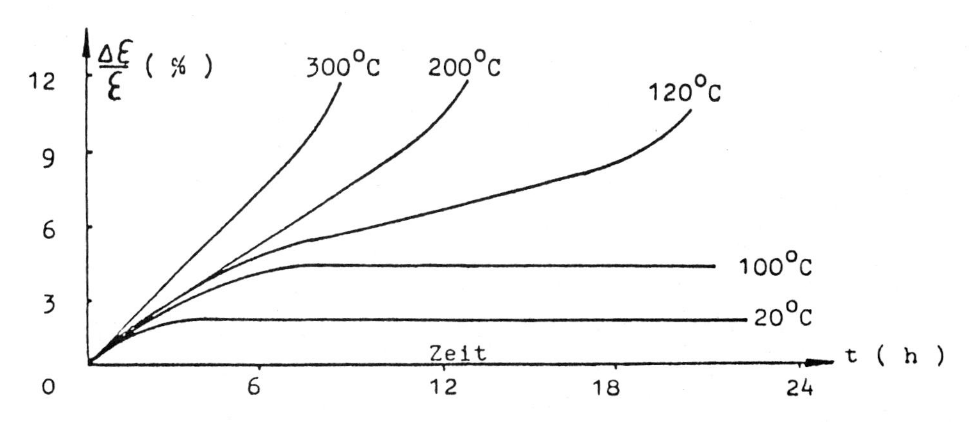

Bild 6.8 ZTK-Diagramm eines DMS

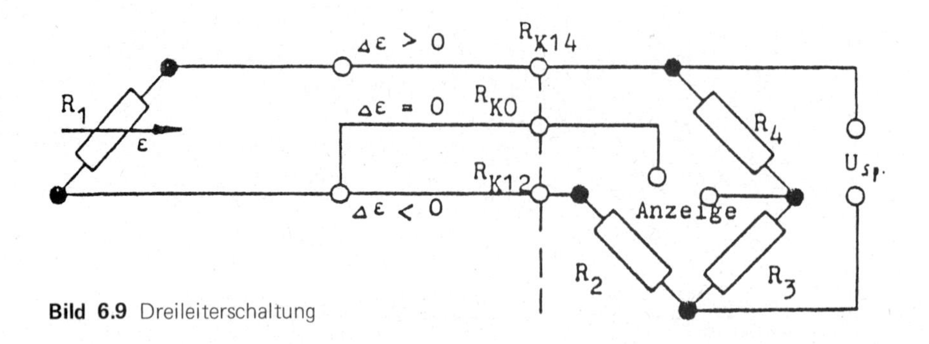

Bild 6.9 Dreileiterschaltung

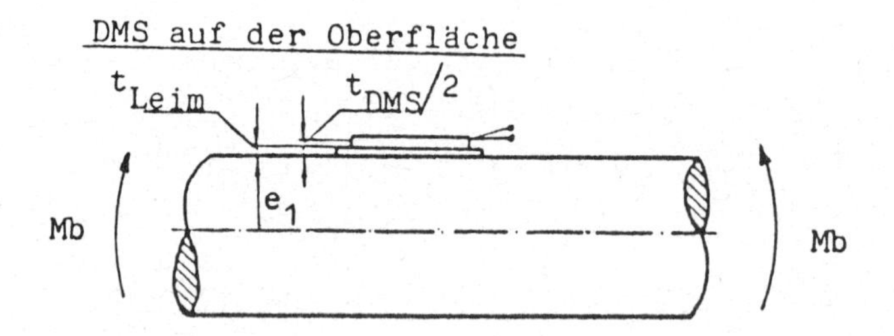

Bild 6.10 DMS auf der Oberfläche

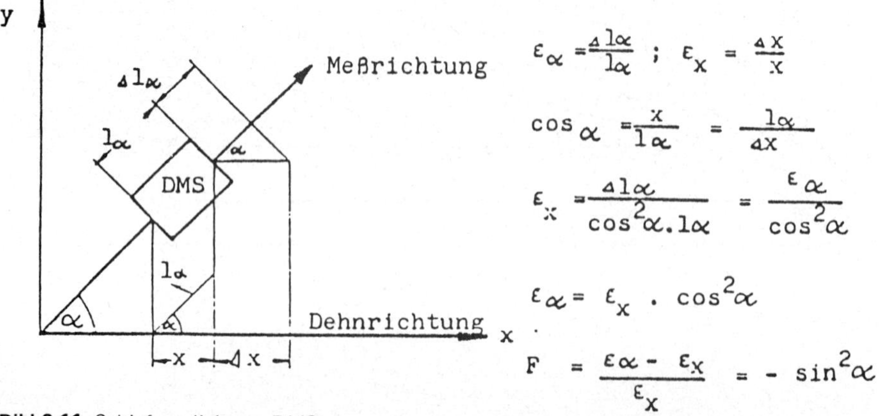

$$\varepsilon_\alpha = \frac{\Delta l_\alpha}{l_\alpha} \; ; \; \varepsilon_x = \frac{\Delta x}{x}$$

$$\cos\alpha = \frac{x}{l_\alpha} = \frac{l_\alpha}{\Delta x}$$

$$\varepsilon_x = \frac{\Delta l_\alpha}{\cos^2\alpha \cdot l_\alpha} = \frac{\varepsilon_\alpha}{\cos^2\alpha}$$

$$\varepsilon_\alpha = \varepsilon_x \cdot \cos^2\alpha$$

$$F = \frac{\varepsilon_\alpha - \varepsilon_x}{\varepsilon_x} = -\sin^2\alpha$$

Bild 6.11 Schief applizierter DMS

Bild 6.11a Applizieren einer DMS-Rosette

Bild 6.11b Verdrahten und prüfen einer DMS-Rosette

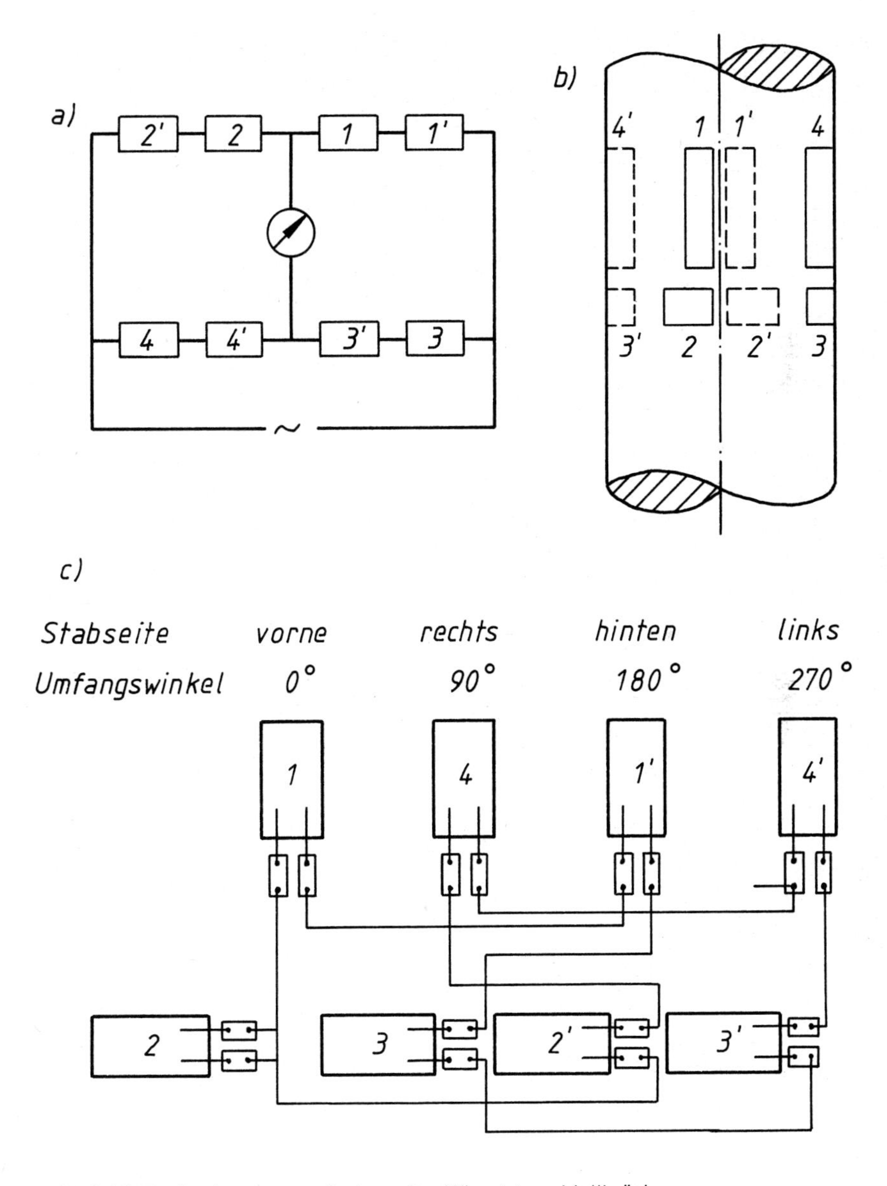

Bild 6.12 Zugkraftmessung mit doppelter Wheatstone-Vollbrücke

a) Schaltschema

b) Applizierungsschema

c) Verdrahtungsschema

7 Dehnlinienverfahren

7.1 Meßprinzip

Die meisten Spannungsmeßverfahren ermitteln nur an ausgesuchten Stellen Oberflächenverformungen in ein, zwei oder drei Richtungen und ermöglichen so eine zweiaxiale, örtliche Spannungsanalyse. Gesucht werden in Konstruktionen aber vielfach auch die Stellen der höchsten Beanspruchung. Sind diese nicht rechnerisch oder experimentell erkennbar, müssen Verfahren zur ganzheitlichen Spannungsermittlung eingesetzt werden. Hierzu eignen sich Lacke, die auf das Prüfstück aufgetragen werden und nach ihrem Trocknen so spröde sind, daß sie beim Erreichen einer bekannten Dehnung aufreißen und damit Größe und Richtung der Spannungen anzeigen. Erste Untersuchungen mit diesen Dehnlinien- oder Reißlackverfahren wurden 1925 durchgeführt. Bis heute sind eine Vielzahl von Natur- und Kunstharzen entwickelt worden. Am verbreitesten sind in Deutschland das von der MAGNAFLUX CORPORATION, USA, entwickelte "Stresscoat-" sowie das "Maybach-Verfahren" (siehe Bild 7.1).

7.2 MAYBACH-Verfahren

Der Lack wird in einem Tiegel bei 150°C aus sieben Gewichtsteilen Kolophonium und drei Teilen Dammarharz erschmolzen. Es wird wegen der erforderlichen Reinheit empfohlen, die Naturharze in Arzeneibuchqualität zu benutzen. Die Rißempfindlichkeit liegt bei 1 bis 2 10^{-} , so daß im Stahl noch Spannungen von 20 bis 40 MPa nachgewiesen werden können. Durch Ändern der Zusammensetzung läßt sich die Rißempfindlichkeit variieren; dabei ist der Dammarharz der sprödere Anteil. Dies wird vor allem bei warmer, feuchter Witterung notwendig werden. Schon bei Temperaturen von 25°C im Schatten konnten andernfalls nur noch Spannungen von mehr als 100 MPa nachgewiesen werden. Spannungsmessungen sind nur im Temperaturbereich von 0 bis 50°C möglich.

Zum Aufbringen des Lackes wird das gründlich gesäuberte Prüfstück mit einer Lötlampe auf 140°C angewärmt und dann der Lack durch Auftupfen verstrichen. Eine gleichmäßige Schichtdicke wird durch nachträgliches, vorsichtiges Überstreichen mit der Lötlampe begünstigt. Unmittelbar nach dem Erkalten auf Raumtemperatur erreicht der Lack seine größte Rißempfindlichkeit. Die Be- oder Entlastungsversuche sind daher am besten sofort durchzuführen. An ungünstigen Stellen oder dort, wo der Lack zu dick aufgetragen wurde, entstehen schon zum Teil beim Erkalten infolge des Schrumpfens vollkommen unorientierte, kleine Risse (Krakelierungen). Sie müssen von dem gerichteten Rißfeld unterschieden werden. Das Aufsuchen der Risse erfolgt am zweckmäßigsten mit einer Handlampe im Abstand von etwa 60 cm. Die Rißränder leuchten dann bei schräger Anstrahlung durch Reflexion hell auf. Zum Photographieren wird nur ein Teil der Linien, jeweils im Abstand von 10 bis 20 mm, mit weißer Temperafarbe nachgezogen.

Eine exakte numerische Spannungsanalyse ist mit dem Verfahren nur nach Eichung mit definierten, einaxialen Spannungen möglich. Durch das visuelle Erkennen der Risse lassen sich aber Ort, Richtung, Reihenfolge und Mehrachsigkeit der Spannungen angeben, so daß dort in weiteren Prüfungen mit messenden Verfahren die Spannungshöhen bestimmt werden können.

7.3 STRESS-COAT-Verfahren

Der von der MAGNAFLUX CORPORATION entwickelte Spannungsmeßstand umfaßt verschiedene Lacke mit unterschiedlicher Rißempfindlichkeit, eine Spritzanlage, Eichvorrichtung und verschiedene Chemikalien zum Säubern der Oberflächen und Anätzen der Risse im Lack. Eine eingehende Beschreibung des Verfahrens sowie der theoretischen und experimentellen Untersuchungsergebnisse kann den Herstellerangaben entnommen werden (Bild 7.2).

STRESSCOAT ist soweit entwickelt, daß je nach Temperatur, Luftfeuchtigkeit, Zeit und Spannungsempfindlichkeit ein ganz bestimmter Lack vorgeschrieben wird. Nur er gewährleistet dann eine angestrebte Rißempfindlichkeit von $8 \cdot 10^{-4}$. Der nicht brennbare Lack soll in 10 bis 20 einzelnen Spritzvorgängen in einer Dicke von 0,1 bis 0,15 mm auf die zuvor präparierte Oberfläche aufgespritzt werden. Danach müssen Bauteil und gleichzeitig gespritzter Eichstab 18 bis 24 Stunden bei vollkommen gleichbleibender Witterung trocknen. Dann darf erst be- oder entlastet werden. Die auftretenden Risse können anschließend durch Ätzen gut sichtbar gemacht werden. Die Meßgenauigkeit soll zwischen 5 und 10 % liegen. Die Auswertung des Dehnungslinienfeldes ist exakter als beim Maybach-Lack, was zurückzuführen ist auf die gleichmäßig aufgebrachte Lackschicht und die beim Aufspritzen entstandenen Luftbläschen, die ein ungeordnetes Aufreißen verhindern. Die Eichstäbe werden gleichzeitig mit dem Prüfstück überzogen und getrocknet. Ihre Angaben sind werkstoffunabhängig, denn sie zeigen nur Verformungen an, die mit den elastischen Kennwerten in Spannungen umgerechnet werden. Hinweise auf Temperatur-, Zeit- und Kriecheinflüsse auf das Erkennen und Markieren der Rißfelder durch optische und ätzende Verfahren, sowie auf Auswertung statischer und dynamischer Beanspruchung sind der Verfahrensbeschreibung zu entnehmen. Hinweise auf Eigenspannungsanalysen in einer Kombination von Bohrloch- und Dehnlinienverfahren vermittelt Bild 7.3 für ein- und zweiaxiale Spannungsverteilungen. [7.2]

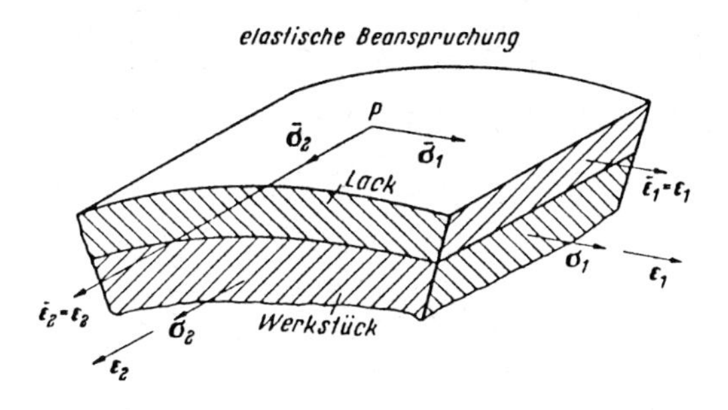

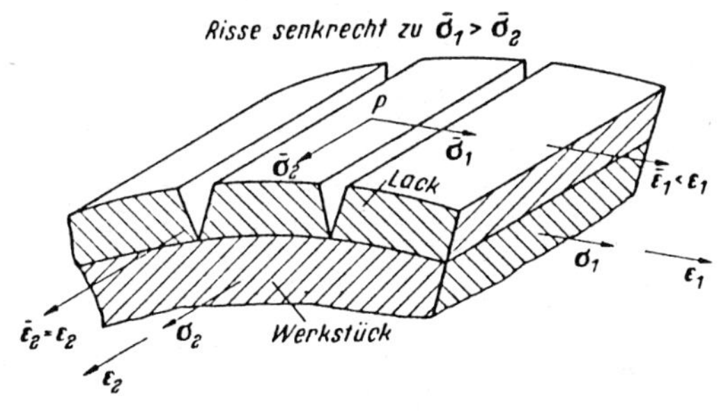

Bild 7.1 Hauptspannungen und ihre Formänderungen im Reißlack und im Prüfstück vor und nach dem Auftreten der ersten Risse. (Nach A. J. Durrelli und Mitarbeiter)

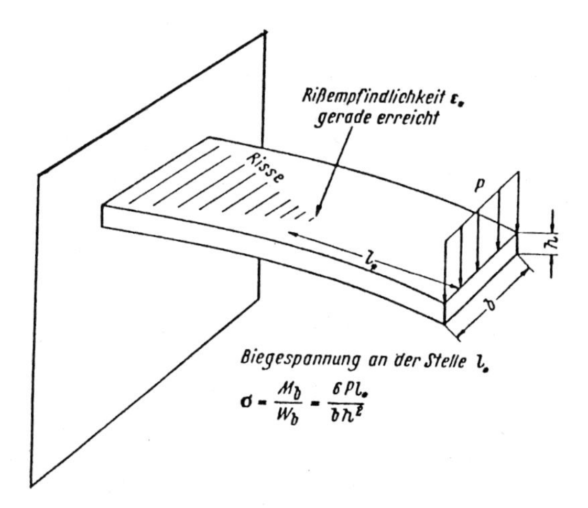

Bild 7.2 Ermittlung der Rißempfindlichkeit eines Reißlacks durch den Biegeversuch an einem eingespannten Balken

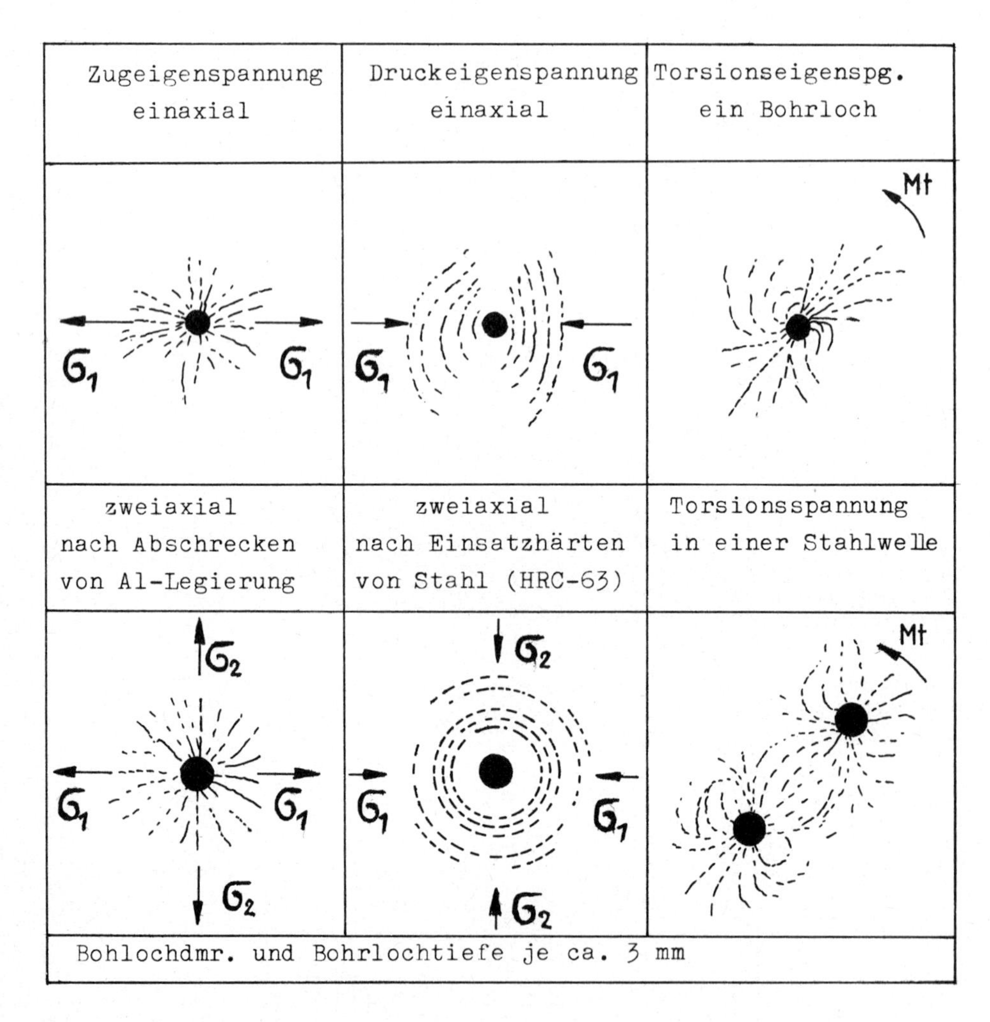

Bild 7.3 Dehnungslinienbilder von Reißlack zum Auffinden von Eigenspannungen (Zusammenstellung von Meßergebnissen nach M. Hetényi, A. G. Tokarcin und M. H. Polzin)

8 Lastspannungsermittlung

8.1 Verfahren

Zur Ermittlung der Werkstoffbeanspruchung unter äußeren Lasten stehen zumeist mehrere Verfahren zur Verfügung. Man sollte daher in einer Kosten-Nutzen-Analyse zunächst einmal abschätzen, welches am günstigsten ist. Hierbei sind u.a. folgende Kriterien zu beachten:

Wo wird gemessen: im Labor, im Freien, bei Sonnenschein, in Wasser?
Wie wird gemessen: statisch, dynamisch, elastisch, plastisch, bis zum Bruch?
Wann wird gemessen: einmal, mehrmals, kurz- oder langfristig?
Was wird gemessen: ein- oder mehraxiale Verformungen, Krümmungen, Verdrehungen, Verschiebungen?
Was wird belastet: Proben, Werkstücke, Konstruktionen, Bauteile?
Wie wird belastet: schrittweise, zügig, einmalig, wiederholt?
Was wird registriert: Kräfte, Momente, Zeit, Temperatur?
Wie wird registriert: manuell, drucken, schreiben, speichern?
Wieviel wird registriert: ein- oder mehrere Belastungszyklen, in einem Zeitintervall?
Wie wird ausgewertet: von Hand, Tischrechner, programmierte Rechner?
Was wird ausgewertet: Koordinaten-, Haupt- und Vergleichsspannungen?
Wie ist die Genauigkeit: Einzel-, Extrem-, Mittelwerte?
Wie ist die Meßstelle: eben, gekrümmt, geschützt, großflächig, punktförmig?
Wo ist die Meßstelle: nah, entfernt, immer zugängig?
Wie ist die Beanspruchung: ein-, zwei-, dreiaxialer Spannungs- oder Verformungszustand?

Aus diesen Fragen und Antworten lassen sich Verfahren einkreisen und vielleicht auch auswählen. Es sind aber auch zeitliche und finanzielle Überlegungen anzustellen, denn nur selten kann man optimale Prüfbedingungen verwirklichen.

Soll ein unbekanntes Spannungsmeßproblem gelöst werden, so wird man zunächst den Konstrukteur, Hersteller und Anwender um Hinweise auf die am größten beanspruchte Stelle ersuchen. Fast immer sind es häufige Versagen, die eine Spannungsermittlung erfordern. Aus Lage und Art der Verformungs- und Bruchstellen erkennt man, ob es ein örtliches, ganzheitliches, systematisches, zufälliges, einmaliges oder mehrmaliges Versagen war. Es ist auch zu klären ob Änderungen der Konstruktion und Fertigung notwendig sind oder gar eine Überwachung von Fertigung und späterem Einsatz.

Der zeitliche Ablauf der Vorbereitungen zu einer Spannungsermittlung läßt sich wie folgt beschreiben:

- Erkennen des spannungsbedingten Versagens,
- Beurteilung der Versagensstellen,
- Festigkeitsabschätzung des Versagens,
- Auswahl der Spannungsmeßverfahren,
- Festlegen der Meßstellen mit ihren Richtungen,
- Ablauf des Belastungsprogrammes,
- Registrierung,
- Auswertung,
- Vergleich mit Werkstoffkennwerten,

Neben diesen Überlegungen ist auch zu beachten, daß alle Verfahren je nach Meßstellengröße unterschiedliche Aussagen machen. Will man einen ganzheitlichen Überblick haben, wird man Dehnlinienverfahren einsetzen, so z.B. bei Motor- und Pumpengehäusen. Es lassen sich damit hoch beanspruchte Stellen mit ihren Hauptspannungsrichtungen erkennen. Stresscoat gibt dabei auch Spannungshöhen an. Soll flächig gemessen werden, eignet sich das spannungsoptische Oberflächenschichtverfahren. Es gibt in einem begrenzten Gebiet exakte Spannungshöhen mit ihren Richtungen an. Örtliche Messungen wird man mit DMS ausführen oder mit mechanischen Verfahren, je nach Meßstellenanzahl, Umgebung, Genauigkeit, Aufwand, Kurz- oder Langzeitmessung. Physikalische Verfahren wird man bei Grundlagenuntersuchungen, Dauer- oder Fertigungsüberwachung einsetzen.

In der Spannungsmeßpraxis ist die DMS-Technik am verbreitesten; denn sie vereinigt eine Vielzahl von Vorteilen. Im folgenden wird daher vorallem das Arbeiten mit Dehnungsmeßstreifen erörtert.

8.2 Meßstellenauswahl

Wahl und Orientierung der Meßstellen erfordern Umsicht und Erfahrung; denn jede muß fixiert, präpariert, angeschlossen, kontrolliert, ausgemessen, registriert, ausgewertet und verglichen werden. Durch Vielstellenmeßgeräte werden zwar die Tätigkeiten oft automatisch ausgeführt, aber sie müssen zuvor entsprechend programmiert sein, was oft aufwendig ist. Bei den Meßstellen sind folgende Gesichtspunkte zu beachten:

Größe
Es ist zu entscheiden, ob man punktuelle oder mittlere Meßwerte erfassen will. In dem heterogenem Mikrogefüge von Beton (siehe Bild 8.1) variieren die Verformungen örtlich sehr stark. Der Variationskoeffizient (siehe Bild 8.2) kann 20 % und mehr erreichen. Es ist daher angebracht mit langen DMS-Meßstrecken bis zu 150 mm zu arbeiten, um integrale Angaben zu erhalten. Nur diese sind zur Beurteilung der Belastung aussagekräftig. Die örtlichen Mikrospannungen vermitteln Hinweise auf Strukturkennwerte. Standard-DMS-Längen sind 6 bis 20 mm. Sie sollen etwa 10-mal größer als die Gefügestruktur an der Meßstelle sein.

Kerben
In der unmittelbaren Nähe von Kerben und Querschnittsübergängen liegen zumeist hohe, oberflächliche Spannungsgradienten

vor. Maximum und Verteilung davon sind nur mit dicht nebeneinander liegenden Meßstellen zu erfassen. Dazu eignen sich DMS-Ketten, welche auf einer Länge von 15 bis 50 mm bis zu 10 Meßstellen haben. Die kleinsten DMS-Meßlängen betragen einige 0,1 mm.

Bohrungen

Je nach Hersteller können DMS in Rundungen bis zu 1 mm angeklebt werden. Das Anpressen auf Rundstäben erfolgt am besten mit angepaßten Holz- oder Metallschablonen, das Kleben und Fixieren in Bohrungen mit aufblasbaren Gummischläuchen.

Randfaserabstand

DMS mit Kleber haben endliche Dicken, d.h. es wird nicht, wie zumeist vorgesehen, in der Randfaser gemessen, sondern etwas oberhalb. Bei dünnen Teilen unter Biegung oder Torsion wird daher zuviel gemessen.

Mittragen

Dünne Teile, wie z.B. Biegefedern, Drähte, Hupenmembranen erfahren durch DMS, Kleber und Verdrahtung eine örtliche Verstärkung. Sie tragen die äußere Beanspruchung mit und mindern so die wahre Beanspruchung.

Dynamische Belastung

Wird eine schwingende oder stoßartige Beanspruchung vermessen, so ist zu beachten, daß der DMS über seine Meßlänge integriert. Um die wahren Verformungen zu erfassen, soll die Meßlänge nur 1/10 der Stoßwellenlänge sein.

Schiefer DMS

Kann der DMS nicht in der gewünschten x-Richtung appliziert werden, z.B. beim Messen an verdrillten Einzeldrähten von Seilen, so kann man den unter dem Winkel α gemessenen Wert umrechnen mit der Beziehung:

$$\varepsilon_\alpha = \varepsilon_x \cdot \cos^2\alpha + \varepsilon_y \cdot \sin^2\alpha$$

Bei einaxialem Zug oder Druck in x-Richtung folgt mit

$\varepsilon_y = - \mu \cdot \varepsilon_x$

$\varepsilon_x = \varepsilon_\alpha / \left[1 - (1 + \mu) \sin^2\alpha \right]$

Bis zu α = 5° beträgt für Metalle die Abweichung etwa 1 %.
Für einaxiale Messungen unter 45° gilt:

$\varepsilon_x = 2 \cdot \varepsilon_{45} / (1 - \mu)$

d.h. der Korrekturfaktor ist 2,74.

DMS-Meßgitter
Sollen die größten Spannungen und ihre Richtungen bestimmt werden, so sind DMS-Rosetten mit 3 Meßgitter zu applizieren. Kennt man die Hauptspannungsrichtungen, so kann man auf ein Meßgitter verzichten. Man appliziert dann nur zwei senkrecht zueinander stehende DMS in die Hauptrichtungen. Zumeist wird aber auf diese Anordnung verzichtet; denn der 3. DMS ist auch ein Kontroll- und Ersatz-DMS.
Es gibt zwei unterschiedliche Meßgitteranordnungen (siehe Bild 8.3):

0 / 45 / 90° - Rosette : STERN - Rosette
0 / 60 / 120° - Rosette : DELTA - Rosette

Prinzipielle Unterschiede gibt es nicht. Je nach Abmessung erfassen sie das gleiche Beanspruchungsfeld. Die STERN-Rosette wird am häufigsten benutzt. Ihre Auswertgleichungen (siehe Bild 8.3) sind einfacher als bei der DELTA-Rosette.

Meßwertextrapolationen
Die Oberflächenmeßwerte können nur mit Einschränkung zur Seite hin oder in das Innere extrapoliert werden. Form- und Belastungsabweichungen verändern die Beanspruchung. Gefügeänderungen zum Innern infolge Kaltverfestigung, Auf- und Entkohlen u.a. ändern auch Beanspruchung und Elastizitätskennwerte.

8.3 Meßdurchführung

Ergänzend zu den Ausführungen über "Dehnungsmeßstreifen" in Kapitel 6 ist auf folgendes hinzuweisen:

Nach dem Applizieren der DMS ist von jedem sein Isolationswiderstand und Nullpunkt, die Zugentlastung der Kabel und der Feuchteschutz zu kontrollieren. Kabellänge, -temperatur und -kapazität sind auszumessen, um die Meßwerte zu korrigieren. Beim Messen im Freien sind ausreichende Temperaturkompensations-DMS zu plazieren, sowie die Meßstellen vor Sonnenschein, Wind und Regen zu schützen. Frei stehende Konstruktionen verformen sich witterungsbedingt. Sie werden am besten im thermischen Gleichgewicht, z.B. morgens vor Sonnenaufgang belastet und gemessen. Gleichzeitig muß dafür gesorgt werden, daß sich die Lastangriffspunkte nicht verschieben. Die DMS sollten zunächst ein- oder gar zweimal vorbelastet werden, damit sie sich einspielen, und ihre Hysteresis abbauen. Alle Messungen sollten nach Möglichkeit wiederholt und graphisch aufgetragen werden. Dadurch lassen sich Nullpunktsverschiebungen, Ausreißer und Linearität erkennen. Bei Langzeitmessungen sind außerdem Kriechen, Relaxieren und Feuchteänderungen zu beachten. Eine rechnerische und experimentelle Spannungsanalyse an einem Cu-Rohr unter Biegung und Torsion wird in Bild 8.4 beschreiben.

8.4 Auswertung

Kriterien zur Beanspruchungsbeurteilung sind fast immer Spannungsgrößen mit ihren Sicherheitsfaktoren gegen Fließen, Brechen, Knicken usw.. Die gemessenen Verformungen sind daher in Spannungen umzurechnen. Je nach Meßstelle und äußerer Last sind ein- und zweiaxiale Spannungs- bzw. Verformungszustände zu unterscheiden (siehe Tafel 4.1 in Kapitel 4). Der unbehinderte, dreiaxiale Zustand, wie er vom allgemeinen HOOKE-Gesetz beschrieben wird, kann nur in Ausnahmen z.B. mit Röntgen- und Ultraschallverfahren teilweise analysiert werden. Mißt man an freien Oberflächen, so nimmt man an, daß die orthogonale Spannung Null ist, und ein zweiaxialer Spannungszustand vorliegt. Im Innern dickwandiger Teile nimmt man oft eine Verformungsbehinderung in einer Achsrichtung an und postuliert daher einen ebenen Verformungszustand. Analoge Überlegungen gibt es bei einaxialer Beanspruchung. Der Zugversuch bewirkt z.B. bei einaxialen Spannungen, dreiaxiale Verformungen: Dehnungen in Längsrichtung und Kontraktionen in beiden Querrichtungen. Werden diese durch seitliche Kräfte behindert, liegt ein einaxialer Verformungszustand vor. Die Spannungsberechnungen sind je nach den Spannungs- oder Verformungsannahmen verschieden. So berechnen sich z.B. aus den gemessenen Längsdehnungen im Zugversuch an Metallen mit $\mu = 0{,}3$ bei behinderter Einschnürung eine um 35 % größere Zugspannung, als bei freier Verformung.

Für zweiaxiale Beanspruchungen gelten ähnliche Abhängigkeiten. Sie sind in den Bildern 8.5 und 8.6 dargestellt. Hier wird der Einfluß der Poisson-Zahl μ und der Proportionalitätsfaktor n untersucht. Dieser gibt das Verhältnis der beiden Normalspannungen in y- und x-Richtung an. Dadurch stellt sich eine zweiparametrige Abhängigkeit der Spannungsberechnungen ein, wie sie in Bild 8.5 links oben angegeben ist. Setzt man $\mu = 0{,}3$ und variiert den Faktor n, so folgen im Bereich von n: -10 bis +10 hohe, veränderliche Abweichungen in den Spannungsberechnungen je nachdem ob man mit ebenem Spannungs- oder Verformungszustand rechnet. Für $n = 2{,}33$ stellt sich sogar eine Unstetigkeit ein. Ist $n > 10$, so werden bei ebenem Verformungszustand etwa 30 % und bei $n < -10$ etwa 15 % zu geringe Spannungen errechnet. Dazwischen kommt es zu unterschiedlichen, positiven und negativen Abweichungen. Variiert man die Poisson-Zahl für ein- und zweiaxialen Zug/Druck ($n = 0$ und $n = 1$), so ist in Bild 8.5 eine weitere Abhängigkeit zu erkennen. Demnach erhöhen sich rechnerisch die Spannungen bei ebenem Verformungszustand mit wachsendem μ erheblich gegenüber dem ebenen Spannungszustand. Für Kunststoffe mit $\mu = 0{,}45$ beträgt der relative Zuwachs 25 % für $n = 0$ und etwa 250 % bei $n = 1$.

Zur vollständigen, oberflächlichen Spannungsermittlung muß eine DMS-Rosette appliziert werden mit 3 DMS. Nur damit lassen sich die dortigen drei Koordinaten- bzw. Hauptspannungen mit ihren Richtungen bestimmen. Verzichtet man, um Kosten zu sparen, auf Rosetten und mißt man nur mit einem einzigen DMS, kann es zu gänzlich falschen Aussagen kommen, wie folgendes Beispiel zeigt: Werden an Stahl in x-, y- und 45°-Richtung nachstehende Werte gemessen: -100, 600, 300 10^{-6}, so folgt daraus in x-Richtung die Spannung +13,7 MPa. Hätte man nur einen einzigen DMS in eine der drei Richtungen geklebt, ergäben sich Spannungen von -20,5; 61,5; und 123 MPa.

In jeder Spannungsmessung ist eine Fehlerabschätzung erforderlich, so wie sie für Berechnungen und Messungen in Bild 8.4, unten erläutert ist.

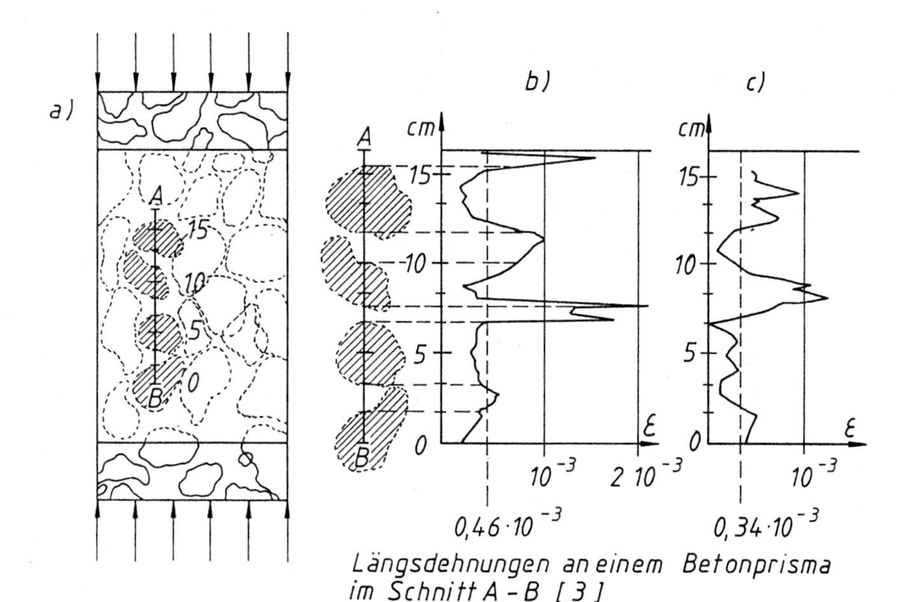

a) Verteilung der Zuschläge an der Oberfläche des Prismas

b) Dehnungen an einer gesägten Flache unter einer Spannung von 170 kp/cm^2

c) Dehnungen an einer Schalfläche unter einer Spannung von 130 kp/cm^2

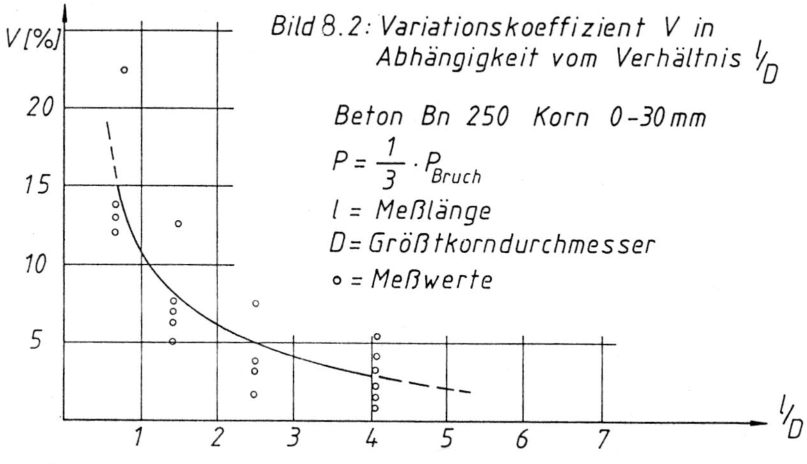

Bild 8.1 Dehnungen im Mikrogefüge von Beton (nach K.-H. Hehn)

Rosette	$0° / 45° / 90°$	$0° / 60° / 120°$
Form	Stern (ε_y, ε_{45}, $45°$, ε_x)	Delta (ε_{60}, ε_{120}, $60°$, $120°$, ε_x)
Meßwerte	ε_x ; ε_y ; ε_{45} ;	ε_x ε_{60} ε_{120}
Einzelverformungen	ε_x : Meßwert ε_y : Meßwert γ_{xy} : $2\varepsilon_{45} - \varepsilon_x - \varepsilon_y$	ε_x : Meßwert $\varepsilon_y = \frac{1}{3} \cdot (2\varepsilon_{60} + \varepsilon_{120} - \varepsilon_x)$ $\gamma_{xy} = \frac{2}{\sqrt{3}} \cdot (\varepsilon_{60} - \varepsilon_{120})$
Einzelspannungen	$\sigma_x = \frac{E}{1-\mu^2} \cdot (\varepsilon_x + \mu\varepsilon_y)$ $\sigma_y = \frac{E}{1-\mu^2} \cdot (\varepsilon_y + \mu\varepsilon_x)$ $\tau_{xy} = G \cdot (2\varepsilon_{45} - \varepsilon_x - \varepsilon_y)$	$\sigma_x = \frac{E}{1-\mu^2} \cdot \frac{(3-\mu)\cdot\varepsilon_x + \mu(2\varepsilon_{60}+\varepsilon_{120})}{3}$ $\sigma_y = \frac{E}{1-\mu^2} \cdot \frac{2\varepsilon_{60}+\varepsilon_{120}-(1-\mu)\cdot\varepsilon_x}{3}$ $\tau_{xy} = \frac{2 \cdot G}{\sqrt{3}} \cdot (\varepsilon_{60} - \varepsilon_{120})$
Hauptformänderungen und ihre Richtungen	$\varepsilon_{1/2} = \frac{\varepsilon_x + \varepsilon_y}{2} \pm \frac{1}{\sqrt{2}} \cdot \sqrt{(\varepsilon_x - \varepsilon_{45})^2 + (\varepsilon_y - \varepsilon_{45})^2}$ $\tan 2\alpha_\varepsilon = \frac{2\cdot\varepsilon_{45} - \varepsilon_x - \varepsilon_y}{\varepsilon_x - \varepsilon_y}$	$\varepsilon_{1/2} = \frac{\varepsilon_x+\varepsilon_{60}+\varepsilon_{120}}{3} \pm \sqrt{\left(\varepsilon_x - \frac{\varepsilon_x+\varepsilon_{60}+\varepsilon_{120}}{3}\right)^2 + \frac{(\varepsilon_{120}-\varepsilon_{60})^2}{3}}$ $\tan 2\alpha_\varepsilon = \frac{1}{\sqrt{3}} \cdot \frac{\varepsilon_{120} - \varepsilon_{60}}{\varepsilon_x - \frac{\varepsilon_x + \varepsilon_{60} + \varepsilon_{120}}{3}}$
Hauptspannungen und ihre Richtungen	$\sigma_1 = \frac{\sigma_x + \sigma_y}{2} + \sqrt{\left(\frac{\sigma_x - \sigma_y}{2}\right)^2 + \tau_{xy}^2} = \frac{E}{1-\mu^2}(\varepsilon_1 + \mu\varepsilon_2)$ $\sigma_2 = \frac{\sigma_x + \sigma_y}{2} - \sqrt{\left(\frac{\sigma_x - \sigma_y}{2}\right)^2 + \tau_{xy}^2}$ $\tan 2\alpha_\sigma = \frac{2\tau_{xy}}{\sigma_x - \sigma_y} = \tan 2\alpha_\varepsilon$	

Bild 8.3 Auswertung von Stern- und Delta-Rosetten

Berechnung der Spannungen für F = 4 daN

Rechnerisch

Biegung

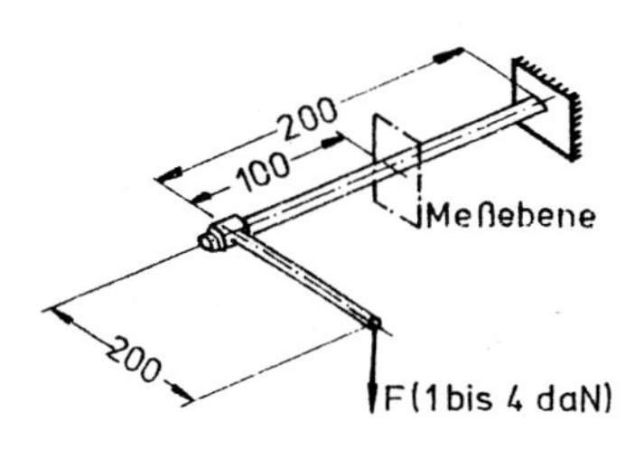

$$W_b = \frac{I}{D/2} = \frac{\pi \cdot D^3}{32}(1-\alpha^4)$$

$$W_b = 166{,}4\ \text{mm}^3 \quad \alpha = \frac{d}{D} = \frac{14}{16} = 0{,}875$$

$$M_b = \text{Hebelarm x } F_b$$

$$M_b = 100\ F = 400\ \text{daNmm}$$

$$\sigma_l = \pm \frac{M_b}{W_b} = \frac{100 \cdot F_b}{166{,}4} \left[\frac{\text{mm}}{\text{mm}^3}\right]$$

$$\sigma_l = \pm 0{,}601 \left[\frac{1}{\text{mm}^2}\right] \cdot F_b = 24{,}04 \left[\frac{\text{N}}{\text{mm}^2}\right]$$

$$\sigma_t = 0$$

$$\sigma_1 = \frac{\sigma_l + \sigma_t}{2} + \sqrt{\left(\frac{\sigma_l + \sigma_t}{2}\right)^2 + \tau_{lt}^2} = 38{,}8 \left[\frac{\text{N}}{\text{mm}^2}\right]$$

$$\sigma_2 = \frac{\sigma_l + \sigma_t}{2} - \sqrt{\left(\frac{\sigma_l + \sigma_t}{2}\right)^2 + \tau_{lt}^2} = -14{,}8 \left[\frac{\text{N}}{\text{mm}^2}\right]$$

$$\tan 2\varphi = \frac{2\,\tau_{lt}}{\sigma_l - \sigma_t} \leadsto \varphi = 31{,}7^\circ$$

Relative Fehlerabschätzung für σ_l-Rechnung

$$\frac{\Delta \sigma_l}{\sigma_l}[\%] = \frac{\Delta F_b}{F_b} + \frac{\Delta l}{l} + 3 \cdot \frac{\Delta D}{D} + \frac{4\alpha\ \Delta\alpha}{1-\alpha^4}$$

$$= 0{,}1\ \% + 1\% + 1{,}9\% + 7{,}6\%$$

$$= \pm 10{,}6\%$$

Relative Fehlerabschätzung für σ_l-Messung

$$\frac{\Delta \sigma_l}{\sigma_l}[\%] = \frac{\Delta E}{E} + \frac{2\mu \cdot \Delta\mu}{1-\mu^2} + \frac{\Delta\varepsilon_l + \Delta\mu\varepsilon_t + \mu\Delta\varepsilon_t}{\varepsilon_l + \mu\varepsilon_t}$$

$$= 2\% + 2{,}3\% + 2\ \%$$

$$= \pm 6{,}3\%$$

Bild 8.4.1 Biege- und Torsionsspannungen an einem Cu Rohr (Außen Ø = 16,0 mm; Wandstärke s = 1,0 mm; Länge L = 200 mm)

Torsion

$$W_t = \frac{2 \cdot I}{D/2} = \frac{\pi \cdot D^3}{16}(1-\alpha^4)$$

$$W_t = 332{,}8 \text{ mm}^3$$

$$M_t = \text{Hebelarm x } F_t$$

$$M_t = 200 \text{ mm } F_t = 800 \text{ daNmm}$$

$$\tau_{lt} = \pm \frac{M_t}{W_t} = \pm \frac{200 \cdot F_t}{332{,}8} \left[\frac{\text{mm}}{\text{mm}^3}\right]$$

$$\tau_{lt} = \pm 0{,}601 \left[\frac{1}{\text{mm}^2}\right] \cdot F_t = 24{,}04 \left[\frac{\text{N}}{\text{mm}^2}\right]$$

Meßtechnisch

ebener Spannungszustand

$$\sigma_l = \frac{E}{1-\mu^2} \cdot (\varepsilon_l + \mu\,\varepsilon_t) = 26{,}31 \left[\frac{\text{N}}{\text{mm}^2}\right]$$

$$\sigma_t = \frac{E}{1-\mu^2} (\varepsilon_t + \mu\,\varepsilon_l) = 2{,}88 \left[\frac{\text{N}}{\text{mm}^2}\right]$$

$$\tau_{lt} = \frac{E}{2(1+\mu)}(2\varepsilon_{45} - \varepsilon_t - \varepsilon_l) = 22{,}19 \left[\frac{\text{N}}{\text{mm}^2}\right]$$

$$\sigma_1 = \frac{E}{2(1-\mu)} \cdot \left[(1+\mu) \cdot (\varepsilon_l + \varepsilon_t) + (1-\mu) \cdot \sqrt{2} \cdot \sqrt{(\varepsilon_l - \varepsilon_{45})^2 + (\varepsilon_{45} - \varepsilon_t)^2}\right] = 33{,}05 \left[\frac{\text{N}}{\text{mm}^2}\right]$$

$$\sigma_2 = \frac{E}{2(1-\mu)} \cdot \left[(1+\mu) \cdot (\varepsilon_l + \varepsilon_t) - (1-\mu) \cdot \sqrt{2} \cdot \sqrt{(\varepsilon_l - \varepsilon_{45})^2 + (\varepsilon_{45} - \varepsilon_t)^2}\right] = -14{,}34 \left[\frac{\text{N}}{\text{mm}^2}\right]$$

$$\tan 2\varphi = \frac{2\varepsilon_{45} - \varepsilon_l - \varepsilon_t}{\varepsilon_l - \varepsilon_t} \quad \rightsquigarrow \quad \varphi = 31{,}09^\circ$$

Bild 8.4.2

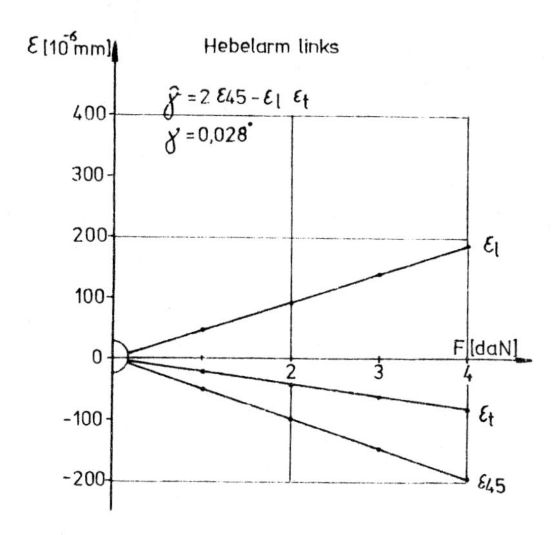
ε [10⁻⁶ mm]
Hebelarm links
γ̂ = 2 ε45 - εl εt
γ = 0,028°
400
300
200
100
0
-100
-200
2
3
4
F [daN]
εl
εt
ε45

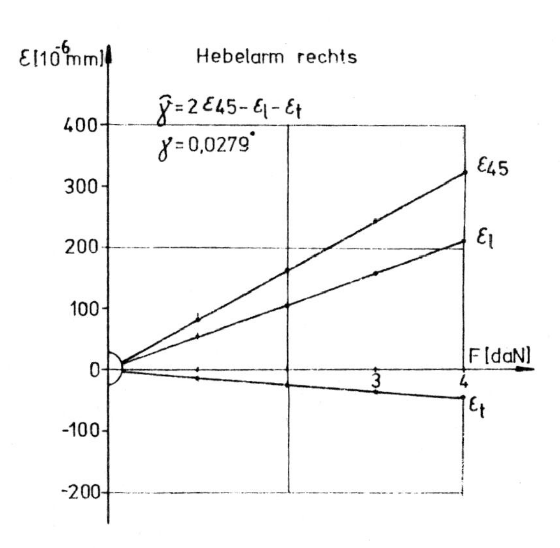
ε [10⁻⁶ mm]
Hebelarm rechts
γ̂ = 2 ε45 - εl - εt
γ = 0,0279°
400
300
200
100
0
-100
-200
3
4
F [daN]
ε45
εl
εt

Bild 8.4.3

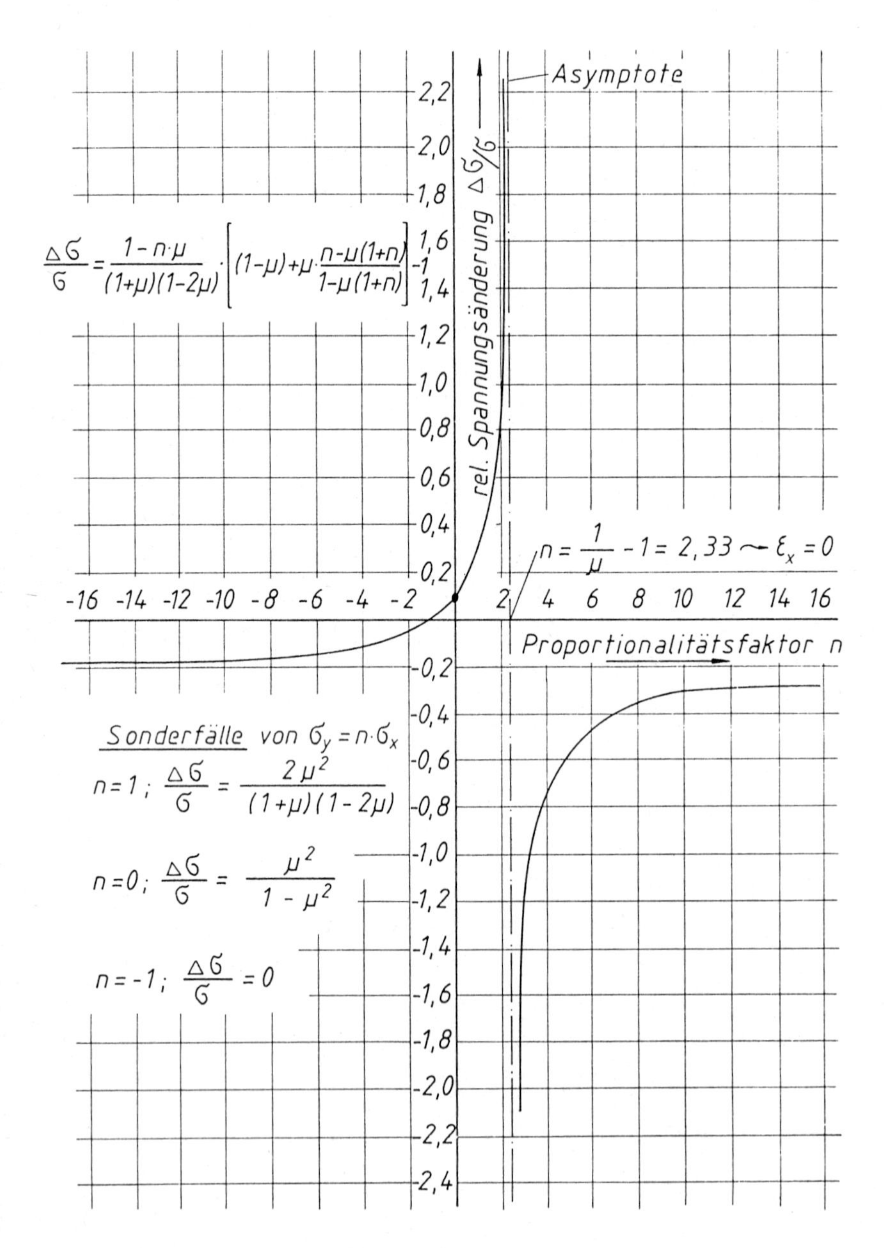

Bild 8.5 Relative Spannungsänderung $\Delta\sigma/\sigma$ bei ebenem Verformungszustand gegenüber dem ebenen Spannungszustand, wenn $\sigma_y = n \cdot \sigma_x$ für $\mu = 0{,}3$

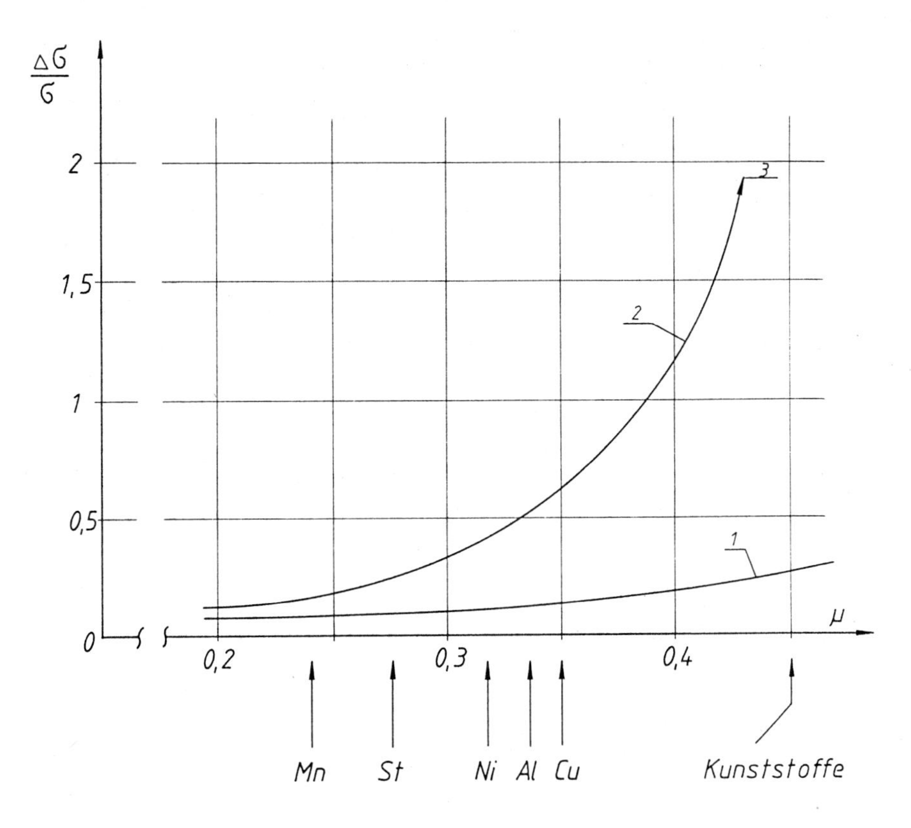

1. einaxiale Spannung $\sigma_x \neq 0 = \sigma_y$; $n=0$

2. $n=1$; $\sigma_x = \sigma_y$ zweiaxialer Zug oder Druck

3. ∞ bei $\mu = 0{,}5$

Bild 8.6 Relative Spannungsänderung $\Delta\sigma/\sigma$ bei ein- und zweiaxialem Verformungszustand gegenüber ebenem Spannungszustand in Abhängigkeit der Possionzahl μ für ein- und zweiaxiale Spannungszustände

9 Eigenspannungen

9.1 Entstehung und Verteilung von Eigenspannungen

Schon vor 1900 versuchte man Eigenspannungen experimentell zu ermitteln und 50 Jahre später bemühte man sich, ihre Verteilung und Höhe theoretisch vorherzusagen. Unser Wissen über diese eigenen, mechanischen Spannungen ist noch älter. Jeder technisch Interessierte weiß z.B., daß Holz, Mörtel, Beton und andere Baustoffe, durch örtlich unterschiedliche Gefügeänderungen, Wasseraufnahme oder -abgabe reißen können, und daß sich Metalle nach unsymmetrischer Erwärmung sichtbar verformen und dabei Eigenspannungen aufbauen. Die Entstehung von Eigenspannungen folgt immer den gleichen Gesetzmäßigkeiten.

Betrachtet man die Fertigung von Werkstücken, wie Träger, Rohre, Schrauben, Wellen, Behälter u.a., so ist ihre Formgebung nur möglich, durch örtlich oder zeitlich unterschiedliche Verformungen. Sie sind fast immer unverträglich mit denjenigen benachbarter Werkstückteilchen, was zu einer gegenseitigen Formbehinderung und damit zu Eigenspannungen führt. Diese örtlich Inkompatibilität ist die Ursache aller Eigenspannungen. Je nach Größe und Verteilung der räumlichen Eigenspannungsquelle in Makro-, Mikro- und Kristallbereichen spricht man von Eigenspannungen I., II. und III. Art.

Die örtlichen Volumenänderungen werden hervorgerufen durch lokale Temperaturänderungen, durch Ausscheidungen in Kristallen und Gefügeänderungen, durch allotrope Transformationen, sowie durch plastische Verformungen. Ordnet man diese werkstoffkundlichen Begriffe den entsprechenden Fertigungsverfahren zu, so kann man sagen: Eigenspannungen entstehen beim: Anwärmen und Abkühlen, Gießen und Schmelzen, Löten und Schweißen, Flamm- und Formrichten, Aus- und Umwandlungshärten, Form- und Gefügeänderungen und schließlich beim spanlosen und spanabnehmenden Bearbeiten.

Alle Eigenspannungen und -verformungen sind Vektoren, d.h. sie werden durch eine Wirklinie, eine Richtung auf ihr und einen Zahlenwert festgelegt. Last- und Eigenspannungen unterscheidet man durch Indizes aus Klein- und Großbuchstaben. Im Innern eines jeden Werkstückes kann man drei aufeinander senkrecht stehende Raumrichtungen fixieren und damit in einem kleinen Werkstoffteilchen (z.B. einem Würfel in Bild 9.1, unten) auch drei verschiedene Normalspannungen. Die weiteren sechs möglichen Schubspannungen dort sind aus Gleichgewichtsgründen paarweise (gleiche Indizes) gleich. Es ergeben sich somit in jedem Werkstoffpunkt sechs mögliche Eigenspannungen. Diese müßten bei einer Spannungsmessung Punkt für Punkt aus den dortigen sechs Verformungen ermittelt werden (siehe Bild 9.1). Das ist aber eine schier unlösbare Aufgabe und auch in der Praxis nur selten gefordert. Für die Probenoberfläche reduzieren sich die Spannungskomponenten, denn dort sind die orthogonalen Komponenten aus Gleichgewichtsgründen Null.

Im Gegensatz zu den Lastspannungen kann man bei Eigenspannungen schon a priori Angaben über ihre Verteilung machen, ohne daß man sie gemessen hat. In jeder Raumrichtung die man wählt muß Kräfte- und Momentengleichgewicht herrschen; denn Eigenspannungen sind lastunabhängig und nicht durch äußere Einflüsse bedingt. Man darf daher ansetzen:

$$\sum \text{Kraft} = 0 = \sum \text{Eigenspannungen} \times \text{Fläche} = \sum \sigma_{Eigen} \cdot A = 0$$

Ermittelt man demnach die Eigenspannungen über die ganze Querschnittsfläche A eines Werkstückes, so muß das Produkt aus ($\sigma_{Eigen} \cdot A$) ober- und unterhalb der Nullinie gleich sein. Mit anderen Worten wählt man die Koordinaten σ_{Eigen} und A (y- und x-Richtung), so müssen die Flächen gleich sein (siehe Bild 9.1, oben). Außerdem kennt man Randbedingungen. An freien Flächen z.B. am Mantel und an den Stirnseiten von Zylindern müssen die dortigen Normalspannungen (σ_R, σ_L) Null sein (siehe Bild 9.1, oben). Über die Höhe der Eigenspannungen kann man sagen, daß sie an keiner Stelle die Bruchfestigkeit bzw. bei mehraxialen Verteilungen deren Vergleichsspannung überschreiten dürfen. Weil sie aus Volumeneffekten entstehen, sind sie immer räumlich verteilt. Einaxiale Verteilungen sind leicht zu bestimmen. Sie sind aber nur eine angenäherte Beschreibung der wahren Beanspruchung.

9.2 Meßprinzip

Eigen- und Lastspannungen werden nach dem gleichen Prinzip ermittelt. Man mißt die ihnen zugeordneten Verformungen und rechnet diese in die Spannungen um. Bei den mechanischen, zerstörenden Verfahren ist das nur möglich, wenn sich Eigenspannungen abbauen (Vorzeichen "minus"). Das heißt, man muß die zu untersuchenden Werkstücke teilweise oder gar stufenweise zerlegen, oder zerspanen. Weil man an den stark verformten Span- oder Schleifschichten nicht mehr elastische Rückfederungen messen kann, muß dies an den verbleibenden Reststücken erfolgen. Somit sind alle mechanische Verfahren zerstörend. Nur Röntgen- und Ultraschallmethoden messen zerstörungsfrei. Der Nachteil mechanischer, zerstörender Methoden wird zum Teil durch eine vollständige Spannungsanalyse über den ganzen Probenquerschnitt kompensiert. Röntgenverfahren messen in Metallen nur bis etwa 10 µm Tiefe. Will man weitere Angaben, so müssen Oberflächenschichten chemisch abgetragen werden. Zur Umrechnung der durch das Zerspanen ausgelösten Abmessungsänderungen ($\Delta l, \Delta d$) in die zugeordneten Verformungen (ε, $\widehat{\gamma}$) und zur Errechnung der örtlichen Eigenspannungen müssen die untersuchten Proben oder Werkstücke einfache geometrische Formen haben, wie z.B. Rund- und Rechteckstäbe, Voll- und Hohlzylinder, Bleche und Platten. Außerdem wird oft postuliert, daß die ganze Probe an jeder Stelle die gleichen Eigenspannungen hat. Dreht man demnach eine auftraggeschweißte Welle außen ab und verlängert sie sich dabei, so nimmt man an, daß die Eigenspannungen rotationssymmetrisch verteilt und über die Länge konstant waren. Es werden somit nur mittlere Beanspruchungen gemessen. Diese Modellvorstellung ist für Schweißnähte z.B., mit ihren örtlich stark veränderlichen Verformungen und Spannungen unzureichend. Hier muß deshalb versucht werden, auch örtlich die zugeordneten Rückfederungen zu messen. Das ist einmal mit Dehnungsmeßstreifen (DMS) möglich, aber auch durch mechanisches Ausmessen von Verformungslinien, wie z.B. Biegelinien nach dem Abtragen oder Zerlegen der Probe. Über diese mechanischen und elektrischen Methoden zur Eigenspannungsermittlung und den verschiedenen Bohrlochverfahren wird im folgenden berichtet. [9.1]

9.3 Einschneideverfahren

In der Praxis will man möglichst schnell, schon mit bloßem Auge erkennen, ob Eigenspannungen vorhanden sind und welche Verteilung sie haben. Dazu eignet sich als erster Schritt am besten das Einschneiden; denn dadurch gibt man der inneren Beanspruchung zum Teil die Möglichkeit, zu entspannen und durch Verbiegen und Verdrehen sichtbar zu werden. Halbiert man z.B. geometrisch einfache Werkstücke durch einen vorsichtigen Sägeschnitt, ohne selbst damit Eigenspannungen zu erzeugen, so kann man deren teilweisen Abbau mit den Beziehungen der Elastizitätstheorie errechnen. Würde ein Rund- oder Rechteckstab mit einer symmetrischen Längs- oder Querschweißnaht rückfedern und dabei gerade bleiben, so ließe sich die einaxiale, über den Querschnitt konstant angenommene Längseigenspannung σ_L aus dem elementaren Hooke'schen Gesetz berechnen (siehe Bild 9.2, links):

$$\sigma_L = - E \cdot \varepsilon_g = - E \; (\; l - l_0 \;) / \; l_0 \qquad (\; 9\text{-}1 \;)$$

Wäre die Ausgangsmeßlänge l_0 = 200,0 mm und die Rückfederungslänge l = 199,9 mm, ergäbe sich für Stahl mit E = 205.000 MPa eine Längseigenspannung zu:

$$\sigma_L = -205.000 \; \frac{199{,}9 - 200{,}0}{200{,}0} = +205.000 \; \frac{0{,}1}{200} = +102{,}5 \text{ MPA}$$

Der Stab wird bei einer unsymmetrischen Fertigung oder Schweißnaht nicht gerade bleiben, sondern sich verbiegen. Nimmt man eine lineare Spannungsverteilung über die Wanddicke an (siehe Bild 9.2, Mitte), so läßt sich mit der elementaren Biegelehre aus der Krümmung k bzw. dem Krümmungsradius $\rho = 1/k$ die Längseigenspannung in den Randfasern bestimmen aus den Gleichungen von Bild 9.2. Es folgt damit: [9.2]

$$EI \cdot y'' = EI \cdot k = EI \cdot 1/\rho = \pm M_b = (\sigma_L \cdot I)/e \qquad (9\text{-}2)$$

$$\sigma_L = \pm E \cdot e \cdot k = \pm (E \cdot e)/\rho = \pm E \cdot \varepsilon_b$$

Hierin bedeuten: I = äquatoriales Trägheitsmoment
M_b = Biegemoment
e = Randfaserabstand

Bei Rechteckstäben entspricht der Randfaserabstand der halben Blechdicke $e = t/2$. Bei Rohren trifft dies nicht zu; denn dort wird bei radialem Einschneiden ein Kreisringsektor entstehen.

Zur Ermittlung von ρ ist zu entscheiden, ob man eine mittlere Eigenspannung über die ganze Stablänge annimmt oder eine lokale. Der mittlere Krümmungsradius $\bar{\rho}$ berechnet sich nach Bild 9.3, der örtliche nach Bild 9.4, unten. In beiden Fällen nimmt man an, daß sich die Längseigenspannung linear von Blechober- zur Blechunterseite verändert, wie bei einer elastischen Biegung. Biegt sich z.B. ein 4 mm dickes und 200 mm langes Blech in Stabmitte um f = 2,5 mm durch, so berechnen sich die mittleren Eigenspannungen zu:

$$\sigma_L = \pm 205.000 \cdot \frac{2 \cdot 8 \cdot 2,5}{200^2} = \pm 20,5 \cdot 4 \cdot 2,5 = \pm 205 \text{ MPa}$$

Liegt eine konstante und lineare überlagerte Längseigenspannungsverteilung vor (siehe Bild 9.5, oben), so sind zu ihrer Ermittlung zwei getrennte Messungen notwendig; denn es sind die Gerade- und Biegerückfederungen (ε_g, ε_b) zu ermitteln. Entsprechend Bild 9.5, oben und unten, gilt dann für DMS, die die Geraden- und Krümmungsänderung gemeinsam erfassen:

$$\varepsilon_{frei} = \varepsilon_g + \varepsilon_b$$

ε_{frei} stellt sich bei freier Rückfederung der Probe ein, ε_g bei eben gedrückter. Mit den beiden ε_b- und ε_g-Werten lassen sich aus den Gleichungen die Einzelspannungen errechnen. Ihre Überlagerung liefert die wahre, einaxiale Längseigenspannung. Der Stab wird sich nicht nur dehnen/stauchen und verbiegen; er wird sich auch entspannen durch Rückdrehen. Eine unsymmetrische Schweißnaht wird ein inneres Torsionsmoment erzeugen, das sich teilweise abbaut. Die zugeordneten mittleren Torsionseigenspannungen über die Stablänge lassen sich wegen des nicht kreisförmigen Stabquerschnittes nur angenähert bestimmen. Formal gilt:

$$\Delta\tau = \Delta M_t / W_t = \Delta\widehat{\vartheta} \cdot G/L \cdot I_D/W_D \qquad (9\text{-}3)$$

Hierin bedeuten: M_t = Torsionsmoment
G = Gleitmodul
L = Probenlänge
$\Delta\widehat{\vartheta}$ = Drillwinkel im Bogenmaß
I_D, W_D = Drillträgheits- und Drillwiderstandsmoment

Die maximalen Torsionsspannungen liegen in der Mitte der größten Seite des Querschnittes. Nähert man ihn durch ein schmales Rechteck $s \cdot b$ an, mit $b \gg s$ so gilt etwa $I/W \approx s$ (Blechdicke). Damit folgt aus Gl. 9-3 mit Übergang auf das Gradmaß:

$$\Delta\tau \approx G \cdot \Delta\vartheta^\circ \cdot \pi/180 \cdot s/L \qquad (9\text{-}4)$$

Mit $\Delta\vartheta^\circ = 0{,}1^\circ$; $s = 5$ mm; $L = 100$ mm berechnet sich $\Delta\tau \approx \pm 7$ MPa.

Das Messen und Auswerten der Rückfederungen kann auf mehrfache Weise erfolgen. Beim Einsatz von DMS sind die einzelnen Biege- und Geradeformänderungen nach dem Schema von Bild 9.5 zu ermitteln. Dies wird für die Praxis etwas aufwendig sein. Praktisch bewährt hat sich ein Meßstand wie ihn die Bilder 9.6 bis

9.7 zeigen. Montiert man die Probe, wie in Bild 9.6 z.B. ein Rohr, zwischen die beiden Ständer und führt man es unter der 1/100 mm-Meßuhr durch, so kann man für jede Position den Biegepfeil bestimmen. Der linke Einspannkopf ist drehbar,sodaß er auch noch den Drillwinkel bestimmt. Trennt man einen schmalen Streifen anschließend heraus und mißt ihn wieder, so lassen sich durch erneutes Ausmessen die beim Spannungsabbau entstandenen Verdrehungen und Biegelinien messen und mit Gl.9-2 bis 9-4 in die vorhandenen gemessenen Eigenspannungen umrechnen. Analoge Auswertemethoden ergeben sich beim Radialschlitzen von Ringen. Meßschema und Berechnungsmöglichkeiten bringt Bild 9.4.

9.4 Ausschneideverfahren

Erweitert man das Einschneide- und Ausschneideverfahren, indem man Stäbe auf ihre ganze Länge trennt oder indem man aus flächigen Teilen einzelne Kleinproben heraustrennt, so ändert sich bei der Anwendung auf Stäbe nur die Berechnung der Krümmung. Einzelheiten sind in Bild 9.8, links zu entnehmen.

Trennt man jedoch Rechteck- oder Kreisplättchen heraus und markiert man dort in x-, y- und 45°-Richtung drei Meßstrecken, so ist eine zweiaxiale Spannungsanalyse möglich. In Erweiterung des Hooke'schen Gesetzes (siehe Bild 9.8) erhält man für den ebenen, über die Blechdicke konstanten Spannungszustand:

$$\sigma_x = \frac{-E}{1-\mu^2} \cdot (\varepsilon_x + \mu \cdot \varepsilon_y) \qquad (9\text{-}5)$$

$$\sigma_y = \frac{-E}{1-\mu^2} \cdot (\varepsilon_y + \mu \cdot \varepsilon_x)$$

$$\tau_{xy} = -G \cdot (2 \cdot \varepsilon_{45} - \varepsilon_x - \varepsilon_y)$$

Analog wie bei den Stäben ist auch hier eine lineare Spannungsanalyse möglich, sowie eine Überlagerung von konstanter und linearer Verteilung.

9.5 Biegeverfahren

Stäbe: Die zuvor dargestellten Auswertemethoden ermittelten mit ihrem algebraischen Gleichungen nur konstante und lineare Eigenspannungen. Das ist oft eine unvollständige Näherung des wahren Sachverhaltes. Man sucht die wirkliche Spannungsverteilung über Länge und Dicke der stabförmigen und flächigen Probe. Die Längsverteilung läßt sich aus den örtlichen Krümmungsmessungen Punkt für Punkt an den zugängigen Mantellinien schrittweise ermitteln. Die Dickenverteilung erfordert jedoch die Lösung einer Differentialgleichung; denn einmal sind unbekannte Funktionen nur damit zu bestimmen, und zum anderen sind die Stellen zum Inneren hin vor dem Zerspanen nicht zugängig. Dazu wird die gerade gehaltene Probe der Dicke t_0 stufenweise, einseitig abgehobelt oder abgeschliffen auf die Dicke t und dann die über die Meßlänge sich jeweils neu einstellende Biegelinie gemessen. Daraus läßt sich dann die Krümmung berechnen und schließlich auch die Längseigenspannung an der Stelle t des Stabes durch Lösen der Gleichung:

$$\sigma_L = E/6 \left(t^2 \cdot \frac{dk}{dt} + 4tk - \int_t^{t_0} k \cdot dt \right) \qquad (9\text{-}6)$$

Diese Gleichung wurde von F. STÄBLEIN 1931 aufgestellt. Mißt man die Krümmungen k an einer betrachteten Stabstelle während des schichtweisen Abtragens, so lassen sich daraus dann die dortigen Eigenspannungen berechnen.[9.3; 9.4]

Der Stab wird aber nicht nur zurückfedern durch Biegen, sondern auch durch Dehnen oder Stauchen. Es werden nämlich durch das Zerspanen achsparallel, außermittige Kräfte frei. Mißt man durch Geradespannen des Reststabes diese Geraderückfederungen, so lassen sich daraus ebenfalls die Eigenspannungen berechnen, und es gilt:

$$\sigma_g = - E \cdot \left(t \cdot \frac{d\varepsilon_g}{dt} + \varepsilon_g\right) = - E \cdot \frac{d(\varepsilon_g \cdot t)}{dt} \qquad (9\text{-}7)$$

Zur vollständigen Eigenspannungsanalyse müssen beide Formeln benutzt werden. Dazu sind die Veränderlichen getrennt als Funktion der Restdicke t zu ermitteln. Hierfür gibt es mehrere Möglichkeiten. Die Krümmung k kann aus Dreipunktmessungen erhalten werden. Arbeitet man mit DMS, so lassen sich beide Meßwerte mit einem Aufnehmer ermitteln. Klebt man sie auf die nicht zerspante Stabseite, so zeigen sie bei freier Rückfederung einmal die resultierende Frei-Formänderung (ε_{frei}) die sich aus Biege-Formänderung (ε_b) und Geraden-Formänderung (ε_g) entsprechend der Beziehung $\varepsilon_{frei} = \varepsilon_b + \varepsilon_g$ zusammensetzen. Beim Geradespannen des Stabes werden nur die Geraden-Formänderungen ε_g gemessen. Es ist jetzt noch die Krümmung k aus ε_b zu berechnen. Dazu kann man die Beziehungen aus Bild 9.3 verwenden. Es gilt:

$$k = 2 \cdot \varepsilon_b / t \qquad (9\text{-}8)$$

Bei der Substitution dieses Ausdruckes in Gl. 9-8 ist zu beachten, daß auch die Rest-Stabdicke t veränderlich ist. Es gilt daher für das Differential:

$$\frac{dk}{dt} = 2 \cdot \left(\frac{d\varepsilon_b}{t \cdot dt} - \frac{\varepsilon_b}{t^2} \right) \qquad (9\text{-}9)$$

womit man abschließend die umgeformte Gl. 9-9 erhält als:

$$\sigma_b = \frac{E}{3} \cdot \left(t \cdot \frac{d\varepsilon_b}{dt} + 3 \cdot \varepsilon_b - 2 \cdot \int_t^{t_0} \frac{\varepsilon_b \cdot dt}{t} \right) \qquad (9\text{-}10)$$

Die Biege-Formänderungen in diesem Ausdruck ergeben sich nach Bild 9.5 aus der Differenz bei freier und gerader Rückfederung. Beide müssen zur korrekten Spannungsermittlung gemessen und bei der Auswertung berücksichtigt werden. Ihre Verteilungen über die Restwanddicke lassen sich generell nicht vorhersagen, wohl aber ihre Randwerte. Bild 9.9 zeigt für eine angenommene Verteilung die Zusammenhänge. Definitionsgemäß sind vor dem einseitigen Zerspanen für t_0 beide Formänderungen null. Während des Zerspanens ändern sie sich. Nähert sich die Restwanddicke t dem Wert null, so werden die noch vorhandenen

Biege-Formänderungen immer kleiner; d.h. an Ober- und Unterseite des Stabes nähern sie sich immer mehr den ε_g-Werten und verschwinden mit extrem kleinem t. Das bedeutet aber, daß die beiden Meßkurven (ε_{frei} und ε_g) für t = 0 gleich sind. Damit wird dort $\varepsilon_b = 0$. Die Kurve der Biege-Formänderungen hat somit 2 Nullpunkte. Will man sie in Reihe einwickeln, so muß man ansetzen:

$$\varepsilon_b = \Sigma\, a_n \cdot t^n \cdot (t - t_0)^n \qquad (9\text{-}11)$$

Theoretisch ist damit das einaxiale Problem für isotrope Werkstoffe gelöst. Bei der Meßausführung sei noch darauf hingewiesen, daß der Stab zum Geradespannen nicht durch eine Einzelkraft in Stabmitte belastet werden darf. Dies ist nicht ausreichend, um den früheren Zustand wieder herzustellen. Beim Zerspanen wurde nämlich eine über die ganze Stablänge gleichmäßig verteilte Längskraft entfernt. Diese muß wieder durch äußere Kräfte reproduziert werden. Am einfachsten ist dies bei dünnen, magnetischen Stoffen mit Magnettischspannern möglich, bei dicken mit flächigen Niederhaltern.

Bleche: Bei ebenen Teilen gleichbleibender Dicke liegt kein einaxialer Spannungszustand mehr vor. Man darf vereinfachend annehmen, daß die senkrechte Spannungskomponente über die Dicke klein und vernachlässigbar ist. Für rechtwinklige Koordinaten gilt daher $\sigma_z = \tau_{xz} = \tau_{yz} = 0$. Somit sind noch zu bestimmen σ_x, σ_y, τ_{xy}. Diese drei Eigenspannungsverteilungen erfordern auch drei Meßwertverteilungen. Sie seien bezeichnet mit:

Frei-Formänd.	Gerade-Formänd.	Biege Formänd.	(9-12)
$\varepsilon_{frei\ x}$	ε_{gx}	$\varepsilon_{bx} = \varepsilon_{freix} - \varepsilon_{gx}$	
$\varepsilon_{frei\ y}$	ε_{gy}	$\varepsilon_{by} = \varepsilon_{freiy} - \varepsilon_{gy}$	
$\varepsilon_{frei\ 45}$	ε_{g45}	$\varepsilon_{b45} = \varepsilon_{frei45} - \varepsilon_{g45}$	

Es werden demnach Messungen in Richtung der zuvor festgelegten x-Achse, y-Achse und der 45°-Richtung (Winkelhalbierende im

1. Quadranten) in Abhängigkeit der veränderlichen Rest-Wanddicke t ausgeführt. Alle Formänderungen hängen infolge der Querwirkung voneinander ab. Um diesen Einfluß zu berücksichtigen, ermittelt man für beide Meßverfahren mit Hilfe der Poisson-Zahl μ die resultierenden Einzelverformungen:

Biege-Verfahren | Gerade-Verfahren (9-13)

$$\Delta_b = \varepsilon_{bx} + \mu\varepsilon_{by}; \qquad \Delta_g = \varepsilon_{gx} + \mu\varepsilon_{gy}$$
$$\theta_b = \varepsilon_{by} + \mu\varepsilon_{bx}; \qquad \theta_g = \varepsilon_{gy} + \mu\varepsilon_{gx}$$
$$\Gamma_b = 2\cdot\varepsilon_{b45} - \varepsilon_{bx} - \varepsilon_{by}; \qquad \Gamma_g = 2\cdot\varepsilon_{g45} - \varepsilon_{gx} - \varepsilon_{gy}$$

Substituiert man diese Ausdrücke in die Gl.9-7 oder 9-10, so erhält man die gesuchten Eigenspannungskomponenten:

Biege-Verfahren (9-14)

$$\sigma_{bx} = \frac{E'}{3}\cdot\left(t\,\frac{d\Delta_b}{dt} + 3\Delta_b - 2\int_t^{t_0}\frac{\Delta_b}{t}\,dt\right)$$
$$\sigma_{by} = \frac{E'}{3}\cdot\left(t\,\frac{d\theta_b}{dt} + 3\,\theta_b - 2\int_t^{t_0}\frac{\theta_b}{t}\,dt\right)$$
$$\tau_{bxy} = \frac{G}{3}\cdot\left(t\,\frac{d\Gamma_b}{dt} + 3\cdot\Gamma_b - 2\int_t^{t_0}\frac{\Gamma_b}{t}\,dt\right)$$

Gerade-Verfahren

$$\sigma_{gx} = -E'\cdot\left(t\,\frac{d\Delta_g}{dt} + \Delta_g\right)$$
$$\sigma_{gy} = -E'\cdot\left(t\,\frac{d\theta_g}{dt} + \theta_g\right)$$
$$\tau_{gxy} = -\frac{G}{3}\cdot\left(t\,\frac{d\Gamma_g}{dt} + 2\Gamma_g\right)$$

Hierin bedeutet:

$E' = E/(1-\mu^2)$
E = Elastizitätsmodul
G = Schermodul
μ = Poisson-Zahl
$\mu_{Stahl} = 0{,}27$

Das Biegeverfahren läßt sich auch auf inhomogene, anisotrope Proben erweitern, wie z.B. Plattierungen (Bandstahl/legierter Stahl), Thermobimetalle, Sandwichplatten, Auftragschweißungen (Panzerung von Baustahl). Dabei sind die unterschiedlichen E-Moduln und Dicken zu beachten. Es stellten sich dann unterschiedliche resultierende E-Moduln und Randfaserabstände ein. Untersucht man Thermobimetalle mit den Schichten "1" und "2" (siehe Bilder 9.10.1 und 9.10.2), so ist zu beachten, von welcher Seite die Probe abgetragen wird. Die Auswertgleichungen müssen außerdem mit $E_2 = t_2 = 0$ in die Form übergehen (Gl. 9-14) wie sie für homogene Proben erstellt worden sind. Bild 9.10.3 bringt die mathematischen Zusammenhänge zur einaxialen Analyse von Biegeeigenspannungen in Thermobimetallen, d.h. ohne Berücksichtigung möglicher Geradenrückfederungen.

In flächigen, dünnwandigen Plattierungen liegen ebene Eigenspannungszustände vor, bei denen man Komponenten über die Blechdicke vernachlässigen darf. Zur zweiaxialen Spannungsanalyse müßten die vorhergehend beschriebenen Verfahren kombiniert werden. Das erfordert einen großen theoretischen und auch experimentellen Aufwand. Es wird einfacher sein, unterschiedlich orientierte Streifen aus solchen Plattierungen herauszuschneiden und zu untersuchen. Dabei müssen aber die Löse-Rückfederungen und Löse-Spannungen beachtet werden.

9.6 Ausbohr- und Abdrehverfahren

Eigenspannungsmessungen an Rundproben, wie an Stäben, Rohren, Ringen, Walzen usw. erfolgen formbedingt am besten durch Ausbohren oder Abdrehen. Es lassen sich dabei maximal vier Komponenten mit ihren Verbindungen über dem Querschnitt bestimmen (siehe Bild 9.11). Trennt man Proben von längeren Teilen ab, so müssen sie mindestens dreimal so lang wie ihr Durchmesser sein, um den Einfluß der Stirnseiten, wo die Längskomponenten der Spannungen Null ist, auszuschalten. Andernfalls wird durch das Abtrennen ein Teil der Eigenspannungen abgebaut. Bei Hohlzylindern können die DMS außen oder innen appliziert werden. Die Auswertgleichungen für das Abdrehen bei ein- und dreiaxial angenommenen Spannungszustand sind in Bild 9.13 zusammengestellt. Zu ihrer Aufstellung wurde von dem Kräfte- und Momentengleichgewicht ausgegangen und die Spannungen mit dem HOOKE-Gesetz aus den Rückfederungen bestimmt. Für das Ausbohren gelten analoge Abbildungen und Gleichungen. Sie ergeben sich korrekt aus denjenigen von Bild 9.13 wenn man formal den Abdrehquerschnitt A_{Dr} durch den Ausbohrquerschnitt A_{Bo} ersetzt, gemäß:

$A_{Dr} = A_1 - A_{Bo}$ Hierbei ist A_1 der Probenquerschnitt.

Die Lösung der Differentialgleichungen erfolgt auch hier am besten mit programmierbaren Kleinrechnern, wobei man Ausgleichskurven durch die Meßpunkte legt. Sind dies Ausgleichsfunktionen, so ergeben sich geschlossene Lösungen für die Eigenspannungsverteilungen. Sind es graphische Verteilungen, so überführt man die Differential- in Differenzengleichungen und erhält dadurch Einzelangaben (siehe Bild 9.14). [9.7]

Mehraxiale Verformungen im Innern von Werkstücken lassen sich mit dem Dehnungsmeßzylinder (DMZ) ermitteln (siehe Bild 9.12). Nach dem Einkleben in Bohrungen oder dem Eingießen mißt der weiche Trägerzylinder die Bohrlochverformungen, der artgleiche, lange DMZ, die dortigen inneren Verformungen ohne die Störung infolge des Bohrloches.

9.7 Bohrlochverfahren

Eine in den USA sehr verbreitete Methode zur Ermittlung örtlicher Eigenspannungen ist das stufenweise Einbohren von Löchern und das Ausmessen der Randverformungen. Das Verfahren beruht auf den Arbeiten von J. MATHAR aus dem Jahre 1932. Er schlug vor, aus den Bohrlochverformungen eines durchbohrten Zugflachstabes auf die vorhanden gewesenen konstruktiven Eigenspannungen zu schließen. Die Auswertung wurde 1952 auf biegebeanspruchte Bleche erweitert. Aus diesem Grunde vermittelt das Bohrlochverfahren nur qualitative, vergleichende Angaben. Durchführung und Auswertgleichungen sind in Bild 9.15, links, zusammengestellt. [9.8]

9.8 Epsilon-Feldanalyse (EFA)

Der Nachteil des Bohrlochverfahrens ist die mathematisch nicht erfaßbare, räumliche Kerbwirkung durch das schrittweise tiefer gebohrte kleine Loch und das dadurch bedingte Rückfederungsvolumen, das nur in der Oberfläche mit DMS oder mechanischen Verfahren ausgemessen werden kann. Aus diesen Gründen lassen sich auch keine Spannungsverteilungen angeben, sondern nur Spannungswerte, deren örtliche Zuordnung nicht möglich ist. Korrekte Angaben über Spannungshöhen und -verteilungen bis zu etwa 15 mm Tiefe erhält man, wenn durch zwei Bohrlöcher eine definierte Strecke entspannt und ausgemessen wird. Kombiniert man drei DMS zu einem gleichseitigen Dreieck (Delta) und bohrt in den Ecken drei Bohrlöcher schrittweise tiefer, so werden damit drei Meßstrecken gleichzeitig freigelegt. Auf diese Weise läßt sich der ebene Spannungszustand auf einer Fläche von etwa 2,5 x 2 = 5 cm² von der Oberfläche aus nach dem Innern ermitteln. Hinweise vermittelt Bild 9.15, rechts. [9.9]

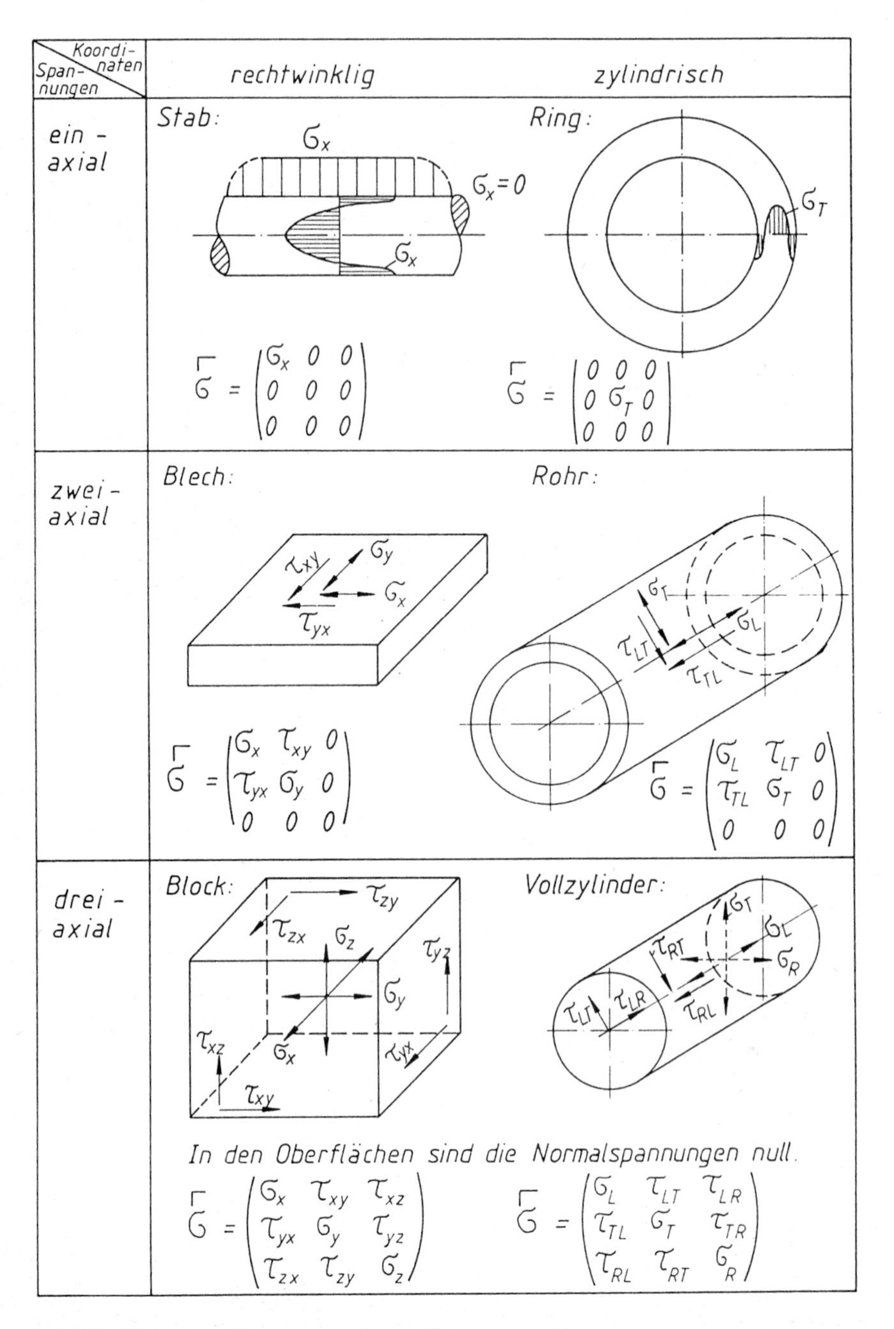

Bild 9.1 Mehraxiale Eigenspannungsverteilung

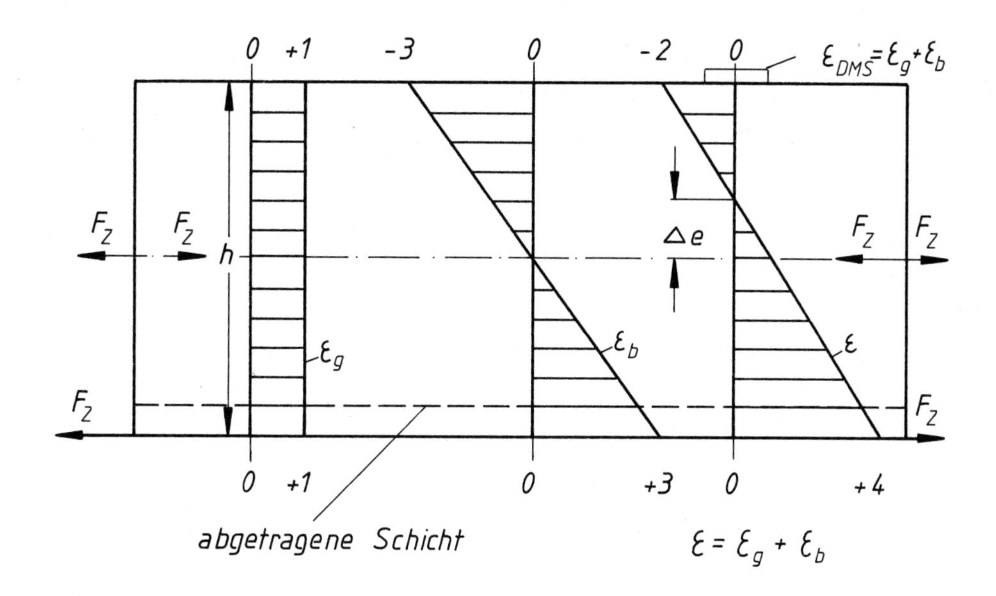

Mittenkraft: F_Z Biegemoment: M_b

$$E \cdot \varepsilon_g = \sigma_g = \frac{F_Z}{b \cdot h} \qquad E \cdot \varepsilon_b = \sigma_b = \pm \frac{M_b}{W_b} = \pm \frac{F_Z \cdot h/2}{\frac{b \cdot h^3}{6}}$$

$$\boxed{\varepsilon = \frac{F}{E \cdot b \cdot h}} \quad k = 0 \qquad \boxed{\varepsilon_b = 3 \cdot \frac{\pm F_Z}{E \cdot b \cdot h} = \pm 3 \cdot \varepsilon_g} \quad k = \frac{2 \cdot \varepsilon_b}{h}$$

Verschiebung der neutralen Faser: Δe

$$\frac{\Delta e}{h/2} = \frac{\varepsilon_n}{\varepsilon_{b\,max}} \qquad \varepsilon_n = \varepsilon_{b\,max} \cdot \frac{2 \Delta e}{h} = -\varepsilon_g$$

$$3 \cdot \frac{F}{E \cdot b \cdot h} \cdot 2\,\frac{\Delta e}{h} = -\frac{F_Z}{E \cdot b \cdot h} \qquad \boxed{\Delta e = -\frac{h}{6}}$$

Bild 9.2 Außermittige, achsparallele Kräfte am Rechteckquerschnitt

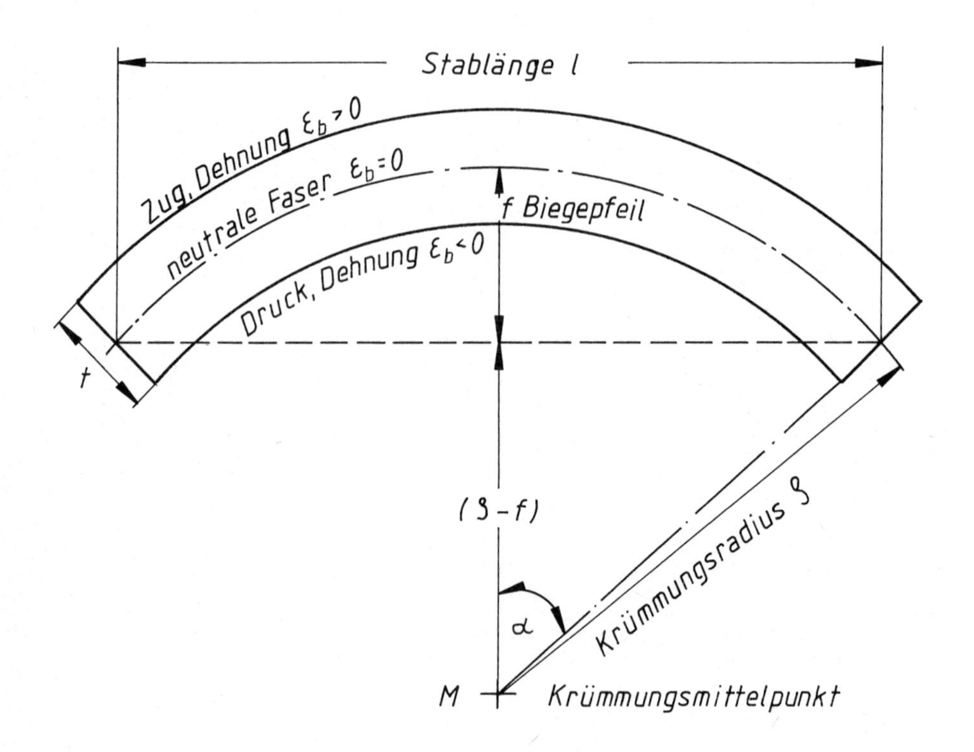

Krümmung und Formänderung

$$\varepsilon_b = \frac{\hat{\alpha}(\varrho \pm t/2) - \hat{\alpha}\cdot\varrho}{\hat{\alpha}\cdot\varrho}$$

$$\varepsilon_b = \pm\frac{t}{2\cdot\varrho}\ ;\ k = \frac{1}{\varrho} = \frac{2\cdot\varepsilon_b}{t}$$

Krümmung und Biegepfeil f

$$\varrho^2 = (\varrho - f)^2 + (l/2)^2$$

mit $f \ll l$ folgt

$$\varrho \approx \frac{l^2}{8\cdot f}$$

Bild 9.3 Bezeichnungen und Beziehungen am kreisförmig gekrümmten Stab

Verfahren	Längsschlitzen eines Rohres	Längsschlitzen eines Ringes	Heraustrennen eines Streifens
Probenform			
Meßgröße	Wanddicke s mittl. Durchmesser $\bar{D}$ Klaffen/Schließen f^x Längsverschiebung ΔL	Wanddicke $s=2e$ Meßradius R Meßwinkel α Radialversch. $\Delta r_1, \Delta r_2, \Delta r_3$	Streifendicke $s=2e$ Streifenbreite $b \gg s$ Streifenlänge l Biegepfeile y_1, y_2, y_3 Drillwinkel $\varphi°$
Angenomme. Spannungs-verteilung	Normal-u. Scherspannung: konst. über Rohrumfang und linear über Rohrwand	Normalspannung: veränd1. über Rohrumgang u. linear über Rohrwand; Schersp. wie bei Rohr	Normalspannung: veränd1. über Streifenlänge u. linear über Streifenbr. Schersp. konst ü. Streifenl
Eigen-spannungen	Normalsp. $\Delta\sigma_T = E \cdot e \cdot \Delta k$ Schersp. $\tau_{LT} = G \cdot \gamma = G \cdot \frac{\Delta L}{\bar{D}}$	Normalsp. $\sigma_T = E \cdot e \cdot \Delta k$ Schersp. $\tau_{LT} = G \cdot \gamma = G \cdot \frac{\Delta L}{\bar{D}}$	Normalsp. $\Delta\sigma_L = E \cdot e \cdot \Delta k$ Schersp. $\Delta\tau_{LT} = M_t / W_D \,\#\, \frac{\Delta\varphi \cdot s}{57{,}3 \cdot l} \cdot G$
Hilfsgrößen	E-Modul E [MPa] Poisson-Zahl μ [-] Schermodul $G = \frac{E}{2(1+\mu)}$ [MPa]	örtl.Krümmungsänd. vor u. n.d. Schlitzen Krümmung a.d. Meßstelle 2 $k_2 = (y_1 - 2y_2 + y_3) \cdot \Delta x / [(\Delta x)^2 + ((y_3 - y_1)/2)^2]^{3/2}$ mit: $\Delta x = (x_2 + x_3)/2$ $y_1 = \Delta r_1 \cdot \cos\alpha + R - R \cdot \cos\alpha$; $x_1 = (R - \Delta r_1) \cdot \sin\alpha$ $y_2 = \Delta r_2$; $x_2 = 0$ $y_3 = \Delta r_3 \cdot \cos\alpha + R - R \cdot \cos\alpha$; $x_3 = (R - \Delta r_3) \cdot \sin\alpha$	örtl. Krümmungsänd. vor u. n.d. Heraustrennen Krümmung a.d. Meßstelle 2 $k = \frac{y_1 - 2y_2 + y_3}{(\Delta x)^2}$ mit $y'^2 \lll 1$

Bild 9.4 Ermittlung einaxialer Eigenspannungen in Rohren, Ringen und Streifen

Biege- und Gerade-Formänderung = Frei-Formänderung

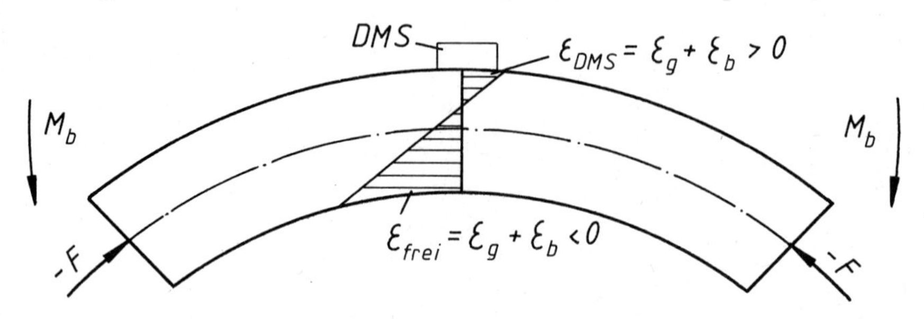

Verformung des geraden Stabes

Gerade-Formänderung ε_g

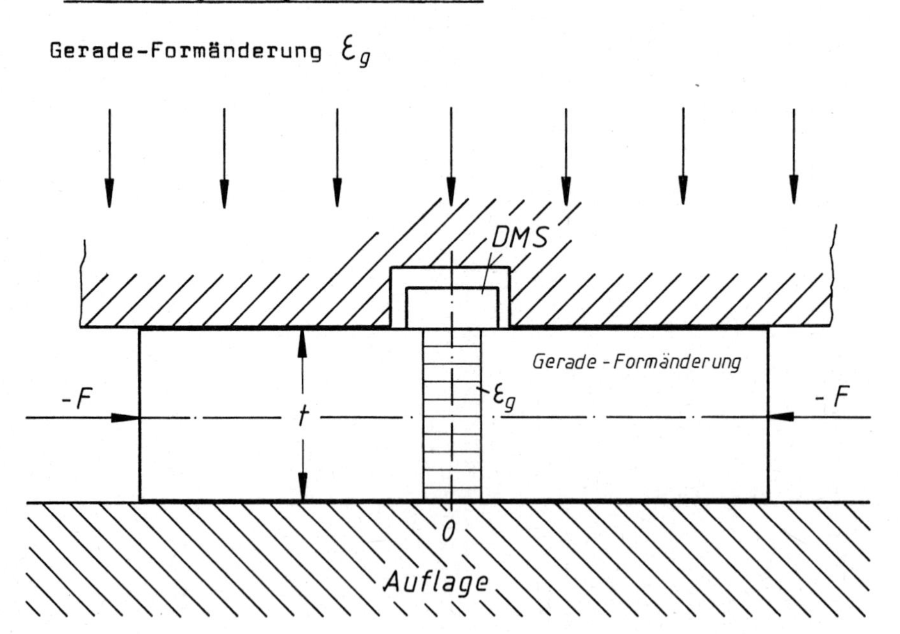

Bild 9.5 Rückfederungen eines Stabes durch Biegen und Dehnungen/Stauchungen

Bild 9.6 Meßstand zum Ermitteln von Biegelinien und Verdrehungen mit eingelegtem Kalibrierstab

Bild 9.7 Ausmessen von Mantellinien eines Rohres zur Eigenspannungsanalyse nach dem Einschneide- und Ausschneideverfahren

Rundstab

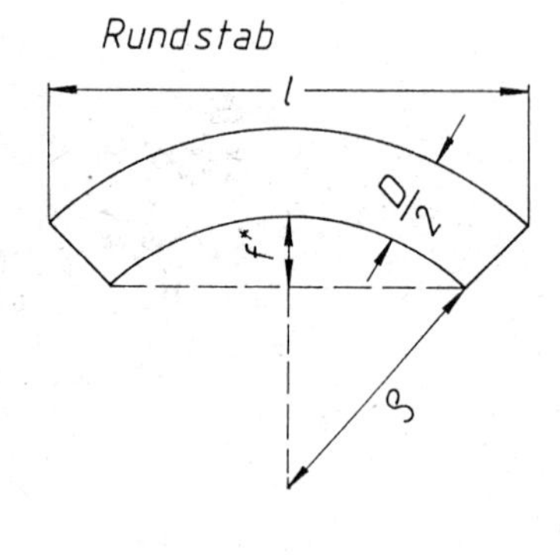

Längseigenspannungen
einachig, linear über den Radius

rotationssymmetr.	spiegelsymmetr.
$\sigma_L = k \cdot r - \sigma_{LK}$	$\sigma_L = \pm M_b/I \cdot e$
$\Delta\sigma_{LM} = \pm 2{,}6352 \cdot E \cdot D \cdot f^*/l^2$	$\Delta\sigma_{LM} = \pm 2{,}3023 \cdot E \cdot D \cdot f^*/l^2$
$\Delta\sigma_{LK} = -2 \cdot \sigma_{LM}$	$\Delta\sigma_{LK} = -0{,}7374 \cdot \sigma_{LM}$

Blech

a) Meßanordnung

b) Meßauswertung mit Verformungskreis

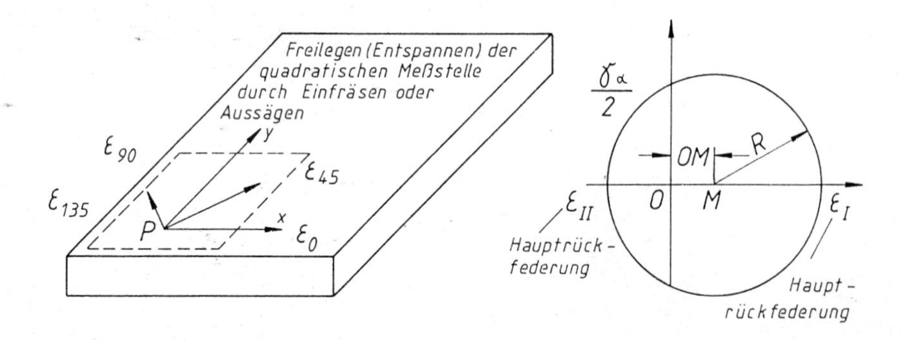

$$\varepsilon_{1,2} = OM \pm R = \frac{\varepsilon_0 + \varepsilon_{90}}{2} \pm \sqrt{\left(\frac{\varepsilon_0 - \varepsilon_{90}}{2}\right)^2 + \left(\varepsilon_{45} - \frac{\varepsilon_0 + \varepsilon_{90}}{2}\right)^2}$$

$$\tan\, 2\alpha_\varepsilon = \frac{\varepsilon_{45} - \varepsilon_{135}}{\varepsilon_0 - \varepsilon_{90}}$$

Bild 9.8 Ermittlung von Eigenspannungen durch Trennen und Ausschneiden von Rundstäben und Blechen

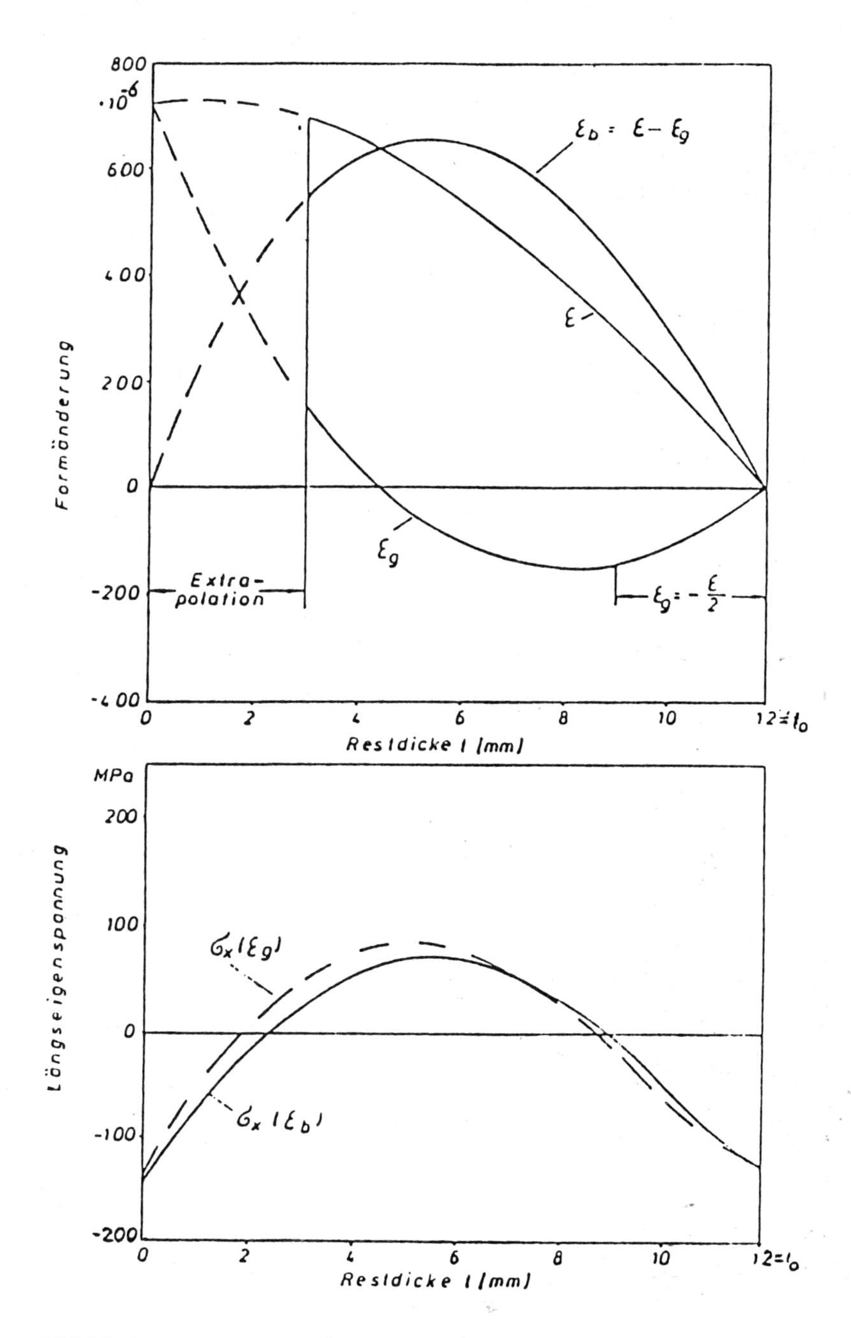

Bild 9.9 Angenommene Formänderungsverteilungen beim einseitigen Zerspanen eines Rechteckstabes und daraus berechnete Eigenspannungen

Stab 1,2

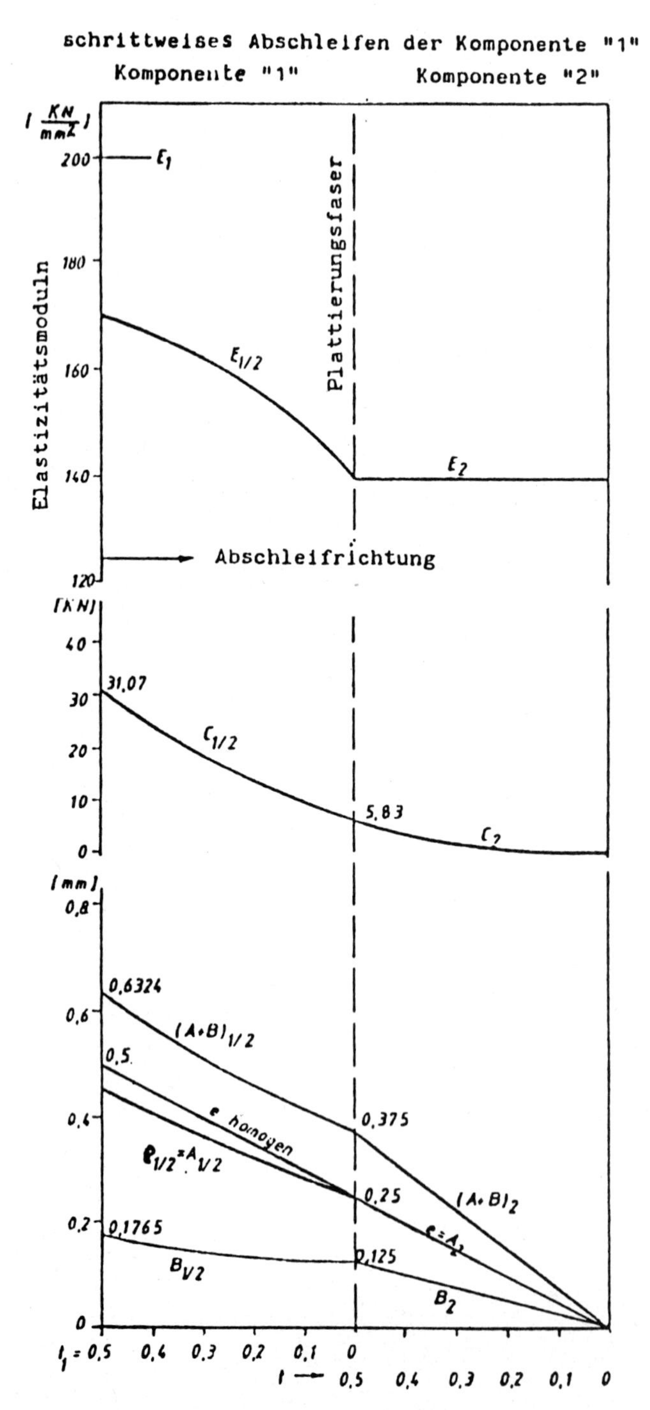

Bild 9.10.1 Ermittlung der Längseigenspannungen in Thermobimetallen

Stab 2.1

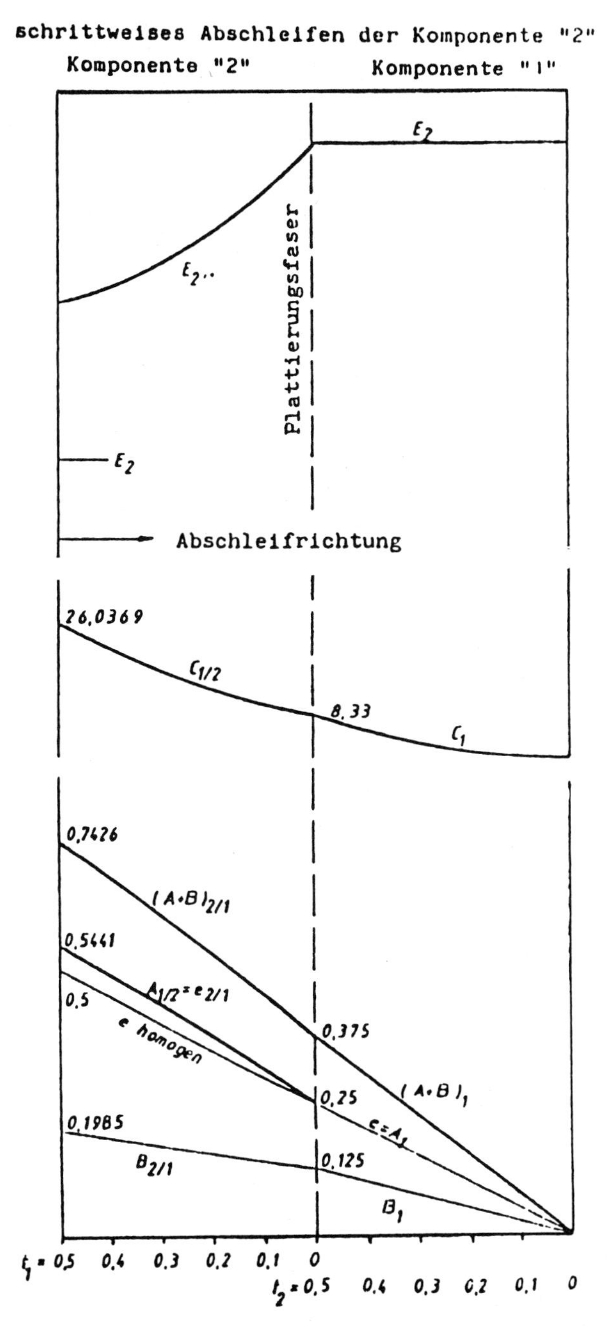

Bild 9.10.2 Ermittlung der Längseigenspannungen in Thermobimetallen

Gleichungen

$$\sigma_1 = E_1 \cdot \int_2^1 (A+B)_{1/2} \cdot dk + C_{1/2} \cdot \frac{dk}{dE}$$

Inhomogener Stab 1/2 $t_2 \leq t < t_2 + t_1$

$$E_{1/2} = \frac{E_1 \cdot t + E_2 \cdot t_2}{t + t_2} \quad \left[\frac{KN}{mm}\right]$$

$$A_{1/2} = \frac{E_1 \cdot \frac{t^2}{2} + E_2 \cdot t_2 \cdot (t + t_2/2)}{E_1 \cdot t + E_2 \cdot t_2} \quad (mm)$$

$$B_{1/2} = \frac{t + t_2}{\frac{(E_1 - E_2) \cdot t_2}{E_1 \cdot t + E_2 \cdot t_2} + 3} \cdot \frac{1}{2} \cdot \left[1 + \frac{E_1 \cdot E_2 \cdot t_2^2}{2(E_1 t + E_2 t_2)^2}\right] (mm)$$

$$C_{1/2} = \frac{(E_1 t + E_2 t_2) \cdot (\ + t_2)^2}{12 \cdot A_{1/2}} \quad (KN)$$

Für den Stab 1/2 ergeben sich die Geometrie=faktoren durch Tausch der Variablen.

Homogener Reststab 2 $0 \leq t < t_2$

$E =$ constant ; $E_1 - t_2 = 0$; $A_2 = t/2$

$B_2 = t/4$

$$C_2 = \frac{E_2 \cdot t^2}{6} \quad (KN)$$

Bild 9.10.3 Gleichung der graphischen Darstellung des Elastizitätsmoduls und der Geometriefaktoren zum Ermitteln von Längseigenspannungen in Thermobimetallen aus 2 Schichten mit je 0,5 mm Dicke

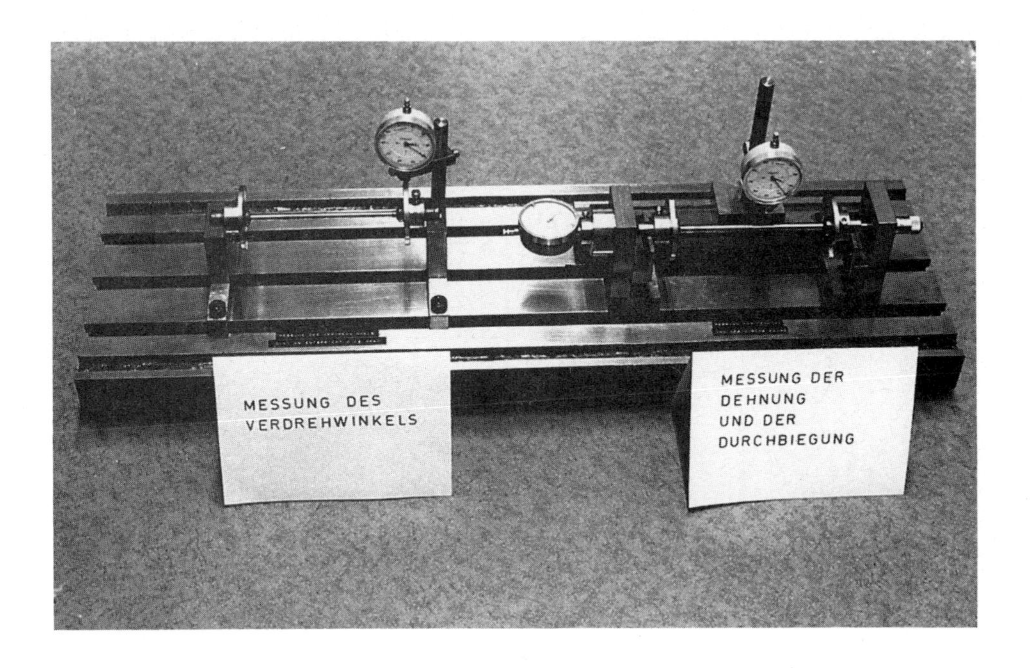

Bild 9.11 Meßstand zum Ermitteln von Längs- und Torsionsspannungen

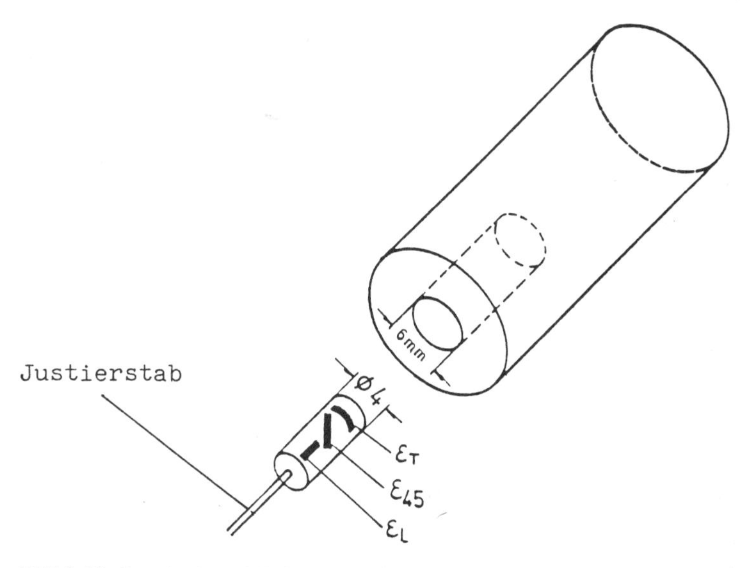

Bild 9.12 Rundstab und Dehnungsmeßzylinder mit Einzel-DMS in 0/45/90°-Anordnung

Eigenspannung	Längsspannung σ_L	Tangentialspannung σ_T	Radialspannung σ_R	Schubspannung τ_{LT}
einaxiales Modell	Längs-Schnitt; σ_L; A, E; dA; σ_L; Abdrehschicht	Quer-Schnitt; Abdrehschicht; dr; r; A, E; $d(\sigma_T \cdot dr)$; $\sigma_T \cdot dr$; $\sigma_T \cdot dr$; $A = \pi \cdot r^2;\ dA = 2\pi r \cdot dr$	Quer-Schnitt; Abdrehschicht; dr; r; E; $\sigma_R = 0$; σ_R; ε_R; σ_R; in Abdrehschicht ist $\sigma_R = 0$	Quer-Schnitt; dr; γ_{LT}; τ_{LT}; G; r; W_t; $W_t = \frac{\pi \cdot r^3}{4}$; $dA = 2\pi r \cdot dr$; Abdrehschicht
Gleichgewichtsbedingung	$\sum dF_L = 0 = \sigma_L \cdot dA + d(\sigma_L \cdot A)$ mit $\sigma_L = E \cdot \varepsilon_L$ folgt $0 = \sigma_L \cdot dA + d(E \cdot \varepsilon \cdot A)$	$\sum dF_T = 0 = 2\sigma_T \cdot dr + d(\sigma_T \cdot r)$ mit $\sigma_T = E \cdot \varepsilon_T$ folgt	$\sum dF_R = 0 = 2\sigma_R \cdot dr + d(\sigma_R \cdot r)$ mit $d\sigma_R = 0$ und $\sigma_R = E \cdot \varepsilon_T$ folgt $0 = 2\sigma_R \cdot dr + E \cdot \varepsilon_T \cdot dr$	$\sum dM_t = 0 = \tau_{LT} \cdot dA \cdot r + d(\tau_{LT} \cdot W_t)$ mit $\tau_{LT} = G \cdot \hat{\gamma}_{LT}$ folgt $0 = \tau_{LT} \cdot 2\pi \cdot dr \cdot r^2 + d(G \cdot \hat{\gamma}_{LT} \cdot \frac{\pi \cdot r^3}{2})$
Diff.gleichung: einaxial	$\sigma_L = -E \cdot (A \frac{d\varepsilon_L}{dA} + \varepsilon_L) = -E \frac{d(A \cdot \varepsilon_L)}{dA}$	$\sigma_T = -\frac{E}{2}(r \frac{d\varepsilon_T}{dr} + \varepsilon_r) = -\frac{E d(\varepsilon_T \cdot r)}{2 dr}$	$\sigma_R = -E \cdot \frac{\varepsilon_T}{2}$	Vollzylinder $\tau_{LT} = -\frac{G}{4}(r \cdot \frac{d\gamma_{LT}}{dr} + 3\gamma_{LT})$
Diff.gleichung: dreiaxial	Vollzylinder $\sigma_L = -E' \cdot [A \frac{d\Delta}{dA} + \Delta] = -E' \cdot \frac{d(A \cdot \Delta)}{dA}$ Hohlzylinder $\sigma_L = -E' \cdot [(A - A_o) \cdot \frac{d\Delta}{dA} + \Delta]$	Vollzylinder $\sigma_T = -\frac{E'}{2} \cdot \frac{d(\theta r)}{dr} = -E' \cdot [A \cdot \frac{d\theta}{dA} + \frac{\theta}{2}]$ Hohlzylinder $\sigma_T = -E' \cdot [(A - A_o) \cdot \frac{d\theta}{dA} + \frac{A + A_o}{2A} \cdot \theta]$	Vollzylinder $\sigma_R = -E' \cdot \frac{\theta}{2}$ Hohlzylinder $\sigma_R = -E' \cdot \frac{A - A_o}{2 \cdot A} \cdot \theta$	Hohlzylinder R_o = Bohrungsradius $\tau_{LT} = -G[r \cdot \vartheta + \frac{r^2}{4}(1 - \frac{R_o^4}{r^4}) \cdot \frac{d\vartheta}{dr}]$
Hilfsgrößen	A_o = Bohrungsquerschnitt	$\Delta = \varepsilon_L + \mu \cdot \varepsilon_T$	$\theta = \varepsilon_T + \mu \cdot \varepsilon_L$ $\quad E' = \frac{E}{1 - \mu^2}$	$G = \frac{E}{2(1+\mu)}$; $\hat{\vartheta} = \frac{\hat{\gamma}_{LT}}{r}$

Bild 9.13 Gleichungen zur Berechnung ein- und dreiaxialer Eigenspannungen aus den Rückfederungen von Rundstäben nach dem vollständigen Abdrehverfahren

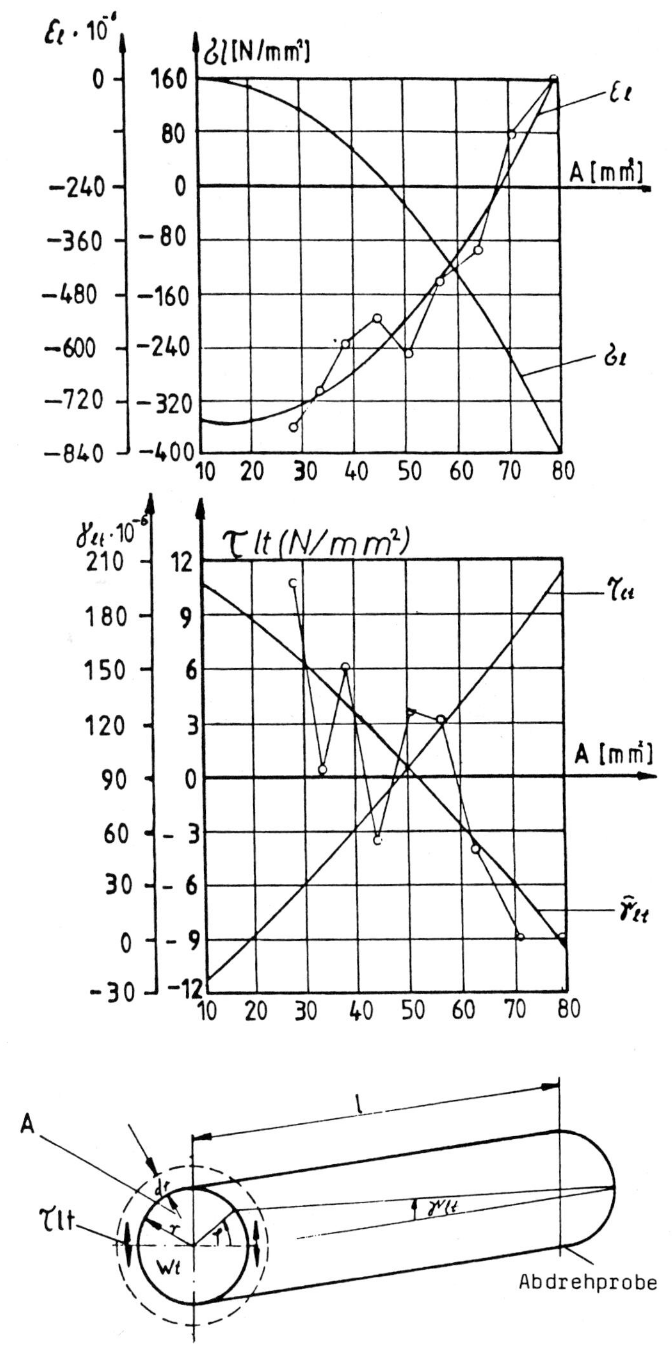

Bild 9.14

Eigenspannungsmessung am Rundstab

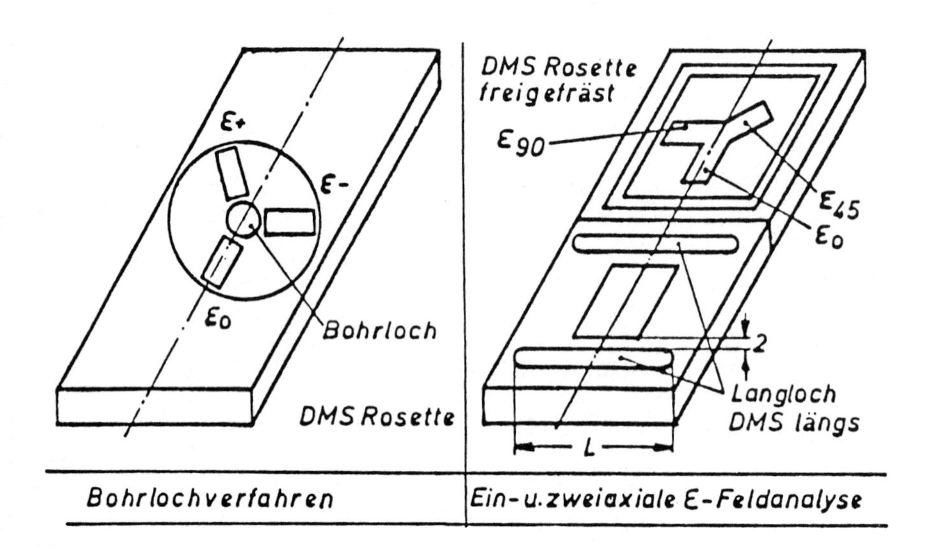

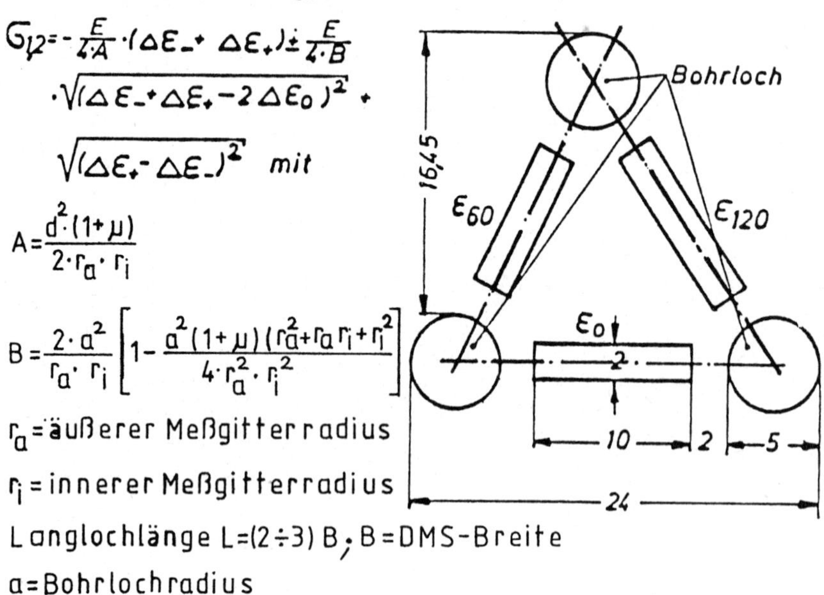

Bild 9.15 EFA-Verfahren

Die DMS werden durch stufenweises Tiefenfräsen in Schritten von ca. 0,2 mm zunehmend freigelegt. Der Abstand zwischen DMS und Lochrand soll 2 mm sein. Die 2-axiale Formänderung über die Werkstoffdicke ergeben sich aus einem Computerprogramm

10 Das spannungsoptische Oberflächenschichtverfahren

10.1 Vorbemerkung

Das spannungsoptische Oberflächenschichtverfahren (OSV) hat sich als eine Methode erwiesen, die einerseits breiteste Anwendungsmöglichkeiten besitzt, und andererseits in ihrer Handhabung denkbar einfach ist. Sie vereint in sich sowohl die augenfälligsten Vorteile der Dehnungsmeßstreifentechnik als auch die der klassischen Spannungsoptik, indem sie

- die Sichtbarmachung der Spannungsverteilung auf der Oberfläche eines Bauteils,
- die Messung von Richtung und Größe dieser Spannung an jedem beliebigen Punkt der Oberfläche

erlaubt. Die Abbildung 10.1 zeigt die Einsatzmöglichkeiten des OSV in der Produktentwicklung. | 10.1; 10.2; 10.3 |

10.2 Prinzip

Die Spannungsoptik beruht auf einer optischen Interferenzerscheinung. Diese ergibt sich aus dem Phänomen der optischen Doppelbrechung, die man bei festen transparenten Werkstoffen beobachten kann, wenn diese mit mechanischen Spannungen beaufschlagt sind. Die Doppelbrechung wiederum ist eine Folge der Anisotropie solcher Werkstoffe bezüglich ihrer Brechungsindizes als Funktion der Belastungsgröße. Für den Meßtechniker ergibt sich daraus, daß in diesen Werkstoffen die Spannungszustände bei Beleuchtung mit polarisiertem Licht als Farbmuster nach dem NEWTON'schen Spektrum sichtbar werden.

Die Spannungsoptik gestattet qualitatives und quantitatives Ermitteln zweier wichtiger Parameter, nämlich der Richtung und Größe von Dehnungen und Spannungen.

Zur Messung der Richtungen wird ein Meßaufbau mit "planpolarisiertem" Licht benötigt; und zur Messung der Dehnungs- oder Spannungsgrößen ein solcher mit "zirkularpolarisiertem" Licht. Der gesamte Meßaufbau wird in der Fachsprache "Polariskop" genannt. Im allgemeinen wird mit "Dunkelfeld", d.h. mit gekreuzten Polarisationsfiltern gearbeitet, sodaß für den Beobachter außer den spannungsbedingten Farbmustern kein anderes, vielleicht störendes Licht sichtbar bleibt (siehe Bild 10.2a).

Die Umwandlung von planpolarisiertem in zirkularpolarisiertes Licht geschieht durch das Einbringen eines weiteren Filterpaares in den Lichtweg. Diese werden Viertelwellen- Platten genannt (siehe Bild 10.2b)

Die bis jetzt dargestellten Zusammenhänge gelten sowohl für das klassische spannungsoptische Durchlichtverfahren als auch das Oberflächenschichtverfahren, einer Reflexionsmethode. Beide unterscheiden sich im Prinzip nur durch eine verschiedene Anordnung der Filter zueinander (siehe Bild 10.3).

Im Gegensatz zur klassischen Durchlicht-Spannungsoptik, die die Herstellung von transparenten Modellen aus entsprechenden Kunststoffen erfordert, werden um die Dehnungen in der Oberfläche von Körpern beliebiger Werkstoffe im reflektierten polarisierten Licht zu messen, auf diese spannungsoptisch wirksame Schichten aus speziellen Epoxid- oder Polyesterharzen aufgebracht. | 10.4; 10.5 |

Für die Anwendung des Oberflächenschichtverfahrens sollten also - abgesehen von Sonderfällen - bereits Originalbauteile oder Baugruppen vorliegen. Diese können dann mit den wirklich auftretenden Betriebskräften belastet werden.

Bei mechanischer Beanspruchung des Bauteiles übertragen sich seine Oberflächendehnungen in die Schicht, wodurch diese doppelbrechend wird und ein entsprechendes spannungsoptisches Farbmuster zeigt, welches meßtechnisch ausgewertet werden kann.

Die Unterseite der Schicht muß fest mit dem Bauteil verbunden und lichtreflektierend sein. Infolge dieser festen Verbindung können nicht nur - wie in der klassischen Spannungsoptik - elastische Dehnungen, sondern auch bleibende Verformungen oberhalb der Streckgrenze nach Lage, Richtung und Größe ermittelt werden.

Bei diesem sehr allgemein anwendbaren Dehnungsmeßverfahren benützt man die spannungsoptische Oberflächenschicht gewissermaßen als optischen Dehnungsmeßstreifen, wobei er dem bekannten elektrischen Dehnungsmeßstreifen den Vorteil voraus hat, daß ein ganzes Spannungsfeld erfaßt und auch noch sichtbar gemacht wird.

Lastfälle, Lastkombinationen und -steigerungen sind beliebig oft wiederholbar; ebenso können die für eine ingenieurmäßige Bewertung häufig so wichtigen Abklingvorgänge der Spannungs-/ Dehnungsgradienten in der Bauteiloberfläche beobachten werden.

Im allgemeinen erfolgt die Belastung der Bauteile statisch; stroboskopierte dynamische Analysen sind jedoch auf Prüfständen oder bei geeigneten dynamischen Belastungsvorrichtungen ebenfalls möglich.

10.3 Das Meßgerät

Das Meßgerät für das spannungsoptische Oberflächenschichtverfahren ist das Reflexions-Polariskop. Es besteht aus zwei kugelgelagerten Filtereinheiten, die jeweils Polarisationsfilter und Viertelwellenplatten enthalten. Beide Einheiten sind mechanisch so miteinander verkoppelt, daß sie synchron verdreht werden können (siehe Bild 10.4). Die Filtereinheit (1) hat Halterungen, die die Lichtquelle (3) tragen, während die Filtereinheit (2) mit Meßskalen versehen ist. Diese Filtereinheit (2) wird auch Analysator genannt, im Gegensatz zur Filtereinheit (1), die man als Polarisator bezeichnet. Das Instrument ist außerdem so konzipiert, daß sich noch eine ganze

Reihe von Zusatzeinrichtungen anbringen lassen, die das Basisgerät und seine Einsatzmöglichkeiten wesentlich erweitern. Im Falle dynamischer Messungen wird die in Bild 10.4 zu sehende Lichtquelle durch eine stroboskopische Lichtquelle ersetzt, deren Blitzfrequenz mit der dynamischen Belastungsfrequenz des Bauteils synchronisiert werden kann. Zu Dokumentationszwecken kann das Gerät mit einer photographischen Ausrüstung versehen werden, wie in Bild 10.5 dargestellt ist. Hierbei können handelsübliche Spiegelreflex-Kleinbildkameras eingesetzt werden, wobei lediglich beachtet werden muß, daß die Belichtungsmessung bei der Kamera durch das Objektiv erfolgt.

10.4 Berechnungsgrundlagen

Mit dem Oberflächenschichtverfahren werden die Hauptdehnungsdifferenzen an der Oberfläche von Bauteilen gemessen.
Sie berechnen sich folgendermaßen:

$$\varepsilon_x - \varepsilon_y = N \frac{\lambda}{2tk} = N \cdot f \qquad (10\text{-}1)$$

Dabei sind: N = Isochromatenordnung (dimensionslos)
f = Dehnungsempfindlichkeit der Schicht (µm/m/Isochromatenordnung)
λ = Wellenlänge des Lichtes bei einer vollen Isochromatenordnung (mm)
t = Dicke der Schicht (mm)
k = optische Konstante der Schicht (dimensionslos)

Eine volle, ganzzahlige Isochromatenordnung liegt dort vor, wo man im farbigen Muster des spannungsoptischen Erscheinungsbildes einen Farbumschlag von Rot nach Grün beobachtet. Zahlenmäßig ist der Zusammenhang zwischen niedrigeren und höheren Isochromatenordnungen linear. D.h., daß bei der 3. Isochromatenordnung eine dreimal höhere Spannung vorliegt als bei der 1..

Zur weiteren Erklärung sei gesagt, daß die Konstante "f" einen Materialkennwert der spannungsoptischen Schicht angibt, den man entweder aus Werkstofflisten des Herstellers erfährt oder den man sich selbst mit Kalibrierversuchen ermittelt. Im Prinzip ist "f" weiter nichts als der Wert der Hauptdehnungsdifferenz bei dem die 1. Isochromatenordnung beobachtet wird. Aus Gleichung 10-1 geht hervor, daß "f" offenbar eine Funktion von "t" und "k" der jeweils vorliegenden Schicht ist.

Unter Einführung des HOOKE'schen Gesetzes kann man jetzt aus der Hauptdehnungsdifferenz die Hauptspannungsdifferenz errechnen:

$$\sigma_x - \sigma_y = (\varepsilon_x - \varepsilon_y) \frac{E}{1 + \nu} = Nf \frac{E}{1 + \nu} \qquad (10\text{-}2)$$

E = E-Modul (N/mm²)
ν = Poisson-Konstante (-)

Unter Berücksichtigung der Tatsache, daß an einem Bauteilrand eine der beiden Hauptspannungen gleich Null sein muß, wird selbst bei Messung der Hauptdehnungsdifferenz an dieser Stelle eine direkte Berechnung einer der beiden Hauptspannungen möglich:

Beispiel: σ_y sei am Bauteilrand Null; dann folgt:

$$\sigma_x = N \cdot f \cdot E / (1 + \nu) \qquad (10\text{-}3)$$

Entsprechend der bisherigen Darstellung ist es also möglich folgende Informationen über den Spannungszustand eines Bauteiles zu bekommen:

- die Richtungen der beiden Hauptspannungen
- die Größe der Hauptspannungsdifferenz
- die maximale Schubspannung
- an freien Rändern (Kerben, Kanten, etc.) die Größe einer der beiden Hauptspannungen, wenn die andere gleich Null ist.

Um die Größe der beiden Hauptspannungen an anderen Punkten getrennt zu bestimmen, ist eine zusätzliche Messung notwendig. Damit bekommt man eine zusätzliche Größe, nämlich das Verhältnis der beiden Hauptdehnungen. Dazu wird in die spannungsoptische Schicht ein kleines Loch gebohrt (siehe Bild 10.6), wobei sich um dieses Loch herum ein für ein bestehendes Hauptdehnungsverhältnis typisches Isochromatenbild ergibt. Mit Hilfe eines Vergleichskataloges (siehe Farbtafel 1 im Anhang) kann jetzt das Verhältnis eindeutig bestimmt werden.

Die Symmetrieachsen des Isochromatenbildes um das Bohrloch ergeben exakt die Richtungen der Hauptspannungen. 10.6 ; 10.7

Gleichungen zur Berechnung der getrennten Hauptdehnungen und Hauptspannungen:

$$\varepsilon_x = \frac{f \cdot N}{1 - (\varepsilon_y / \varepsilon_x)} \qquad (10\text{-}4)$$

$$\varepsilon_y = - N \cdot f + \varepsilon_x$$

$$\sigma_x = \frac{E}{1 - \nu^2} \cdot (\varepsilon_x + \nu\varepsilon_y) \qquad (10\text{-}5)$$

$$\sigma_y = \frac{E}{1 - \nu^2} \cdot (\varepsilon_y + \nu\varepsilon_x)$$

Mit Hilfe der beschriebenen Bohrlochmethode und der Null-Kompensation zur quantitativen Bestimmung der Isochromatenordnung, welche im nächsten Abschnitt beschrieben wird, ist es weiter möglich, auch eine so wichtige Information, wie sie das Vorzeichen der Dehnung darstellt, zu erlangen.

Eine relativ einfache Programmierung von Taschenrechnern oder Tischcomputern mit den dargestellten mathematischen Zusammenhängen, kann die Berechnung der gewünschten Größen so beschleunigen, daß einfache Meßauswertungen zeitlich unmittelbar während der Messung und an ihrem Ort vorgenommen werden können. Daraus kann sich eine hohe Flexibilität eines Versuchsablaufes in gewissen Grenzen ergeben.

10.5 Der Meßvorgang

10.5.1 Messung der Hauptdehnungsrichtungen

Die Hauptdehungsrichtungen werden immer in Bezug auf eine Referenzlinie, -achse oder -ebene bestimmt. Aus diesem Grunde ist die Definition der Referenzachse der erste Schritt zur Messung der Hauptdehnungsrichtung. In vielen Fällen wird sich die Symmetrieachse des zu untersuchenden Bauteiles als Referenzachse anbieten - in anderen Fällen ist eine gedachte horizontale oder vertikale Achse hinreichend.

Nun zur Messung selbst. Wenn ein Strahl polarisierten Lichtes eine spannungsoptisch aktive Schicht durchläuft, wird er sich da, wo diese Schicht Dehnungen ausgesetzt ist, in zwei Wellen mit unterschiedlichen Fortpflanzungsrichtungen aufteilen. Nach ihrem Austritt aus der Schicht werden beide Wellen nicht mehr phasengleich schwingen und sich auch nicht mehr zu einer einzigen Schwingung, parallel zu der ursprünglich in die Schicht eintretenden, vereinigen. Allerdings ist es so, daß an Punkten, an denen die Hauptspannungsrichtungen mit der Polarisationsebene des Polarisationsfilters übereinstimmen, der Lichtstrahl keine Veränderungen erfährt und der aus der Schicht reflektierte Strahl parallel mit dem eintretenden bleibt. Der Polarisationsfilter A (Analysator) mit seiner senkrecht zur Polarisationsachse des Polarisationsfilters P (Polarisator) stehenden Polarisationsachse wird an diesen Punkten eine Auslöschung der Schwingung bewirken. Graphik und Photo in Bild 10.7 verdeutlichen diesen Vorgang.

Wenn man ein beschichtetes Bauteil, das mechanisch belastet ist, unter planpolarisiertem Licht betrachtet, werden neben den farbigen Erscheinungen auch dunkle Linien oder Flächen zu sehen sein. Diese Linien oder Flächen nennt man Isoklinen. An jedem Punkt dieser Isoklinen sind die Hauptdehnungsrichtungen gleich der Richtung der Polarisationsachsen der Filter relativ zur vorher definierten Referenzachse (siehe Bild 10.8).

Für den Meßvorgang bedeutet dies : Wir markieren den uns interessierenden Meßpunkt auf der Schichtoberfläche. Dann schauen wir durch den Analysator und drehen beide Filter synchron solange, bis sich über den markierten Meßpunkt eine schwarze Linie oder Fläche schiebt. Jetzt kann auf der Meß-Winkelskala des Analysators die erreichte Drehstellung als Winkelgrad abgelesen werden, womit eine der beiden Hauptdehnungsrichtungen bestimmt ist. Aus den Zusammenhängen der Festigkeitslehre wissen wir, daß die beiden Hauptdehnungsrichtungen orthogonal aufeinander stehen. Damit ist uns auch die zweite Hauptdehnungsrichtung bekannt.

Wenn sich Isoklinen als schmale, scharf gezeichnete Linien zeigen, bedeutet das, daß sehr starke Richtungsänderungen der Dehnungen über verhältnismäßig kurze Distanzen vorliegen. Bei flächigen Isoklinen liegt eine relativ gleichförmige Dehnungsrichtungsverteilung vor.

10.5.2 Messung der Hauptdehnungsdifferenz Bestimmung der Größe der Isochromatenordnung

Um die Größe der Isochromatenordnung N zu bestimmen, kann man eine Reihe von Meßmethoden heranziehen, die sich hinsichtlich der Resultate und Genauigkeiten kaum unterscheiden. Wichtig erscheint hier, daß eine Methode angewandt wird, die einfach, praktisch und schnell genug ist, daß sie auch von angelerntem Personal ohne großen Zeitaufwand fehlerfrei ausgeführt werden kann. Als solche hat sich die Null-Kompensationsmethode erwiesen, die mit Hilfe eines geeigneten Meßgerätes, eines sogenannten BABINET-SOLEIL-Kompensators, durchgeführt wird.

Um die Größe der Isochromatenordnung als spannungsoptisches Meßsignal an unserem markierten Meßpunkt zu bestimmen, wird bei dieser Methode ein kalibriertes spannungsoptisches Signal in den Lichtweg zusätzlich eingeführt, das jedoch ein dem Meßsignal entgegengesetztes Vorzeichen hat. Damit erreicht man Auslöschung des Meßsignales, wenn man die beiden Signale überlagert. Diese kalibrierten Vergleichssignale befinden sich im Kompensator. Für die Meßpraxis bedeutet das, daß der Kompensator solange über den Meßpunkt geführt wird, bis das Kompensatorsignal größenmäßig mit dem Meßsignal übereinstimmt und der Meßtechniker eine Auslöschung der farbigen Isochromate am Meßpunkt beobachtet. D.h. am Meßpunkt wird eine dunkle Linie oder Fläche beobachtet, die vorher farbig war. Wenn man nun die Kompensatorsignale entlang einer kalibrierten Meßskala verschiebt, die in Isochromatenordnungsgrößen kalibriert ist, kann man bei Farbauslöschung die zahlenmäßige Größe der ausgelöschten Isochromate ablesen. Es ist klar, daß man auf diese Weise nicht nur volle, ganzzahlige Ordnungswerte, sondern auch Bruchteile von Ordnungsgrößen bestimmen kann. Bild 10.9 verdeutlicht dieses Meßprinzip.

Der BABINET-SOLEIL-Kompensator Modell 232 kann direkt an das Polariskop adaptiert werden. Der konstruktive Aufbau des Kompensators eliminiert Parallaxenfehler und ergibt eine bessere Auflösung des Meßwertes als andere Kompensationsmethoden. Um den absoluten Ordnungswert an einem beliebigen Punkt zu messen, wird folgendermaßen verfahren:

1. Man bringt eine Isokline auf den gewählten und markierten Meßpunkt und bestimmt die Richtung der Hauptdehnungen, wie weiter oben beschrieben. Dann wird die Polarisator/Analysator-Einheit in dieser Stellung arretiert.

2. Man wandelt das planpolarisierte Licht in zirkularpolarisiertes um, indem man mittels eines Hebels am Polariskop die Viertelwellen-Platten einschaltet. Jetzt wird der Kompensator am Polariskop adaptiert.

3. Man beobachtet die Isochromatenschar durch das Fensterchen des Kompensators und dreht an dessen Einstellknopf. Jetzt kann man beobachten, daß sich beim Drehen des Knopfes die Isochromatenschar bewegt. Man dreht solange, bis der Meßpunkt von einer schwarzen Linie oder Fläche bedeckt ist. Damit hat man

den Nullabgleich hergestellt, und "N" des Kompensators ist gleich "N" am Meßpunkt .

4. Man liest die Zahl ab, die auf der Digitalskala des Kompensators eingestellt erscheint und geht damit in eine Kalibrierkurve (siehe Bild 10.10). Aus diesem Diagramm kann dann abgelesen werden, mit welchem Ordnungswert die auf dem Kompensator abgelesene Zahl korrespondiert.

Die auf der Digitalskala des Kompensators erscheinende Zahl steigt mit zunehmendem "N" während der Kompensation. Die Meßwertauflösung des Kompensators Modell 232 liegt bei ca. 1/50 Ordnung (1 Digit). Durch die Beschaffenheit des Kompensators ist es nun möglich, in Richtung der algebraisch größeren der beiden Hauptspannungen zu kompensieren. Kann in der Richtung der einen Hauptspannung nicht kompensiert werden, dreht man den Kompensator mit Polarisator/Analysatoreinheit synchron um 90° und kann nun in dieser Richtung kompensieren. Daraus läßt sich die Vorzeichenregel ableiten: Steht der Kompensator parallel zu einem freien Rand (Schichtrand = Bauteilrand), und es kann kompensiert werden, handelt es sich um eine Zugspannung. Bei orthogonaler Kompensatorstellung zum Bauteilrand und möglicher Kompensation hat man es mit einer Druckspannung zu tun. In der Fläche eines Bauteiles wird durch das vorher beschriebene Bohrloch zum Trennen der Hauptdehnungen ein künstlicher freier Rand geschaffen. Es gelten die gleichen Vorzeichenregeln.

10.6 Applikation der spannungsoptischen Schicht

Die richtige Auswahl der Schichtmaterialien ist bei der Anwendung des Oberflächenschichtverfahrens ebenso wichtig, wie die richtige Auswahl der DMS bei der elektrischen Dehnungsmessung.

Es gibt Schichtmaterialien mit hohem, mittlerem und niedrigem E-Modul. Ihre Anwendung ist im wesentlichen von der Natur des Bauteilwerkstoffes bestimmt, auf die sie appliziert werden sollen. Die Erfahrung des Meßtechnikers und Herstellervorschriften und -empfehlungen geben hier den Ausschlag. Die wichtigsten Kriterien für die Auswahl des Beschichtungsmaterials sind die folgenden:

1. Methode zum Aufbringen der Schicht
2. Spannungsoptische Empfindlichkeit der Schicht
3. Oberflächenform des Bauteiles im Bereich der Beschichtung
4. Mögliche Versteifungseffekte durch die Schicht
5. Erwartete maximale Dehnung
6. Versuchstemperatur

Wenn das Bauteil im zu beschichteden Bereich eine ebene Fläche zeigt, ist es sinnvoll, zur Beschichtung vorgefertigte ebene Platten einzusetzen. Diese Platten sind in verschiedenen Standarddicken und Flächenmaßen erhältlich. | 10.8; 10.9 |

Bei gekrümmten oder anderen komplexen Oberflächenformen wird die sogenannte "Contoured-Sheet-Technik" angewandt. Diese Technik stellt sich so dar:

Flüssiges Epoxidharz wird in eine nivellierte heizbare Gießplatte gegossen, wo es zu einer gleichförmig dicken Schicht ausläuft. Zu einem bestimmten Zeitpunkt des Polymerisationsprozesses wird sie einen weichgummiartigen Zustand erreichen, während dem sie von der Gießplatte abgenommen und auf das Testobjekt aufgeformt werden kann. Dort wird sie dann bis zur vollständigen Polymerisation, d.h. Aushärtung, belassen.

Nachdem diese Schale dann in der Form der Bauteiloberfläche ausgehärtet ist, wird sie heruntergenommen, die Klebeflächen werden sorgfältig gereinigt, und die Schale (Schicht) wird nun mit reflektierendem Spezialkleber wieder auf das Bauteil aufgeklebt.

10.7 Zusammenfassung

Das spannungsoptische Oberflächenschichtverfahren - auch Photo-Stress-Verfahren genannt - bringt eine umfassendere Dateninformation als alle bisher üblichen Meßmethoden der experimentellen Spannungsanalyse. Man erhält mit dieser Methode sofort allgemeine Informationen über die Spannungsverteilung und das Spannungsverhalten über große Bauteilbereiche; zum anderen lassen sich daraufhin Punkt-für-Punkt-Messungen bequem und mit ebenso großer Genauigkeit wie mit den bisher üblichen Meßmethoden durchführen. Aufgrund der Tatsache, daß man ein Gesamtbild der beschichteten Bereichen bekommt, werden Konstruktionsstudien, Konstruktionsoptimierungen und überhaupt die experimentelle Spannungsanalyse wesentlich erleichtert.

Folgende wichtige Informationen ergeben sich schon bei einer ersten allgemeinen Betrachtung eines spannungsoptischen Erscheinungsbildes:

- Bereiche hoher Spannungspegel: Hohe Isochromaten-Ordnungswerte.
- Niedrige Spannungspegel: Niedrige Isochromaten-Ordnungswerte.
- Hohe Spannungsgradienten: Dicht gepackte Isochromaten.
- Gleichförmige Spannungsverteilung: Flächige Isochromaten.

Es ist sehr einfach, diese Informationen durch Fotografieren festzuhalten, und diese Fotos einem Versuchsprotokoll beizugeben.

Eventuell angefertigte Diapositive ermöglichen es, die Meßresultate in Form von Isochromatenbildern einem großen Interessentenkreis auf einmal zugänglich zu machen, um als laufende Informationsgrundlagen bei Auswertediskussionen über stattgefundene Messungen zu dienen.

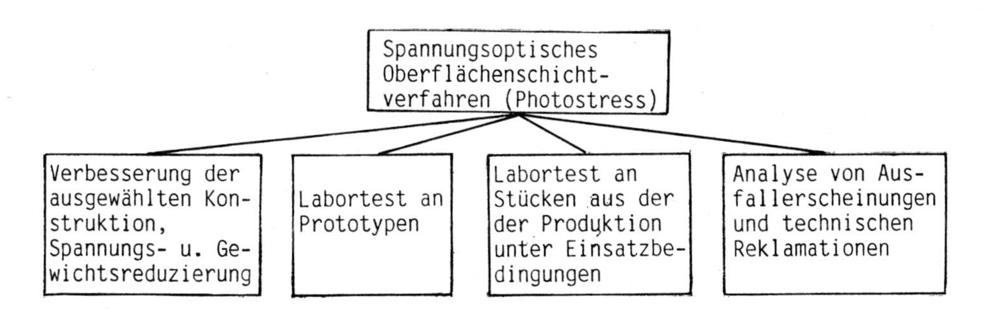

Bild 10.1 Einsatzmöglichkeiten des OSV

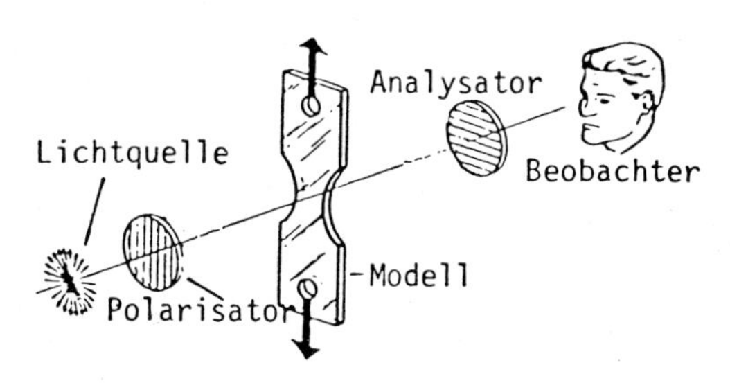

Bild 10.2a Planpolariskop, Bestimmung der Orte gleicher Spannungsrichtung (Isoklinenbestimmung)

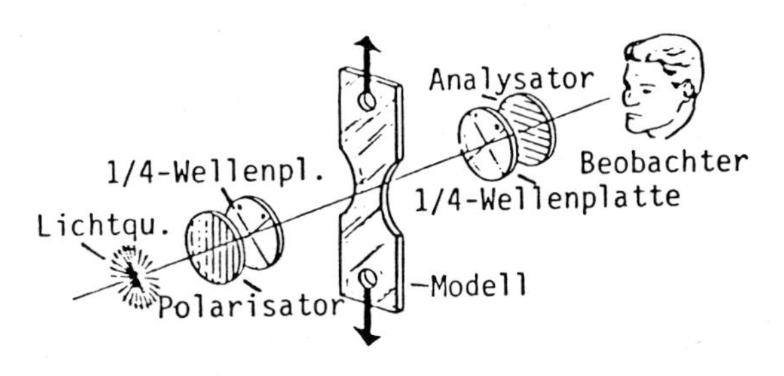

Bild 10.2b Zirkularpolariskop, Bestimmung der Hauptspannungsdifferenzen (Isochromatenbestimmung)

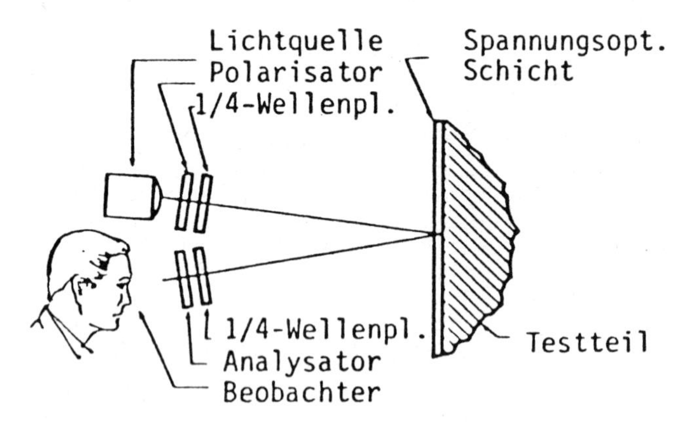

Bild 10.3 Filteranordnung im Reflexionspolariskop

Bild 10.4 Reflexionspolariskop

Bild 10.5 Reflexionspolariskop mit Photoausrüstung

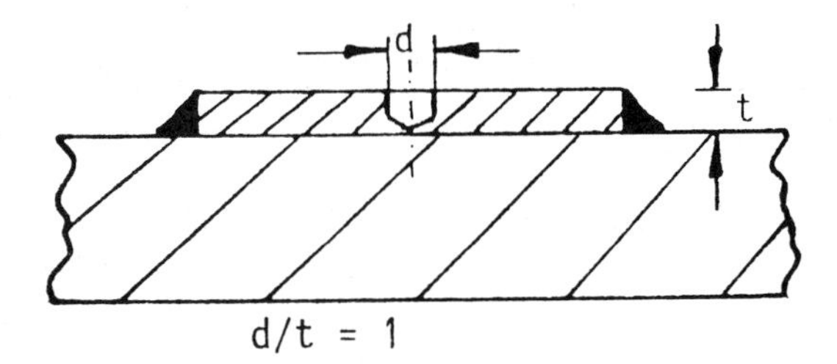

Bild 10.6 Bohrloch in der Schicht

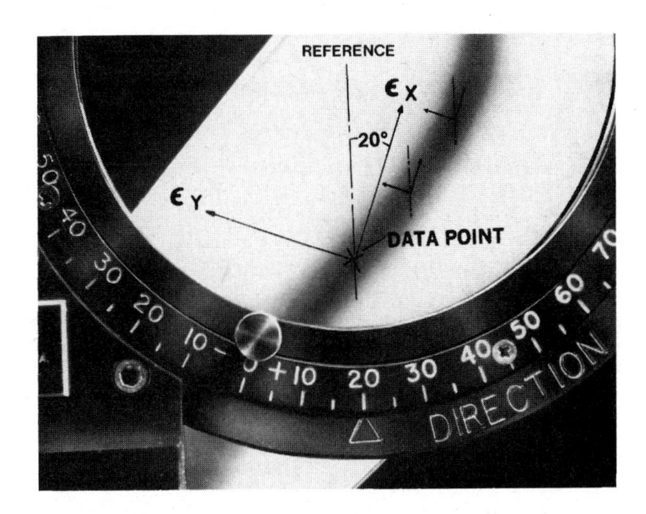

Bild 10.7
Messung der Isoklinen

beschichtetes Teststück unter mechanischer Spannung

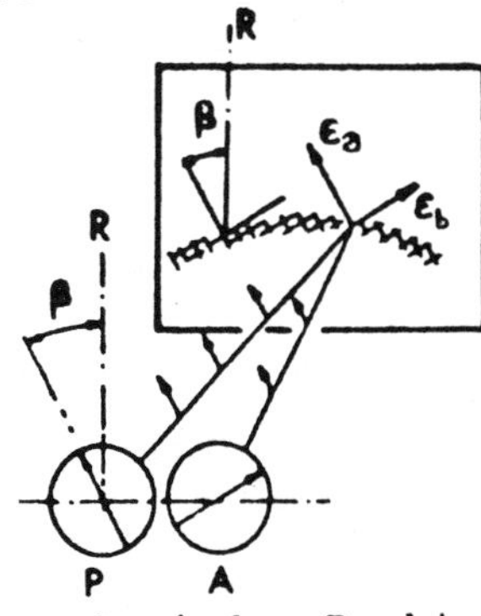

An jedem Punkt, wo P und A parallel mit den Hauptspannungen sind, erscheint eine dunkle Linie.

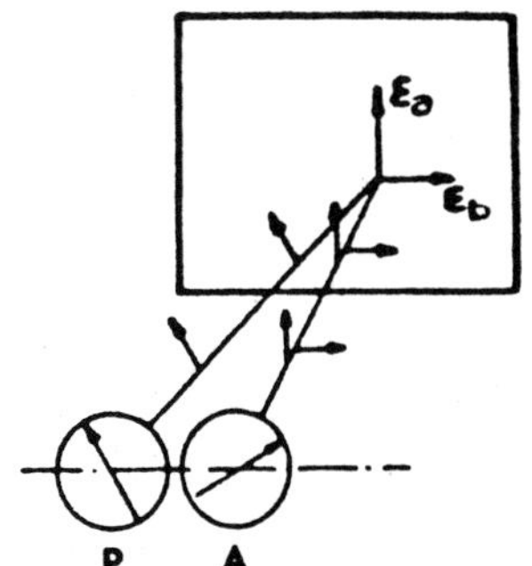

Wenn P und A nicht parallel sind, wird das Licht durchgelassen und es erscheinen Farben.

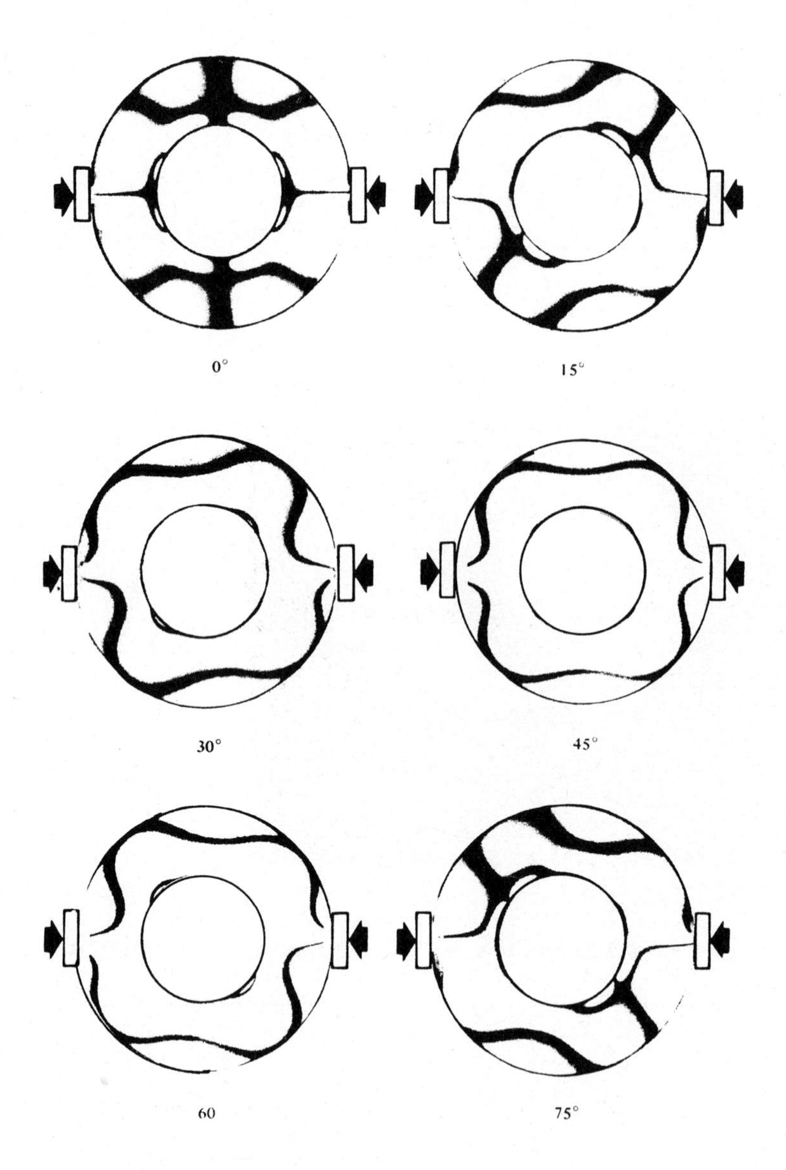

Bild 10.8 Beobachtete Isoklinen an verschiedenen Bauteilstellen bei gleichbleibender Belastungsrichtung

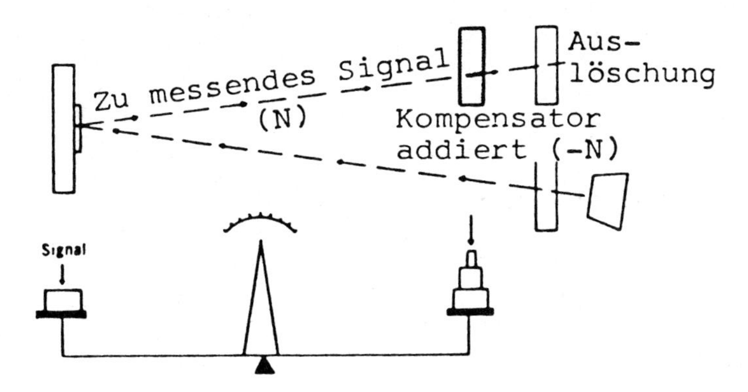

Bild 10.9 Das Prinzip des Null-Kompensator nach Babinet-Soleil

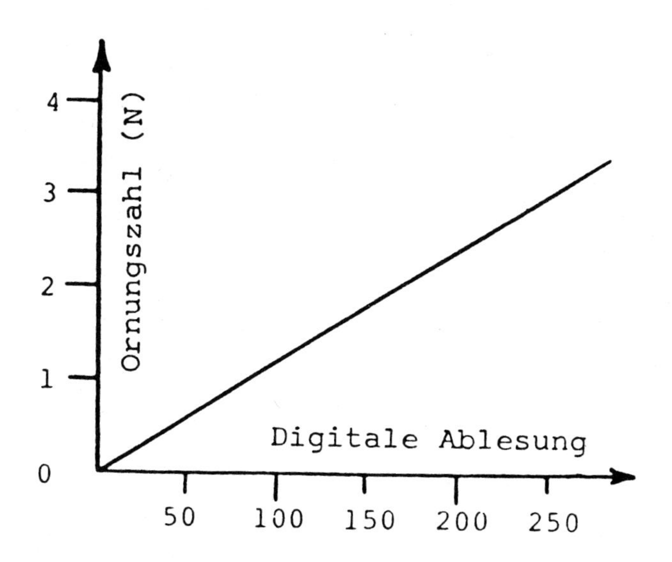

Bild 10.10 Kalibrierkurve

11 Ultraschall-Verfahren

11.1 Einleitung

Alle im Rahmen dieser Darstellung bisher behandelten Verfahren zur Dehnungs- und Spannungsmessung sind auf die Analyse von Oberflächen- bzw. oberflächennahen Zuständen eingeschränkt. Nur durch sukzessives Abtragen der Oberfläche können mittels der zerstörenden und zerstörungsfreien Meßverfahren Informationen über den Spannungszustand im Werkstoffinnern gewonnen werden.

Diese wesentliche Beschränkung wird durch Neutronen- und auch durch Ultraschall-Verfahren aufgehoben. Das Neutronen-Verfahren arbeitet analog zur Röntgen-Spannungsmessung, ist jedoch für den praktischen Einsatz (Verfügbarkeit von Neutronenquellen) ungeeignet. Im vergangen Jahrzehnt ist daher nach Überwindung einiger grundsätzlicher meßtechnischer Probleme (siehe unter 11.3) in größerem Umfang Forschung und Entwicklung zur Ultraschall-Spannungsmessung betrieben worden. Der erreichte Stand der Technik zur Ermittlung von Last- und/oder Eigenspannungen wird im folgenden dargestellt.

11.2 Physikalische Grundlagen

Die Wechselwirkungen zwischen sich ausbreitenden Ultraschall-Wellen und der Mikrostruktur eines Werkstoffes sind elastischer und anelastischer Art. Die elastische Wechselwirkung erhält den Charakter der mechanischen Schwingungen und wird durch die Schallgeschwindigkeit v sowie Reflektions-, Beugungs- und Streuphänomene beschrieben. Die anelastische Wechselwirkung beruht auf dem Energieverlust der Welle in Ausbreitungsrichtung - Schwächungskoeffizient α -, bedingt sowohl durch Absorption (d.h. Umwandlung der Schwingungsenergie in Wärme) als auch durch Streuung (d.h. Verteilung der Schwingungsenergie auf den gesamten Raumwinkel).

v und α für die verschiedenen Wellenarten (Longitudinal-, Transversal-, Oberflächenwellen) und in ihrer Abhängigkeit von der Frequenz f (i.a. im MHz-Bereich) stellen somit für die Gefüge- und Spannungsmessung wesentliche zerstörungsfrei zugängliche Kenngrößen dar. Dabei ist die Schallgeschwindigkeit direkt mit den Dehnungen bzw. Spannungen verknüpft und wird daher allein hierfür genutzt. Physikalisch betrachtet ist die Schallgeschwindigkeit eine Funktion der Dichte ρ und des elastischen Werkstoffverhaltens. Da der Einkristall - das Bauelement des polykristallinen Werkstoffes - elastisch anisotrop ist, d.h. in unterschiedliche Richtungen auch unterschiedliche elastische Konstanten aufweist, ist die Schallgeschwindigkeit im Einkristall richtungsabhängig. Es können Unterschiede bis zum Faktor 2 etwa auftreten. [11.1; 11.2]

Der in der Technik überwiegend eingesetzte Vielkristall ist im idealen Fall quasi-isotrop, da eine statistische Verteilung der Einkristalle makroskopisch betrachtet die Anisotropie "herausmittelt". Dementsprechend besitzt der quasi-isotrope Körper zwei voneinander unabhängige elastische Konstanten, z.B. E- und G-Modul, während jede weitere Konstante hieraus abgeleitet werden kann (z.B. Poisson-Zahl $\nu = E/2G - 1$). Dies führt unmittelbar zu zwei voneinander unabhängigen Schallgeschwindigkeiten:

Longitudinalwelle $$v_L = \sqrt{\frac{E\,(1-\nu)}{\rho(1+\nu)\,(1-2\nu)}} \qquad (11\text{-}1a)$$

Transversalwelle $$v_T = \sqrt{G/\rho} \qquad (11\text{-}1b)$$

Jede weitere Schallgeschwindigkeit (Oberflächen-, Platten-, Stab-, Rohrwelle) ist eine Kombination aus L- und T-Anteilen, z.B. die Oberflächengeschwindigkeit v_R:

$$v_R = \frac{0{,}87 + 1{,}12\nu}{1+\nu} \cdot v_T \qquad (11\text{-}1c)$$

In Wirklichkeit ist die regellose Einkristallverteilung aber i.a. nicht gegeben, d.h. es stellen sich Vorzugsorientierungen von Kristalliten relativ zur makroskopischen Formgebung (z.B. Walz-, Schmiederichtung u.ä.) ein. Damit sind dann richtungsabhängige elastische Konstanten und somit auch richtungsabhängige Schallgeschwindigkeiten gegeben. Hier sind Abweichungen von einigen 10 Prozent möglich, typisch sind Werte < 10 %.

Last- und/oder Eigenspannungen verursachen anstelle der (oder additiv zur) Textur eine "Spannungsanisotropie", die wiederum für richtungsabhängige Schallgeschwindigkeiten verantwortlich ist. Nun handelt es sich jedoch nicht mehr um richtungsabhängige elastische Konstanten, sondern um den Einfluß der sogenannten elastischen Konstanten dritter Ordnung, die die Abweichung der Realität vom HOOKE'schen Gesetz beschreiben. Da diese Abweichung im elastischen Beanspruchungsbereich gering ist, handelt es sich auch um eine geringe Änderung der Schallgeschwindigkeit, i.a. < 2 ‰ als Richtwert. Der quasi-isotrope Polykristall hat drei voneinander unabhängige elastische Konstanten dritter Ordnung ("MURNAGHAN-Konstanten" l, m, n), die die Spannungs- bzw. Dehnungsabhängigkeit von $v_{L,T}$ bestimmen:

$$\rho v_{11}^2 = \frac{E\cdot(1-\nu)}{(1+\nu)(1-2\nu)} + \left(2l + \frac{\nu\cdot E}{(1+\nu)(1-2\nu)}\right)\cdot\theta + \qquad (11\text{-}2)$$

$$\left(4m + 4\,\frac{\nu\cdot E}{(1+\nu)(1-2\nu)} + 10\,G\right)\cdot\varepsilon_1$$

$$\rho v_{12}^2 = G + \left(m + \frac{\nu\cdot E}{(1+\nu)(1-2\nu)}\right)\cdot\theta + 4G\varepsilon_1 + 2G\varepsilon_2 - 0{,}5n\,\varepsilon_3$$

$$\rho v_{13}^2 = G + \left(m + \frac{\nu\cdot E}{(1+\nu)(1-2\nu)}\right)\cdot\theta + 4G\varepsilon_1 + 2G\varepsilon_3 - 0{,}5n\,\varepsilon_2$$

Hierbei beziehen sich die Indizes 1, 2, 3 auf ein rechtwinkliges Koordinatensystem, in dem sich Longitudinal- (v_{11}, v_{22}, v_{33}) und Transversalwellen (v_{12}, v_{13}, v_{21}, v_{23}, v_{31}, v_{32}) ausbreiten. Der erste Index beschreibt jeweils die Ausbreitungsrichtung, der zweite die Schwingungsrichtung der Welle. ε_1, ε_2, ε_3 sind die Dehnungen in Hauptachsenrichtung, $\theta = \varepsilon_1+\varepsilon_2+\varepsilon_3$. Die Geschwindigkeiten in den übrigen Richtungen ergeben sich aus der Permutation der Indizes in den o.a. drei Gleichungen.

Der erste Summand auf der rechten Seite von Gleichung 11-2 stellt jeweils die Beziehung zur Schallgeschwindigkeit im spannungs- bzw. dehnungsfreien Fall her. Jedes Ultraschall-Verfahren zur Spannungsmessung muß von den o.a. drei Gleichungen ausgehen und im Zweifelsfall in der Lage sein, den interessierenden, aber geringen Spannungseinfluß vom möglicherweise vorhandenen, aber störenden und evtl. viel stärkeren Textureinfluß zu trennen. Diesem Ziel dienen die im folgenden beschriebenen Meßverfahren.

11.3 Meßverfahren

Der direkte Weg zur Spannungs- bzw. Dehnungsmessung über die Bestimmung der Geschwindigkeit v entsprechend Gleichung 11-2 ist aus mehreren Gründen nicht gangbar:

- An der Meßstelle muß v für den spannungsfreien Fall bekannt sein - mit hinreichender Genauigkeit. Dem stehen aber gefügebedingte Geschwindigkeitsschwankungen im Promille-Bereich, d.h. in der interessierenden Größenordnung entgegen;

- Die Messung von v erfordert sowohl eine Laufwegmessung (i.a. die Dicke des durchschallten Bauteiles) als auch eine Laufzeitmessung - beides mit einer Genauigkeit möglichst um eine Zehnerpotenz besser als der Meßeffekt. Während dies für die Laufwegmessung an beliebigen Komponenten nicht möglich ist, stellt es für die Laufzeitmessung heute keine Schwierigkeit mehr dar. [11.3]

Die genannten Probleme werden bei der Anwendung des sogenannten Doppelbrechungsverfahrens umgangen, das auf einer relativen Laufzeitmessung $\Delta t/t$ beruht (siehe Bild 11.1):

+ die Subtraktion der Gleichungen 11-2, Mitte und unten, voneinander und deren Normierung auf eine der beiden Geschwindigkeiten wird im Meßverfahren durch die Laufzeitmessung für zwei Transversalwellen erreicht, die sich entlang des gleichen Weges ausbreiten, aber mit um 90° unterschiedlicher Polarisation. Wenn die Dehnungen noch durch Spannungen ausgedrückt werden, ergibt sich:

$$\frac{\Delta v}{v} = \frac{v_{12} - v_{13}}{v_{13}} = \frac{\Delta t}{t} = \frac{t_{13} - t_{12}}{t_{12}} = \frac{4G + n}{8G^2} (\sigma_2 - \sigma_3) \qquad (11\text{-}3)$$

und bei zyklischer Permutation der Indizes jeweils eine entsprechende Gleichung für die Ausbreitungsrichtungen 2 und 3.

Im einaxialen Spannungszustand führt eine Messung mit Ausbreitungsrichtung senkrecht zur Spannungsrichtung unmittelbar zum Spannungswert, im zweiaxialen Fall erlauben zwei Messungen aus zueinander senkrechten Richtungen die Bestimmung der beiden Spannungswerte, während im dreiaxialen Fall die drei Spannungsdifferenzen entsprechend Gleichung 11-3 ermittelt werden. Gleichung 11-3 gilt für den texturfreien Fall. Sofern Textur vorliegt und eine Trennung zwischen Spannungs- und Textureinfluß vorgenommen werden soll, führt die Messung von $\Delta t/t$ bei verschiedenen Frequenzen f zum Ziel (siehe Bild 11.2):

- ohne Textur ist $\Delta t/t$ frequenzabhängig,
- Textur zeigt sich qualitativ durch ein mit dem Quadrat der Frequenz anwachsendes $\Delta t/t$ an (Parabel-Gesetz),
- quantitativ lassen sich Spannung und Textur aus der Parabelkrümmung (texturtypisch) und aus dem $\Delta t/t$-Wert für $f = 0$ (textur- und spannungstypisch) ermitteln ("Doppelbrechungs-Dispersions-Verfahren"). [11.4]

Ein zweites Meßverfahren, das ebenfalls die Texturproblematik zu lösen vermag, ist in Bild 11.3 skizziert:

- mit einer festen Sender-Empfänger-Anordnung werden Transversalwellen-Laufzeiten einmal mit Ausbreitungsrichtung 2 und Schwingungsrichtung 1 sowie umgekehrt gemessen. Auch beim Vorliegen von Textur gilt $v_{12} = v_{21}$ bzw. eine Abweichung davon kann nur spannungsbedingt sein:

$$\frac{\Delta v}{v} = \frac{v_{12} - v_{21}}{v_{12}} = \frac{\Delta t}{t} = \frac{t_{21} - t_{12}}{t_{21}} = \text{const.}\ (\sigma_1 - \sigma_2) \qquad (11\text{-}4)$$

Dieses sogenannte SH-Wellen-Verfahren (da die Transversalwellen als "SHEAR-HORIZONTAL"-Wellen jeweils parallel zur Oberfläche schwingen) hat jedoch den Nachteil, daß die Wellenausbreitung in zwei unterschiedlichen Werkstoffvolumina erfolgt; lokale Textur-, Spannungs- und insbesondere Gefügeschwankungen tragen daher zur Meßunsicherheit bei. [11.5]

Weitere Meßverfahren - zunächst noch unter Außerachtlassen des Texturproblemes bzw. nur mit pauschaler Berücksichtigung - sind für besondere Anwendungen entwickelt worden, so z.B. für die Spannungsmessung in Schienen und Schrauben.

Für die Bestimmung der Längs-Eigenspannungen im Schienenkopf und -fuß hat sich eine Kombination aus L-Wellen (v_{11}) und T-Wellen (v_{13}) als günstig erwiesen: während die L-Welle stark vom Spannungszustand entlang des Laufweges beeinflußt wird, dient die T-Welle zur Normierung, da sie in dieser Konfiguration vergleichsweise wenig spannungsempfindlich ist.

Auch bzgl. der Axial-Eigenspannungen in Schrauben ist eine Kombination aus L- und T-Wellen geeignet, einen unbekannten Spannungszustand quantitativ zu beschreiben. Wiederum nutzt die L-Komponente den eigentlichen Meßeffekt, während die T-Komponente zur Laufwegnormierung dient.

In beiden genannten Fällen ergibt sich der Spannungszustand prinzipiell aus der folgenden Gleichung:

$$\sigma = E\ \left[t_L - t_T \cdot \sqrt{(2\nu-1)/(2\nu-2)}\right] / \left[t_T \cdot \sqrt{(2\nu-1)/(2\nu-2)}\ \frac{dv_L}{d\varepsilon} - t_L\ \frac{dv_T}{d\varepsilon} \right] \qquad (11\text{-}5)$$

Hierbei stellt $dv_{L,T}/d\varepsilon$ die dehnungsabhängige Geschwindigkeitsänderung dar. Sie kann im Experiment gemessen, aber auch aus Gleichung 11-2 berechnet werden. Tabelle 11.1 listet einige typische Werte für elastische Konstanten, insbesondere die MURNAGHAN-Konstanten auf.

Tabelle 11.1: Elastische Konstanten zweiter und dritter Ordnung einiger technischer Werkstoffe

Werkstoff	Elastische Konstanten in N/mm² x 10^{-3}				
	E	G	l	m	n
X 6 CrNi 18.11	251	75	-370	-532	-236
22NiMoCr 3.7	275	82	-190	-555	-659
24CrMo 5V	276	82	-440	-600	-670
24NiCrMo V 14.5	270	80	- 90	-439	-546
Al CuMg 5		27			-293

11.4 Meßtechnik

Die Meßtechnik zur Ultraschall-Spannungsmessung erfordert ein Ultraschall-Prüfgerät mit Hochfrequenz-Signal-Ausgang sowie eine Laufzeitmeßeinrichtung, typischerweise ein entsprechender Oszillograph (siehe Bild 11.4). Beim Doppelbrechungsverfahren wird nach der "Impuls-Echo-Überlagerungsmethode" die Laufzeit zwischen zwei Rückwandechos gemessen. Da der Spannungseinfluß auf v die Promillegrenze kaum überschreitet, ist eine empfindliche Phasenvergleichsmessung der überlagerten Signale notwendig - aber auch einfach realisierbar. [11.6]

Die notwendigen Transversalwellenprüfköpfe sind mit Prüfkopf-Durchmessern zwischen 3 und 30 mm kommerziell erhältlich, sie arbeiten im Frequenzbereich 1 bis 15 MHz. Zur Kopplung der Prüfköpfe an die Bauteiloberfläche ist ein zäh-viskoses Koppelmedium notwendig und ebenfalls von den Prüfkopfherstellern zu beziehen. Grundsätzlich verhindert diese Kopplung das mechanische Abscannen von Oberflächen, d.h. jede Prüfposition muß neu "eingerichtet" werden. Bei metallischen Prüfobjekten und insbesondere beim SH-Wellen-Verfahren geht die Entwicklung zu sogenannten elektromagnetischen Ultraschall-Wandlern ("EMUS"), die einen höheren Grad an Polarisation als die piezoelektrischen Prüfköpfe besitzen und ohne Koppelmittel betrieben werden. Sie ermöglichen daher auch das kontinuierliche Abfahren von Oberflächen und sind grundsätzlich für Anwendungen bei erhöhten Temperaturen geeignet. Während sich die Hauptspannungsrichtungen bei der überwiegenden Zahl von Bauteilen aus der äußeren Geometrie ableiten lassen, z.B. bei Schrauben, Schienen, Rohren, Zylindern, Schweißnähten, werden sie - sofern nicht bekannt - mit Hilfe des Doppelbrechungsverfahrens leicht erkannt: durch Drehen des Transversalwellenprüfkopfes um seine Achse ergibt sich für eine bestimmte Position eine besonders deutliche "Schwebung" in der Rückwandechofolge. Unter 45° zur Polarisation des Prüfkopfes liegen dann die beiden Hauptspannungsrichtungen, wobei davon ausgegangen werden kann, daß die Ausbreitung des Ultraschalles auf jeden Fall in einer der drei Hauptspannungsrichtungen erfolgt (siehe Bild 11.5a). [11.7]

Die Polarisation des Prüfkopfes kann vom Hersteller bestimmt werden, sie läßt sich jedoch auch mit Hilfe eines Keiles und eines zusätzlichen Longitudinalwellenprüfkopfes ermitteln (siehe Bild 11.5b).

Ein wesentlicher Hinweis zur Ultraschall-Meßtechnik betrifft die Auflösung der Messung. Durch die in jedem Falle über eine endliche Meßstrecke erfolgende Laufzeitmessung stellt das Meßergebnis einen Mittelwert über das Volumen bestehend aus Prüfkopfquerschnitt und Schallaufweg dar. Dies muß bei jeder quantitativen Aussage und insbesondere beim Vergleich mit anderen Spannungsmeßverfahren berücksichtigt werden.

11.5 Anwendungen/praktische Erfahrungen

Die folgenden Beispiele sollen einen knappen Überblick über die bisherigen Erfahrungen mit der Ultraschall-Spannungsmeßtechnik geben.

11.5.1 Bleche

Sägeblätter z.B. werden aus gestanzten Blechen herausgearbeitet und besitzen daher eine Textur, der sich Eigenspannungen überlagern (können). Bei einem überwalzten Sägeblatt aus 75 Cr 1 mit 2,5 mm Dicke und 390 mm Durchmesser wurde eine Meßspur entsprechend Bild 11.6a mit dem Doppelbrechungsverfahren untersucht. In dieser Spur ergaben sich die Hauptanisotropieachsen in radialer und tangentialer Richtung (Extremwerte der Schallaufzeiten). Die Texturkorrektur erfolgte zum damaligen Zeitpunkt auf der Grundlage begleitender Messungen des Schwächungskoeffizienten in einem Analogieschluß. Das Ergebnis der bei 4 MHz und mit einem Prüfkopfdurchmesser von 6,5 mm durchgeführten Untersuchung (siehe Bild 11.6b) zeigt eine befriedigende Übereinstimmung mit der röntgenographischen Oberflächen-Spannungsmessung. [11.3]

11.5.2 Schweißnähte

Die inhomogene Gefügestruktur in Schweißnähten erlaubt z.Zt. noch keine Spannungsmessung im Schweißnahtgefüge selbst. Die sich beim Schweißen in Nahtnähe im Grundwerkstoff aufbauenden Eigenspannungen sind jedoch schon mehrfach bestimmt worden. Bild 11.7a stellt in guter Übereinstimmung mit der zerstörenden Messung die Änderung der Hauptspannungsdifferenz $\sigma_{\parallel} - \sigma_{\perp}$ als Funktion des Abstandes zur Naht dar. Gemessen wurde mit der Doppelbrechungsmethode bei 4 MHz (Werkst.:22 NiMoCr 3.7). Hierbei sind $\sigma_{\parallel,\perp}$ die parallel bzw. senkrecht zur Schweißrichtung auftretenden Spannungen. Die Ultraschallausbreitung ist in vertikaler Richtung. [11.9]

Bild 11.7b gibt den Verlauf der tangentialen und axialen Oberflächenspannungen in der Nähe einer austenitischen Rohrrundnaht wieder. Hier wurde bei 2,2 MHz mit Oberflächenwellen gearbeitet, die piezoelektrisch gesendet, aber elektromagnetisch empfangen wurden (Rohrwerkstoff: 304 SS). [11.8]

11.5.3 Schwere Schmiedestücke

Größere Erfahrungen wurden bisher mit der Ultraschall-Doppelbrechungsmethode insbesondere an schweren Schmiedestücken gesammelt. Bild 11.8 zeigt stellvertretend zwei Ergebnisse zylindrischer Komponenten mit bzw. ohne Axialbohrungen (Werkstoffe: 26 NiCrMo V 8.5 bzw. 26 NiCrMo V 14.5). Der Verlauf der Spannungsdifferenz $\sigma_{tan} - \sigma_{ax}$ gibt eindeutige Hinweise über den jeweiligen Objektzustand (Meßfrequenz: 5 MHz).

Hier muß nochmals hervorgehoben werden, daß der Ultraschall-Wert das Integral über den Schallaufweg darstellt, im ersten Fall zwischen Oberfläche und Zentralbohrung, im anderen über den gesamten Durchmesser des Generatorläufers. [11.10]

11.5.4 Schienen und Schrauben

Die zerstörungsfreie Spannungsmessung an Schienen ist sowohl bei der Fertigung (Richten) als auch im Betrieb (Temperaturschwankungen) von Bedeutung. Bild 11.9 gibt Ergebnisse wieder, die aus kombinierten Longitudinal- und Transversalwellenmessungen genommen wurden. [11.11; 11.12]

Eine gleichartige Kombination kann bei der Spannungsmessung an Schrauben genutzt werden, wenn deren Länge (z.B. im eingebauten Zustand) unbekannt ist. Die Linearität der Laufzeit-Dehnungsbeziehung (siehe Bild 11.10) erlaubt eine eindeutige Aussage über den Spannungszustand, sofern nicht in den Bereich plastischer Dehnung hinein angezogen wird ("Dehnschrauben"). [11.13; 11.14]

11.5.5 Weitere Entwicklung

Die Ultraschall-Spannungsmeßmethoden werden sich in der Zukunft auf drei Akzente in ihrer weiteren Entwicklung konzentrieren:

- die Automatisierung der Laufzeitmessung durch entsprechende Elektronik,
- den Bau optimierter Transversal- und Longitudinalwellenwandler, insbesondere nach dem EMUS-Prinzip, sowie
- die breitangelegte Fundierung des Doppelbrechungs-Dispersions- bzw. SH-Wellen-Verfahrens zur Trennung von Textur- und Spannungseinfluß.

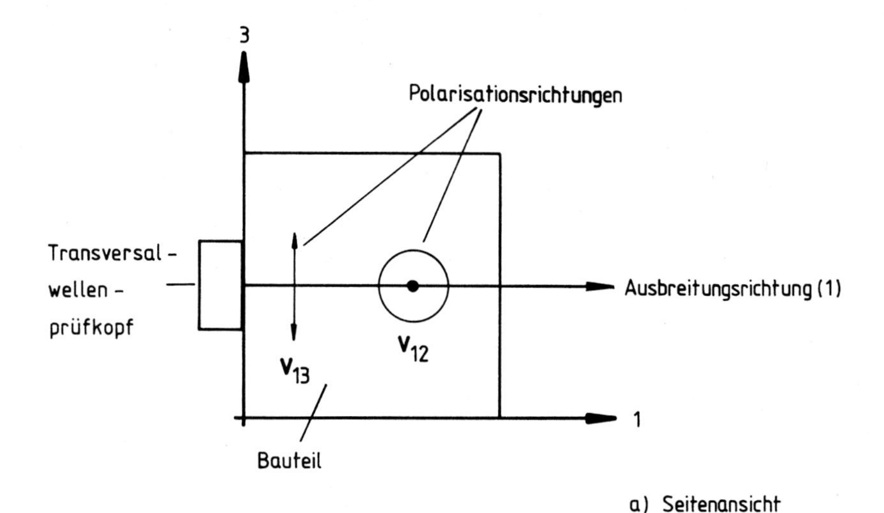

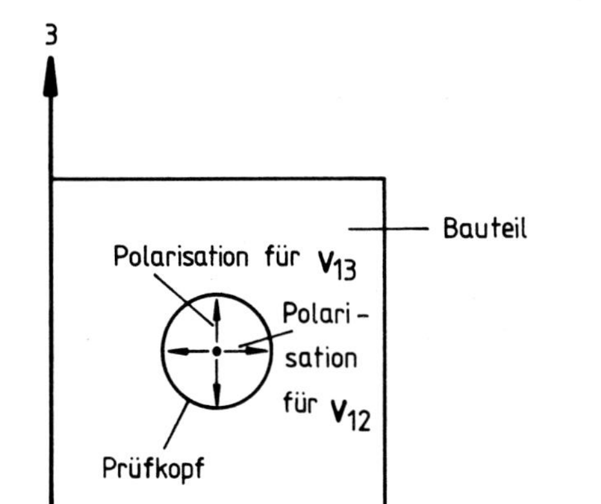

Bild 11.1 Meßanordnung zum Doppelbrechungsverfahren

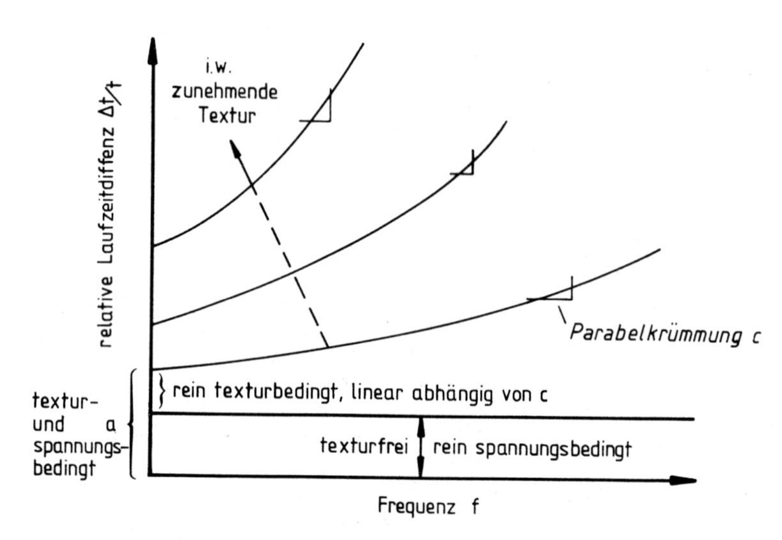

Bild 11.2 Schematische Darstellung des Doppelbrechungs-Dispersionsverfahrens (zwei Meßgrößen – a, c –; zwei Unbekannte – Textur , Spannung –)

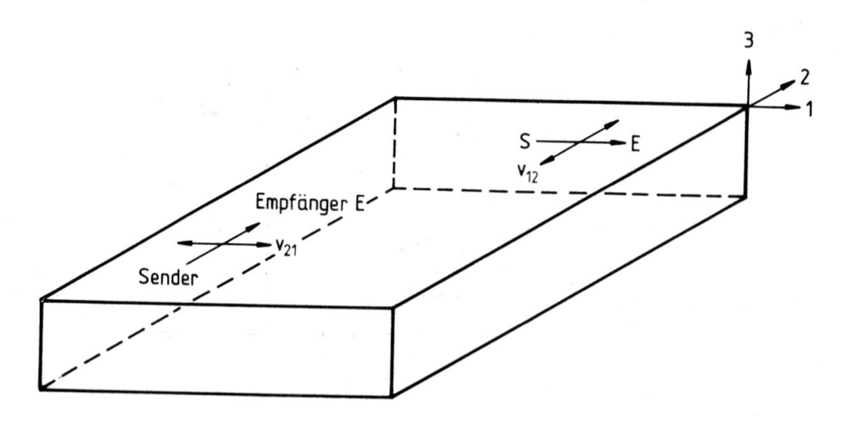

Bild 11.3 Schematische Darstellung des SH-Wellen-Verfahrens

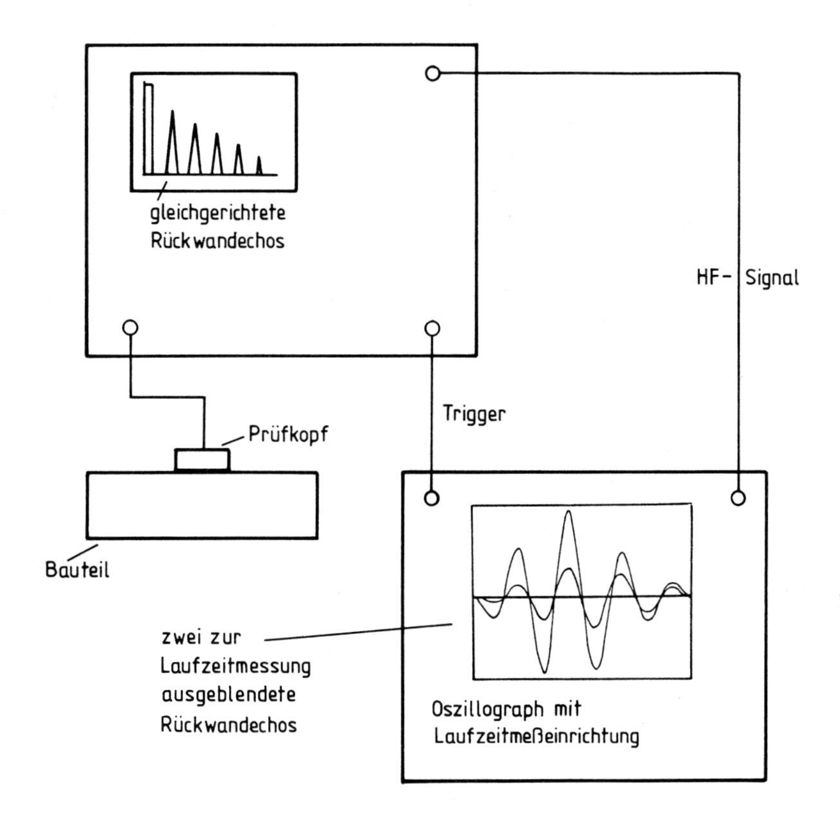

Bild 11.4 Aufbau zur Ultraschall-Spannungsmessung nach dem Doppelbrechungsverfahren

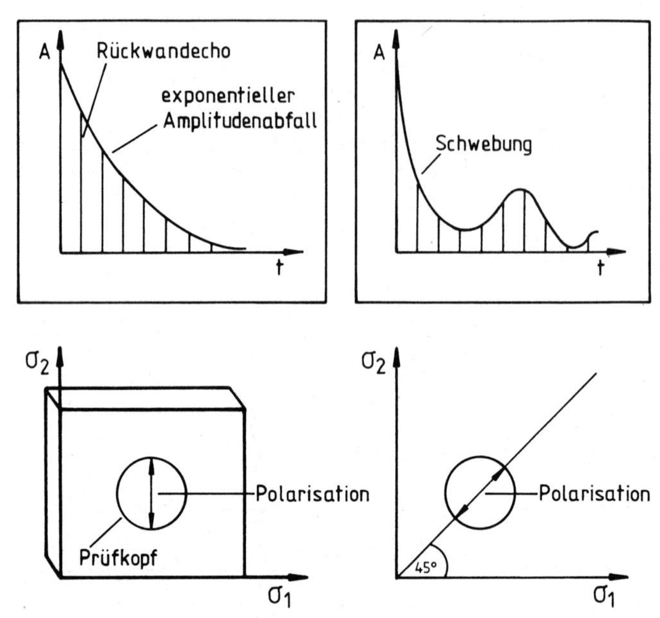

Bild 11.5a Auffinden der Hauptspannungsrichtungen senkrecht zur Schallausbreitungsrichtung

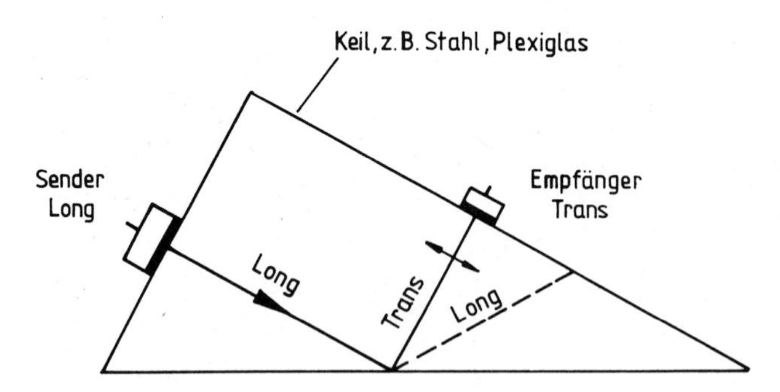

Bild 11.5b Bestimmung der Polarisation eines Transversalwellen-Prüfkopfes (schematisch)

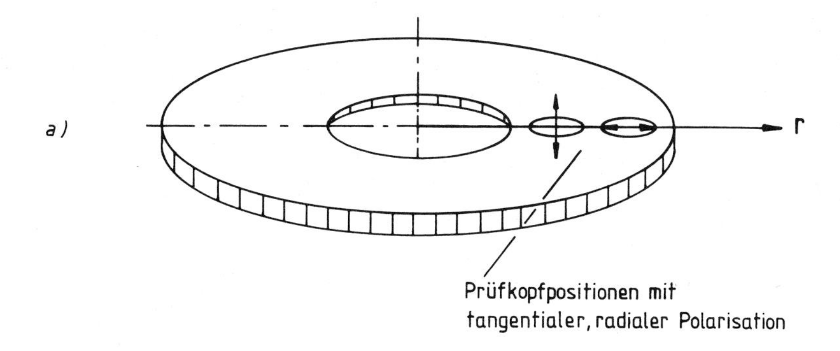

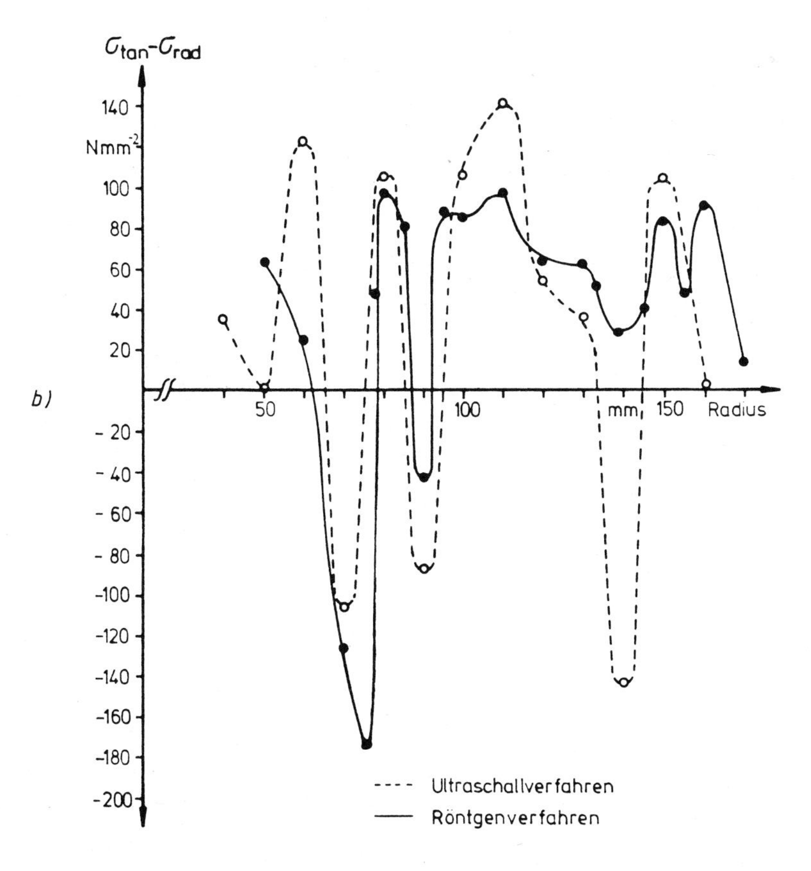

Bild 11.6 Eigenspannungsverlauf in einem Sägeblatt

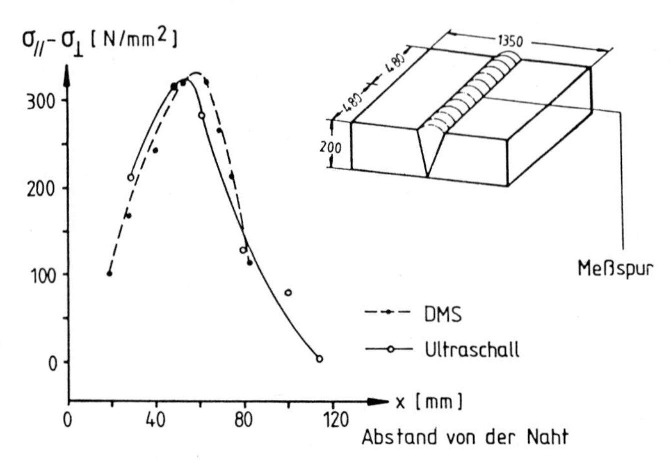

a) ferritische Schweißnaht

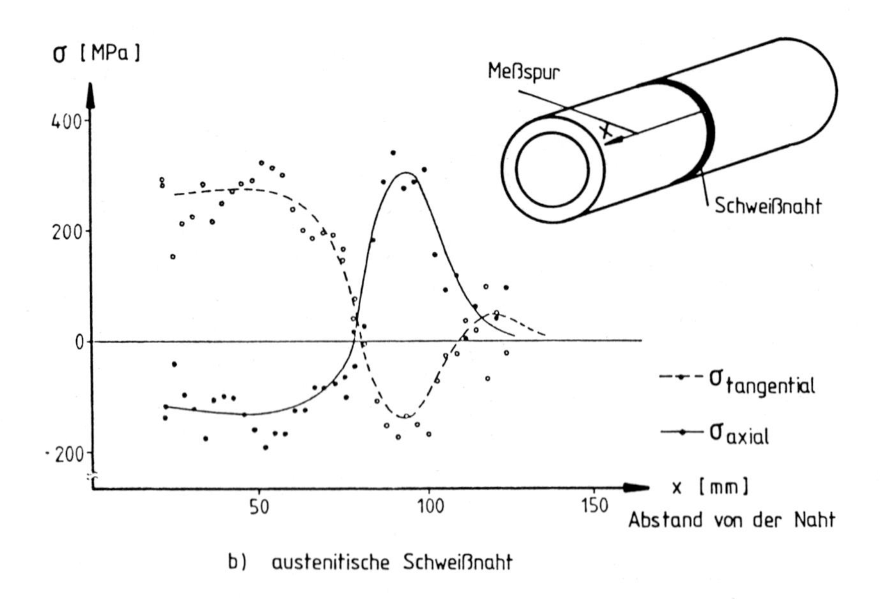

b) austenitische Schweißnaht

Bild 11.7 Eigenspannungsverläufe in der Nähe von Schweißnähten

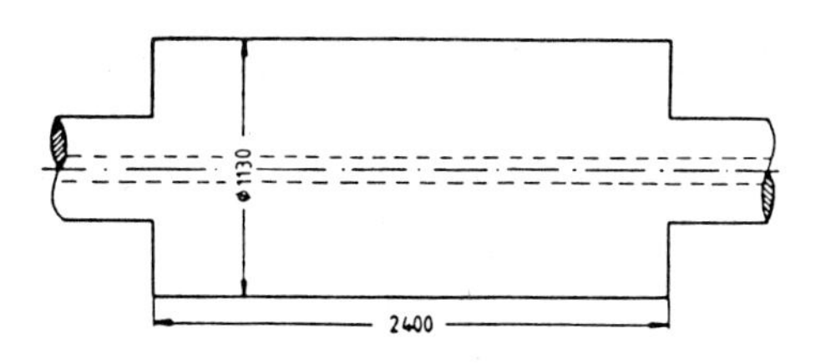

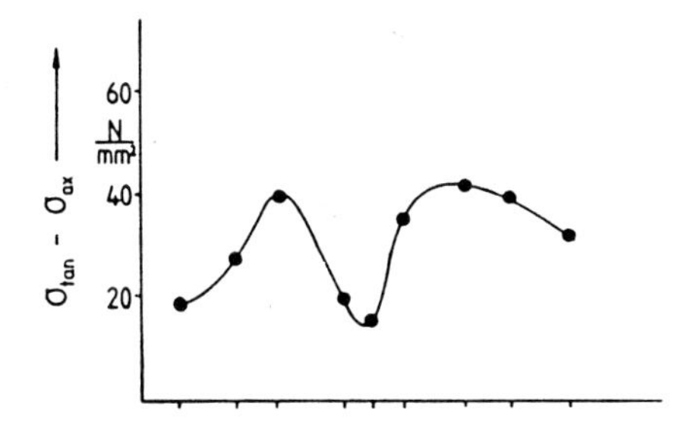

a) mit Zentralbohrung

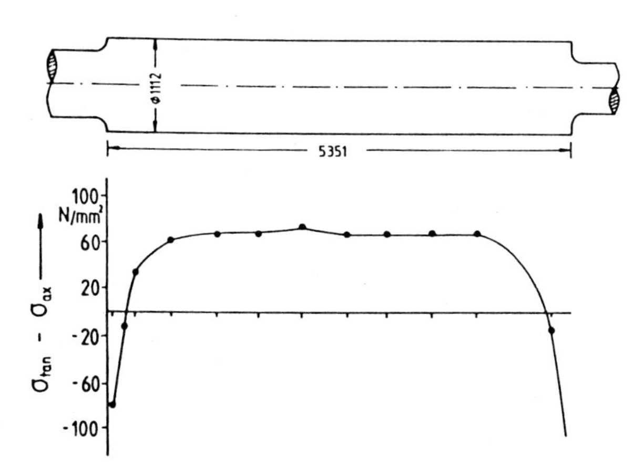

b) ohne Zentralbohrung

Bild 11.8 Eigenspannungsverlauf $\sigma_{tang.} - \sigma_{axial}$ in schweren Schmiedestücken

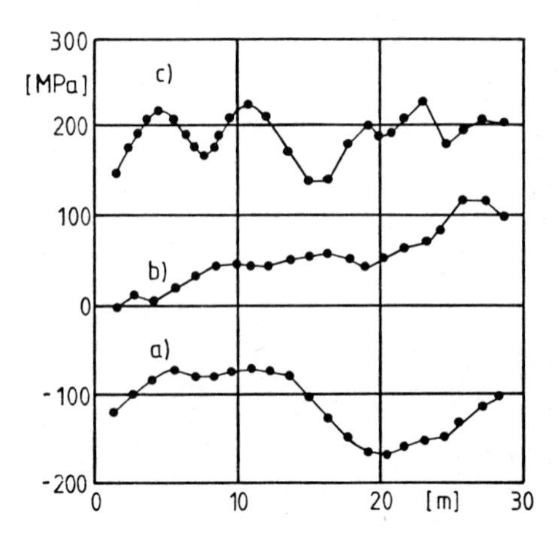

Bild 11.9 Eigenspannungsverlauf σ_{axial} in Schienen nach dem Walzen (a) sowie nach Richtprozessen mit unterschiedlicher plastischer Verformung (b, c)

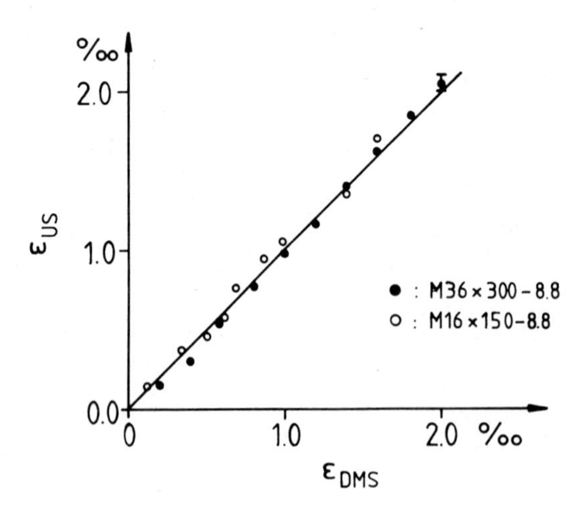

Bild 11.10 Dehnungsmessung an zwei Schraubentypen im Vergleich Ultraschall-Dehnungsmeßstreifen

12 Mikromagnetische Spannungsmessung

12.1 Einleitung

Voraussetzung für eine magnetische Spannungsanalyse ist ein ferromagnetisches Material, das magnetostriktiv aktiv sein muß. Außerdem liegt verfahrensbedingt eine Beschränkung der magnetischen Spannungsmessung auf die Oberfläche und oberflächennahe Bereiche mit Tiefen $\leqq$ 1 mm vor. [12.1]

Damit ist die Methode zwischen die Röntgen- (Eindringtiefe einige zehn Mikrometer) und die Ultraschall-Spannungsmessung (nicht auf die Oberfläche bzw. auf die Oberflächennähe beschränkt) einzuordnen.

Im Gegensatz zu den beiden zuletzt genannten Verfahren, die auf physikalisch bekannten Zusammenhängen basieren, stellt die magnetische Spannungsmessung eine Vergleichsmessung mit kalibrierten Werkstoffzuständen dar. Ursache hierfür ist eine quantitativ nicht beschreibbare Abhängigkeit magnetischer Meßgrössen sowohl vom Mikrogefügezustand (Versetzungen, Ausscheidungen, Korngröße, Teilordnungsprozesse - Martensit, Zementit -, ferromagnetische zweite Phasen) als auch vom Spannungszustand (Lastspannungen, Eigenspannungen I. und II. Art).

Dennoch hat die magnetische Spannungsmessung heute schon in der Praxis eine weitere Verbreitung gefunden - auch in Verbindung mit der magnetischen Gefügecharakterisierung - als die z.B. in Kapitel 11 behandelten Ultraschall-Verfahren. [12.2]

12.2 Physikalische Grundlagen

Alle ferromagnetischen Werkstoffe besitzen eine Domänenstruktur, d.h. Bereiche unterschiedlicher Magnetisierungsrichtungen, die durch sogenannte Blochwände voneinander getrennt werden. In diesen Blochwänden wird die lokale Magnetisierungsrichtung um 180° bzw. 90° gedreht. Auf die Erhöhung der elastischen Energiedichte durch Mikro- und Makrospannungen reagiert der ferromagnetische Festkörper durch eine Gestaltänderung, um die Zunahme der inneren Energiedichte möglichst gering zu halten. Daher sind die ferromagnetischen Meßgrößen mehr oder weniger spannungsabhängig (magneto-elastische Reaktion): betrachtet man die magnetische Induktion B (H) und die Magnetostriktion λ (H) als Funktion der Erregerfeldstärke H, dann ergeben sich für die ferromagnetischen Stähle die in Bild 12.1 dargestellten typischen Veränderungen als Funktion aufgeprägter Spannungen.

Diese magneto-elastische Reaktion äußert sich mikroskopisch in magnetostriktiven reversiblen und irreversiblen 90°-Blochwandbewegungen sowie in Drehprozessen. 180° Blochwandsprünge sind nur insofern spannungsempfindlich, als sie an 90°-Blochwände gekoppelt sind. Es werden daher drei Wechselwirkungsbereiche unterschieden:

A) Irreversible 180°-Ummagnetisierungen treten gewichtet im Bereich der stärksten B (H)-Gradienten auf - in der Nähe der Koerzitivfeldstärke H_c -,

B) irreversible 90°-Blochwandbewegungen vor allem im "Kniebereich" der B (H)-Kurve, während

C) reversible Drehprozesse bei Magnetfeldstärken $H \geq 4\ H_c$ beobachtet werden.

Die in den Bereichen A bis C ablaufenden Ummagnetisierungsvorgänge sind sowohl Funktionen des Mikro- und Makro-Spannungszustandes als auch des mikroskopischen und makroskopischen Gefügezustandes. Eine physikalisch fundierte Beschreibung all dieser Abhängigkeiten existiert nicht, so daß eine Trennung der spannungs- und gefügebedingten Einflüsse z.Zt. nur auf der Grundlage einer Kalibrierung an Hand bekannter Werkstoffzustände möglich ist. Dazu werden folgende Meßgrößen genutzt:

a) Magnetisches Barkhausenrauschen M (H), Bild 12.2a
M (H) ist insbesondere mit den 180°-Blochwandbewegungen verknüpft, die gewichtet in der Nähe von H_c ablaufen.

b) Akustisches Barkhausenrauschen A (H), Bild 12.2b
A (H) geht in der Nähe von H_c durch ein Minimum, während die magnetostriktiv aktiven 90°-Blochwandbewegungen in den Knie-Bereichen zu einem Maximum führen, wenn das untersuchte Material durch ein ebenes, homogenes H-Feld angeströmt wird.

c) Dynamische Magnetostriktion E_λ (H), Bild 12.2c
Die Kopplung von E_λ (H) an magnetostriktiv aktive Ummagnetisierungsprozesse (90°-Blochwandbewegung und Drehprozesse) führt bei polykristallinen Eisenwerkstoffen zu dem in Bild 12.2c gezeigten Verhalten.

d) Überlagerungspermeabilität μ_Δ (H), Bild 12.2d
μ_Δ (H) zeigt wie M (H) in der Nähe von H_c ein Maximum, ist aber wie E_λ (H) auch noch in der Nähe der Sättigungsmagnetisierung aktiv, wo A (H) und M (H) - weil nur von irreversiblen Vorgängen beeinflußt - keine Beiträge mehr liefern.

12.3 Meßverfahren

Alle Meßgrößen werden mit geeigneten Sensoren als Funktion der äußeren Magnetisierung H aufgenommen. Die Erregerfrequenz f_E, mit der die Hysterese-Kurve durchfahren wird, liegt im Bereich: Hz $\leqq f_E \leqq$ kHz, typischerweise ist $f_E < 100$ Hz.

Die Sonden für eine oder mehrere der genannten Meßgrößen befinden sich zusammen mit einem Hall-Element (zur Messung der tangentialen Feldstärke) zwischen den Schenkeln eines U-förmigen Jochmagneten, siehe Bild 12.3. Für die Meßgrößen werden folgende Sondentypen genutzt:

a) M (H)

Aufnehmer können Wirbelstromspulen mit und ohne Ferritkern sowie Tonbandköpfe sein. Die Frequenzen, die erfaßt werden, liegen i.a. zwischen 50 Hz $\leq f_{MR} \leq$ 100 kHz und sind u.a. eine Funktion von f_E. Die Signaldynamik umfaßt $\leq$ 50 dB, es werden im wesentlichen Signale aus einer Tiefe $\leq$ 1 mm erfaßt. Die laterale Auflösung hängt von der Aufnehmerfläche ab und ist typischerweise $\geq$ 0,1 mm².

b) A (H)

Es werden insbesondere resonante piezoelektrische Sonden benutzt, wie sie auch in der Schallemissionsprüfung eingesetzt werden. Der Frequenzbereich umfaßt 50 kHz $\leq f_{AR} \leq$ 1 MHz. Die Dynamik der spannungsabhängigen Signale liegt bei 20 dB; ausgewertet werden Signalintensitäten (Amplitudenquadrat). Im Falle A (H) tragen Ultraschall-Barkhausen-Signale aus einem Volumenbereich (Wechselwirkungstiefe bis zu einigen Millimetern) zum Meßsignal bei, in dem die H-Feldstärke groß genug ist, um Umorientierungsvorgänge auszulösen. Die laterale Auflösung wird durch die Lineardimensionen des Erregersystems bestimmt ($\approx$ 10 x 10 mm²).

c) E_λ (H)

Die dynamische Magnetostriktion wird mit sogenannten EMUS-Wandlern ausgelöst und detektiert (elektromagnetische Ultraschallwandlung). Als Empfänger kommen auch piezoelektrische Prüfköpfe in Betracht. Der Frequenzbereich liegt bei 150 kHz $\leq f_M \leq$ 1,5 MHz, während eine Signaldynamik bei der Spannungsmessung von $\leq$ 20 dB erreicht wird. Die laterale Auflösung entspricht der Sendewandlerfläche ($\geq$ (10 mm)²), die Wechselwirkungstiefe ist frequenzabhängig und i.a. $\leq$ 100 µm.

d) μ_Δ (H)

Für Messungen der Überlagerungspermeabilität kommem Wirbelstrom-Prüfsonden und -Prüfgeräte zum Einsatz. Die Arbeitsfrequenzen liegen bei 50 Hz $\leq f_{WS} \leq$ 30 MHz. Es können sowohl Luftspulen als auch solche mit Ferritkern benutzt werden. Die aktive Sensorfläche beträgt i.a. ≧ 1 mm², die Eindringtiefe ist wiederum frequenzabhängig ≦ 5 mm. [12.3]

12.4 Meßtechnik

Die Spannungsabhängigkeit der im vorhergehenden Abschnitt behandelten Meßgrößen M (H), A (H), E_λ (H) und μ_Δ (H) bzw. daraus abgeleiteter Variablen ist für typische Beispiele ferromagnetischer Werkstoffe in den Bildern 12.4a bis 12.4e dargestellt. Daraus wird sofort einerseits die Gefügeabhängigkeit als auch andererseits die z.T. vorliegende Mehrdeutigkeit der Meßgrößen offensichtlich (M_{max}, E_λ). Darüberhinaus fällt die z.T. unterschiedliche Empfindlichkeit gegenüber Druck-/Zugspannungen ins Auge. Diese Schwierigkeiten verdeutlichen die Notwendigkeit, mehrere Meßgrößen einzusetzen und diese auch an bekannten Werkstoffzuständen zu kalibrieren.

Die Elektronik zur Steuerung der Magnetfeldstärke H, zum aktiven Betrieb der Wirbelstromsonden (μ_Δ) und zur Aufnahme, Verstärkung und Auswertung der Sensorsignale für die einzelnen Meßgrößen ist mikroprozessor-gesteuert und kann in einem handlichen Prüfgerät (z.B. Bild 12.5) untergebracht werden. Es enthält ebenso den für die Aufnahme der Kalibrierdaten notwendigen Speicher. [12.4]

12.5 Anwendungen/praktische Erfahrungen

Die Bilder 12.6 bis 12.8 stellen Beispiele für die zerstörungsfreie Spannungsmessung mit mikromagnetischen Meßgrößen dar:

Bild 12.6: Vergleich der röntgenographisch und mikromagnetisch bestimmten Tangentialspannungen in einem Sägeblatt der Stahlgüte 75 Cr 1.

Bild 12.7: Röntgenographisch und mikromagnetisch bestimmte Radialspannungen in einem partiell flammgehärteten Bauteil des Werkstoffes X 20 Cr 13.

Bild 12.8: Röntgenographisch und mikromagnetisch bestimmte Längseigenspannungen über eine Blindnaht hinweg (Werkstoff 22NiMoCr 3.7).

In allen Bereichen wurden die Spannungswerte aus kalibrierten Daten des magnetischen Barkhausenrauschens M (H) ermittelt. Vorliegende Gefügeschwankungen (Härte, Schweißgefüge) wurden durch die Bewertung von H_{CM} und M_{max} berücksichtigt.

12.6 Bewertung/weitere Entwicklung

Trotz unvermeidlicher Einschränkungen wie:
- ferromagnetische Werkstoffe,
- Oberfläche und oberflächennahe Bereiche,
- Kalibrierung an bekannten Werkstoffzuständen,

hat die zerstörungsfreie mikromagnetische Spannungsmessung schon ihre erfolgreiche Anwendung in der Praxis gefunden. Durch zunehmende Erfahrung und Nutzung aller genannten spannungsabhängigen Meßgrößen wird sich der Einsatzbereich des Verfahrens kurzfristig noch verbreitern. Offen bleibt die Frage, ob diese mikromagnetischen Verfahren trotz starker Gefüge- und Mikrogefügeabhängigkeit der einzelnen Meßgrößen auch auf unbekannten Werkstoffzuständen eine quantitative Spannungsmessung ermöglichen werden.

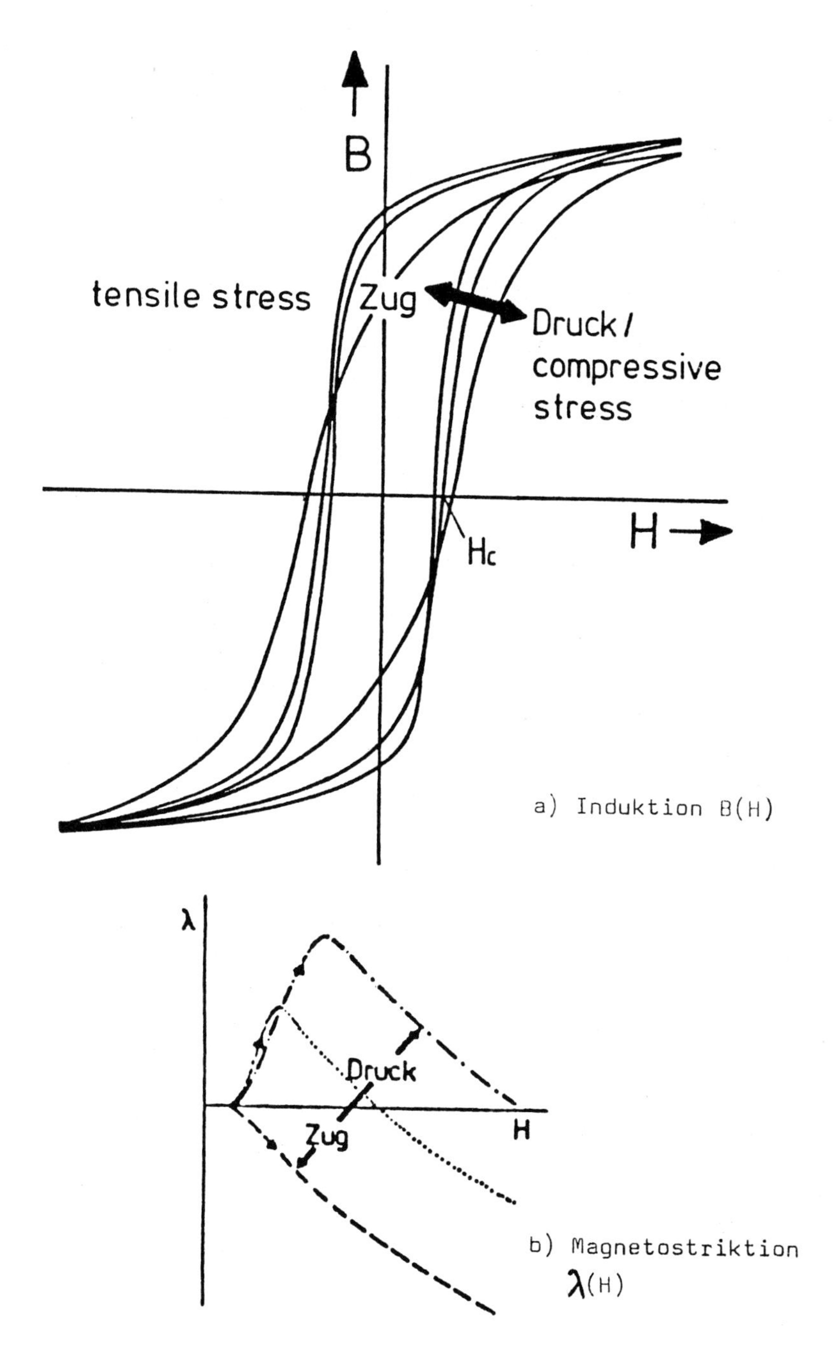

Bild 12.1 Spannungsabhängigkeit ferromagnetischer Meßgrößen (schematisch)

a) magnetisches Barkhausenrauschen

b) akustisches Barkhausenrauschen

c) dynamische Magnetostriktion

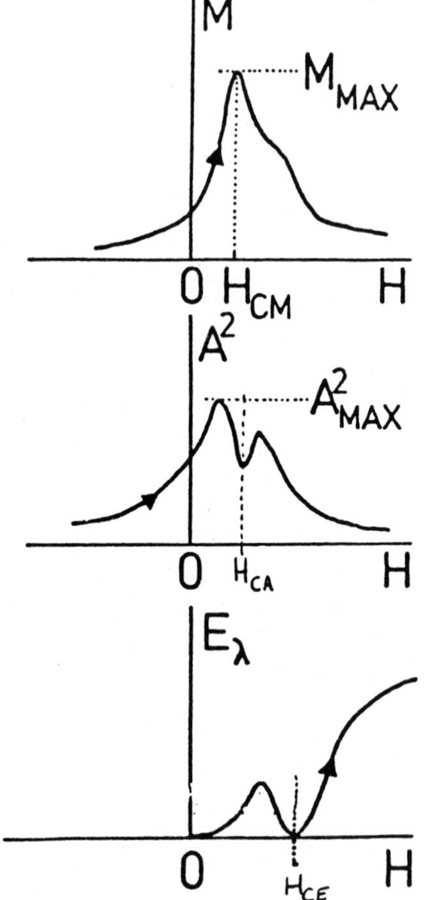

d) Überlagerungspermeabilität

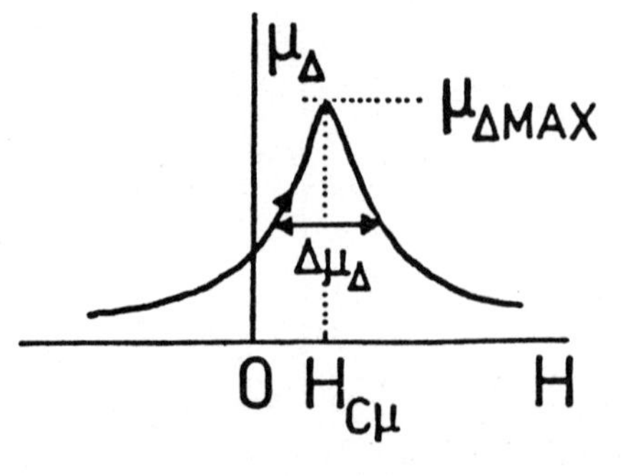

Bild 12.2 Mikromagnetische Meßgrößen (schematisch)

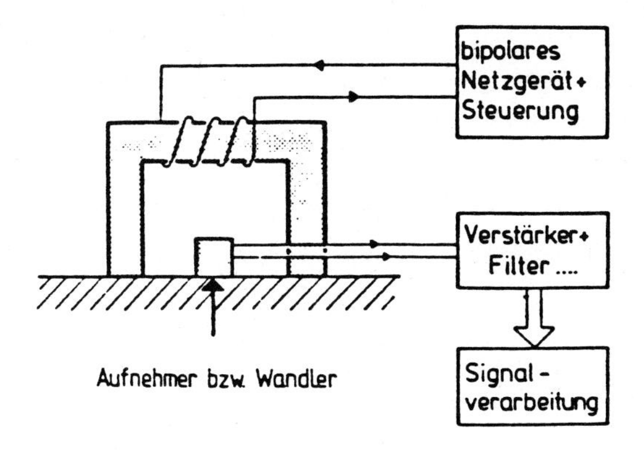

Bild 12.3 Erreger-/Aufnehmersystem (schematisch)

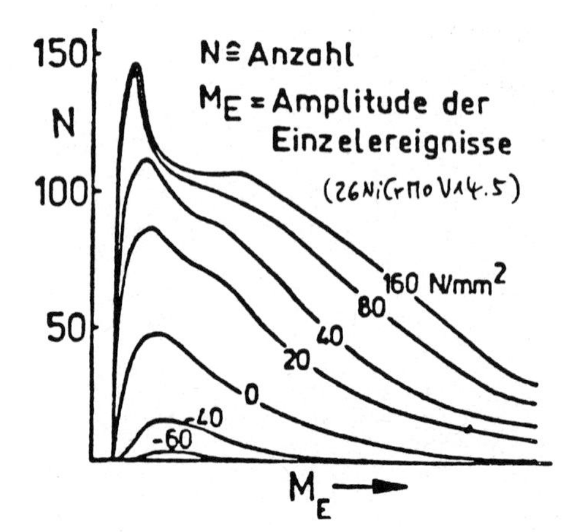

a) Häufigkeit und Amplitude magnetischer Barkhausen-Rausch-Ereignisse

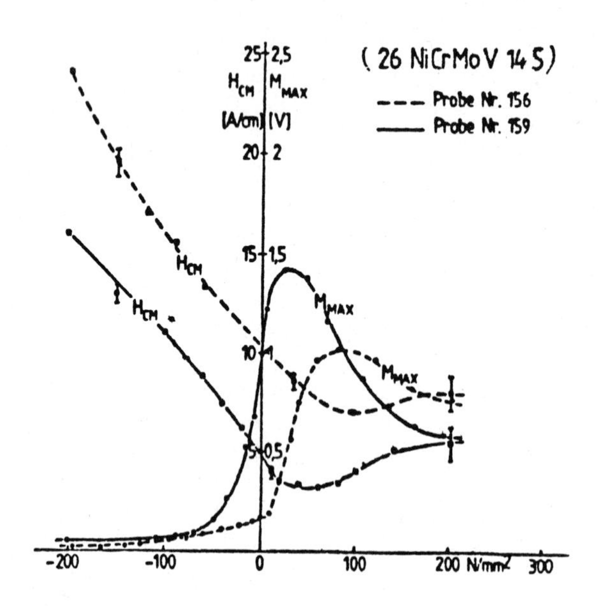

b) Gefügeabhängigkeit (zwei Härtewerte) von H_{CM} und M_{MAX}

Bild 12.4 Beispiele für Spannungs- und Gefügeabhängigkeit mikromagnetischer Meßgrößen

Bild 12.5 EMAG-Prüfgerät zur Mikromagnetischen Spannungsmessung

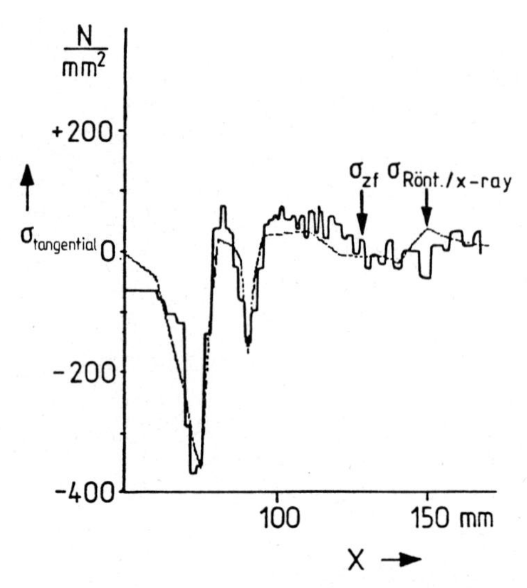

Bild 12.6 Spannungsverlauf in einem Sägeblatt

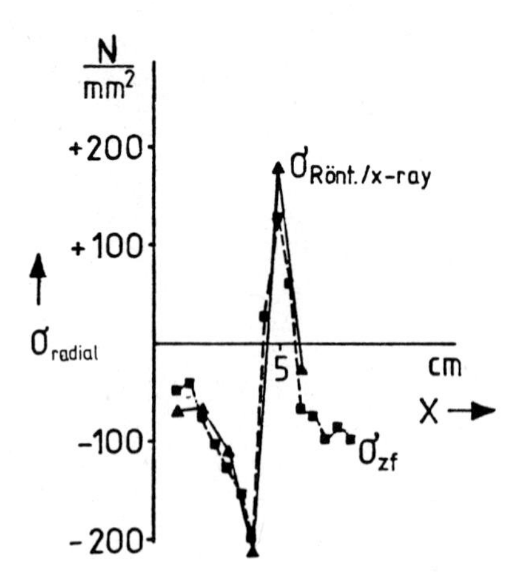

Bild 12.7 Spannungsverlauf als Funktion des Abstandes von der Kante einer Turbinenschaufel

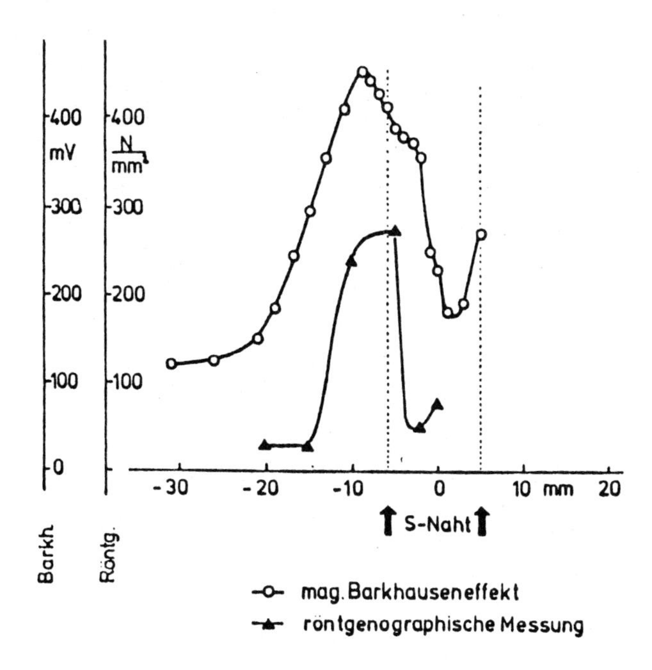

Bild 12.8 Röntgenographisch und aus dem magnetischen Rauschen bestimmte Längseigenspannung einer Blindschweißnaht. Material: 22 NiMoCr 3 7 Blech 250 X 220 X 5 mm^3

13 Röntgenspannungsmessung

13.1 Einführung

Mit Beugungsmethoden lassen sich zerstörungsfrei Spannungen im Bereich der Eindringtiefe der gebeugten Strahlung ermitteln. Die Möglichkeit zur "röntgenographischen Spannungsmessung" (RSM) beruht auf den folgenden drei Gegebenheiten:

a) metallische Werkstoffe sind aus Kristalliten aufgebaut, die durch Spannungen elastisch verformt werden,
b) die Methoden der Röntgenbeugung liefern Mittelwerte der elastischen Verformung spezieller Kristallkollektive,
c) aus diesen Mittelwerten lassen sich bei Vorliegen wohldefinierter Voraussetzungen die makroskopischen Spannungen im Oberflächenbereich des Werkstoffes nach Größe und Richtung ermitteln und zwar bei mehrphasigen Werkstoffen für jede Komponente.

Als Basis zum Einarbeiten in das Verfahren und zum Studium der Literatur sollen im Folgenden Kenntnisse von der Struktur und dem elastischen Verhalten von Einkristallen vermittelt werden, sowie von den relevanten Eigenschaften, die ein Konglomerat von Einkristallen ausbildet. Es werden einige Grundlagen der Röntgenbeugung angesprochen gefolgt von einer Berschreibung der theoretischen und praktischen Grundlagen der RSM.

13.2 Kristallographische Grundlagen

In einem Einkristall sind die Elementarzellen dreidimensional periodisch angeordnet. Eine Einheitszelle wird von den Basisvektoren a_i $(i = 1,2,3)$ aufgespannt und der Vektor $r = u_i \cdot a_i = u_1 \cdot a_1 + u_2 \cdot a_2 + u_3 \cdot a_3$ mit ganzzahligen u_i verbindet zwei identische Gitterplätze miteinander. Im mittleren Teil der Gleichung wurde dabei von der vereinfachenden, auch im weiteren verwendeten EINSTEIN`schen Summenkonvention Gebrauch gemacht, über doppelt auftretende Indizes zu summieren.

Richtungen in Kristalliten werden durch die in eckige Klammern gesetzten Komponenten des Richtungsvektors angegeben: $[u_1\ u_2\ u_3]$. Netzebenenscharen werden durch in runde Klammern gesetzte "MILLER`sche Indizes" (h k l) bezeichnet, die hier mit (h_i) abgekürzt werden, und die Richtung sowie Abstand von Netzebenen angeben. Eine solche Ebene schneidet die a_i in den Abständen $|a_i|/h_i$. Zur gleichen Schar gehört die parallel hierzu durch den Ursprung verlaufende Ebene, wodurch der Netzebenenabstand d_{hi} festgelegt ist. Er ergibt sich für kubische Kristalle mit der Gitterkonstanten a zu $d_{hi} = a/(h_1^2+h_2^2+h_3^2)^{0,5}$. Es sind diese d-Werte, die röntgenographisch ermittelt werden können und die durch Spannungen verändert werden. Zu einem bestimmten Indextripel (h_i) gehören bei kubischen Kristallen der höchsten Symmetrie soviele gleichwertige Ebenen mit gleichem d, wie es unterscheidbare Permutationsmöglichkeiten, inbegriffen negative h_i gibt. Diese Zahl nennt man Flächenhäufigkeitsfaktor H. So ist H (100) = 6, H (111) = 8 und H (123) = 48.

Im Gültigkeitsbereich des HOOKE`schen Gesetzes führt eine äußere Spannung σ_{kl} zu Dehnungen ε_{ij} nach: $\varepsilon_{ij} = s_{ijkl} \cdot \sigma_{kl}$; i,j,k,l = 1,2,3; σ_{kl} ist eine in k-Richtung wirkende Kraft pro Einheit der zu l senkrecht liegenden Fläche, ferner gilt die oben vereinbarte Summenkonvention.

Die Umkehrung dieser Gleichung lautet: $\sigma_{kl} = c_{klij}\, \varepsilon_{ij}$. Die elastischen Konstanten der Einkristalle c und die elastischen Moduln s sind Tensoren vierter Stufe, die bei kubischen Kristallen nur drei voneinander unabhängige Komponenten haben. Aber auch dann führt eine aufgebrachte Spannung zu komplizierten Dehnungen und umgekehrt. Einem Vorschlag VOIGTś entsprechend werden die Indizes häufig wie folgt zusammengefaßt: ii $\rightarrow$ i, 23/32 $\rightarrow$ 4, 13/31 $\rightarrow$ 5 und 12/21 $\rightarrow$ 6.

Metallische Werkstoffe sind polykristallin und aus Körnern zusammengesetzt, deren Abmessungen in der Regel mehr als 5 µm betragen. Da die Körner über die Korngrenzen gekoppelt sind, können sie sich bei Aufbringen einer äußeren Last nicht frei verformen und es entsteht im Innern eines Korns ein von dessen Orientierung und Umgebung abhängiger Spannungszustand mit ortsabhängigen Hauptachsenrichtungen und Spannungsbeträgen. Die Abweichung dieser lokalen Spannungen, die auch andere Ursachen haben können, von den über das Korn gemittelten Spannungen nennt man nach MACHERAUCH [13.1]Spannungen dritter Art: σ_{kl}^{III}. σ_{kl}^{II} ist die Differenz zwischen der mittleren Spannung im betrachteten Korn und der über ein größeres Probenvolumen gemittelten Makrospannung σ_{kl}^{I}. Mit $\sigma_{kl}^{II,\beta}$ wird nach HAUK [13.2] auch die Abweichung der über die Körner der Phase β einer mehrphasigen Probe gemittelten Spannungen von der globalen Makrospannung bezeichnet. Entsprechende Definitionen sind für die Dehnungen gebräuchlich.

Im Rahmen des HOOKE'schen Gesetzes gilt $\varepsilon_{ij}^{I} = S_{ijkl}\,\sigma_{kl}^{I}$. Die elastischen Moduln hängen von den Einkristallkonstanten sowie von der Orientierungsverteilung der Körner und von Orientierungskorrelationen ab. Letzteres läßt sich anhand von zwei Grenzfällen plausibel machen: Besteht der Vielkristall aus unendlich ausgedehnten Einkristallfasern mit unterschiedlichen kristallographischen Orientierungen, so führt eine Beanspruchung in dieser Vorzugsrichtung zu einer homogenen Verformung aller Körner (VOIGT-Fall) mit entsprechenden unterschiedlichen σ^{II}. Eine aus parallelen Einkristallplatten bestehende Probe führt bei einer Beanspruchung senkrecht zu den Platten zu homogenen Spannungen (REUSS-Fall) mit von der kristallographischen Orientierung abhängenden ε^{II}-Werten. Das Verhalten eines beliebigen Werkstoffs liegt zwischen den von VOIGT und REUSS gesetzten Grenzen und ist modellfrei aus Einkristalldaten nicht zu berechnen. Das Verhalten eines in ein homogenes isotropes Medium eingebetteten Einkristalls wurde von KRÖNER [13.3] berechnet.

Bei einem makroskopisch isotropen und homogenen Werkstoff reduziert sich die Zahl der unabhängigen elastischen Koeffizienten auf zwei, z.B. den Elastizitätsmodul E und die Querkontraktionszahl ν. Die Hauptdehnungsrichtungen sind orthogonal und fallen mit den Hauptspannungsrichtungen zusammen, (siehe Bild 13.1). Es ist $\varepsilon_1^I = \sigma_1^I/E - (\nu/E)\ (\sigma_2^I + \sigma_3^I)$. In einer Oberflächenschicht verschwinden die zur Grenzfläche senkrecht stehenden Spannungen σ_3 und es wird mit den VOIGT'schen elastischen Koeffitienten $s_1 = -\nu/E$, $s_2 = 2\ (1+\nu)\ /\ E$

$$\varepsilon^I_{\psi} = 0{,}5 \cdot s_2 \cdot \sigma_\varphi^I \cdot \sin^2\psi + s_1 \cdot (\sigma_1^I + \sigma_2^I) \quad \text{mit} \qquad (13.1)$$

$$\sigma_\varphi^I = \cos^2\varphi \cdot \sigma_1^I + \sin^2\varphi \cdot \sigma_2^I. \qquad (13.2)$$

Aufgrund ihrer Vorgeschichte sind metallische Werkstoffe in der Regel nicht isotrop. Eine nicht statistische Verteilung der Kornorientierungen wird Textur genannt, über die man quantitative Informationen aus Beugungsexperimenten erhält. "Ideallagen" bevorzugter Orientierungen, wie sie sich z.B. beim Walzen annähernd ergeben können, werden durch die MILLER'schen Indizes der zur Walzebene bevorzugt parallel liegenden Netzebenen bezeichnet, zusammen mit der Angabe der mit der Walzrichtung zusammenfallenden Kristallrichtung: $(h_1\ h_2\ h_3)$, $[u_1\ u_2\ u_3]$. Eine vollständige quantitative Beschreibung der Textur stellt die "Orientierungsverteilungsfunktion"(OVF) dar, in der das relative Volumen der Körner aufgetragen wird, deren Kristallkoordinaten die als Parameter gewählten EULER-Winkel mit den Probenkoordinaten bilden.

13.3 Röntgenographische Grundlagen

Aus dem Spektrum der in der RSM eingesetzten Röntgenröhren wird als monochromatische Strahlung in der Regel die $K_{\alpha 1}/K_{\alpha 2}$ Doppellinie selektiert, deren Wellenlänge λ durch das Anodenmaterial gegeben ist. Fünf Beispiele finden sich in der Tabelle 13.1. Röntgenstrahlen werden von den Atomen kohärent gestreut. Sind diese in einem Gitter angeordnet, ergeben sich scharfe Interferenzmaxima. Nach BRAGG kann man sich diese Maxima durch "Reflexion" der Strahlung an Netzebenen zustandekommend denken, derart, daß Einfallswinkel = Ausfallswinkel = θ ist. Allerdings tritt eine solche Reflexion nur unter dem durch die BRAGG'sche Gleichung $\lambda = 2\ d_{hi}\ \sin\theta$ gegebenen Winkel auf. Es reflektieren auch nicht notwendigerweise alle Netzebenen. Für einatomige rz-Strukturen (α-Fe) sind es diejenigen, für die Σh_i geradzahlig ist; bei entsprechenden fz-Gittern (γ-Fe) müssen die h_i alle geradzahlig oder ungerade sein. Bei einem Kristallpulver führen die Reflexe an den Netzebenen der einzelnen Kristallite zu Beugungskegeln, (s. Bild 13.2). Ein reflektierter Strahl RS auf einem Kegelmantel stammt von demjenigen Kornkollektiv, für das die Normale EN auf der reflektierenden Netzebene in der Ebene aus einfallendem (PS) und reflektiertem Strahl liegt und den Winkel (180 - 2 θ) zwischen beiden halbiert. Ein Pulverdiagramm kann mit einem Zählrohrgoniometer vermessen werden, in dessen Zentrum die Probe steht und auf dessen Zählrohrkreis sich der Brennfleck der Röntgenröhre und der bewegliche Zählrohrspalt befinden. Beim Hindurchtreten durch einen Abschnitt eines Kegelmantels ergeben sich die in Bild 13.2 gezeigten Linienprofile, deren Asymmetrie auf die α_1/α_2 Aufspaltung zurückgeht. Mit einem ortsempfindlichen Detektor ist eine simultane Registrierung bei geringstem Zeitaufwand möglich. Eine mit der Orientierung der Probe veränderliche Intensität, gegeben durch die ggf. auf Absorbtionseffekte korrigierte Fläche unter der Linie, ist auf Textur zurückzuführen und wird mit speziellen Texturgoniometern vermessen. Aus dem Linienprofil und auch schon aus ihrer Breite ergeben sich Hinweise auf Spannungen höherer Art (WARREN) [13.4]. Aus der Linienlage θ kann d_{hi} und daraus a berechnet werden. θ entspricht dabei dem Schwerpunkt der Linie, deren Profil bei breiten Reflexen bzgl. mehrerer winkelabhängiger Faktoren zu korrigieren ist. Einfacher, schneller und i.a. ausreichend sind andere Verfahren der Linienlagebestimmung, z.B. durch einen Parabelfit über eine größere Zahl von Punkten, die in mehr als 80% der Reflexhöhe gemessen wurden. Wegen der Quantennatur der Röntgenstrahlung kann jeder einzelne Punkt nur mit einer relativen Standardabweichung von $(N)^{-0,5}$ bestimmt werden, wobei N die Zahl der gezählten Quanten ist. Die Ableitung der BRAGG'schen Gleichung liefert $\Delta\theta = \mathrm{tg}\,\theta\,\Delta a/a$ und etwa auf σ^I zurückzuführende Δa sind mit umso höherer Auflösung zu ermitteln, je größer θ ist. 2θ sollte bei Spannungsmessungen größer als 130° sein.

Ein Röntgenstrahl der Intensität I_0 wird beim Hindurchtreten durch Materie der Dicke x auf $I = I_0 \exp(-(\mu/\rho)\,\rho\,x)$ geschwächt. ρ ist die Dichte. (μ/ρ) ist der wellenlängenabhängige Massenschwächungskoeffizient. Mit $x_E=1/2\mu$ wird die "Eindringtiefe" definiert. Bei senkrechtem Einfall und senkrechter Reflexion kommt 63% der reflektierten Intensität aus der Oberflächenschicht mit der Dicke $x_E^{\perp}$, für die Zahlenwerte in Tab. 13.1 aufgeführt sind. Aus einer 2,3 mal dickeren Schicht stammt 90% der Intensität. Bei schräg verlaufenden Strahlen ist die Tiefe entsprechend geringer. Im Gegensatz zur Neutronenbeugung erhält man mit der Röntgenstreuung demnach Informationen nur über oberflächennahe Bereiche und es wird in der Regel die Voraussetzung zu Gl. 13.1 erfüllt. Ersetzt man ε^I in Gl. 13.1 durch $\Delta a/a_0 = d/d_0-1$, worin der Index 0 die dehnungsfreie Probe bezeichnet, so erhält man die Grundgleichung der röntgenographischen Spannungsanalyse ($\sin^2\psi$- Gesetz):

$$(\Delta a/a_0)_{\varphi,\psi} = 0{,}5\; s_2^{rö}\; \sigma_\varphi^I \sin^2\psi + s_1^{rö}\; (\sigma_1^I + \sigma_2^I) \qquad (13.3)$$

Die Steigung der Geraden $\Delta a/a_0(\sin^2\psi)$ oder einfach $d/d_0(\sin^2\psi)$ liefert σ_φ^I. In Gl. 13.3 wurde berücksichtigt, daß $(\Delta a/a_0)$ nur ein Mittelwert über die entsprechenden Dehnungen ε^{II} des speziellen gerade zur Reflexion günstig stehenden Kornkollektivs ist und demnach nur im VOIGT-Fall mit ε^I übereinstimmt. Um dem Rechnung zu tragen wurden die röntgenographischen elastischen Konstanten (REK) $s_1^{rö}$ und $s_2^{rö}$ eingeführt. Diese hängen von $\Gamma = (h_1^2 h_2^2 + h_1^2 h_3^2 + h_2^2 h_3^2)/(h_1^2 + h_2^2 + h_3^2)^2$ ab und liegen zwischen den nach VOIGT und REUSS berechneten Werten, vgl. Bild 13.3. Bei kubischen Gittern stimmen sie bei $\Gamma=1/5$ mit den mechanischen Werten überein. Theoretische Untersuchungen von STICKFORTH [13.5] und BURBACH [13.6] zeigen, daß Gl.13.3 dann, aber auch nur dann, in Strenge gilt, wenn der Werkstoff der aus mehreren Phasen bestehen kann, makroskopisch (mechanisch) isotrop und homogen ist, wenn die Dehnungen rein elastisch sind und wenn ein Oberflächenanisotropieeffekt vernachlässigt wird. In der Praxis sind diese Forderungen häufig hinreichend gut erfüllt. Das gilt nach neueren Untersuchungen von HAUCK u.a [13.7] insbesondere für den letzteren Effekt. Abweichungen vom normalen $\sin^2\psi$ - Verhalten, über die unten berichtet wird, sind demnach auf ein Verletzen der erstgenannten Voraussetzungen zurückzuführen. Nach BURBACH [13.6] können die REK aus Einkristalldaten und aus dem empirisch zu ermittelten E-Modul berechnet werden. In der Praxis werden sie jedoch experimentell bestimmt.

13.4 Meßtechnik

Eine Anlage zur RSM besteht aus einem Röntgengenerator mit Röhre und Röhrenhaube, einem Goniometer, einem Zählrohr mit Zählelektronik bzw. einem ortsempfindlichen Detektor mit Vielkanalanalysator sowie schließlich einem Rechner mit Programmen zur weitgehenden Automatisierung des Verfahrens. Es gibt transportable Anlagen mit "mittelpunktfreien" Goniometern, die an zu untersuchenden Bauteilen angebracht werden können. In der Praxis geht es zunächst darum, den zu vermessenden Reflex so zu wählen, daß $2\,\theta > 130°$ wird. Tabelle 13.1 zeigt, daß es hierfür nicht allzuviele Möglichkeiten gibt, insbesondere wenn man nicht nur die alleräußerste Kornschicht erfassen möchte. Die Probe, die gegebenfalls ätzpoliert wurde, steht im Zentrum des Goniometers. Die Normale EN auf den in Zählrohrrichtung reflektierenden Netzebenen halbiert gemäß Bild 13.2 immer den Winkel $(180 - 2\,\theta)$ zwischen Primärstrahl PS und dem in Zählrohrrichtung reflektierten Strahl RS. Es gibt zwei Vorgehensweisen, um den Winkel ψ, der zwischen EN und der Probennormalen PN aufgespannt ist, zu variieren: Beim "ω - Verfahren" bleibt PN in der Ebene aus PS und RS. ψ kann etwa von -45° bis 45° variiert werden. Positives ψ bedeutet, daß PN ausgehend von EN in Richtung Röhrenbrennfleck gekippt wird. Im Rahmen des $\sin^2\psi$ - Gesetzes führen negative und positive Kippungen natürlich zum gleichen Resultat. Beim heutzutage üblicheren "ψ - Verfahren" wird PN aus der EN-Stellung heraus senkrecht zur Ebene aus PS und RS gekippt, wodurch der ψ-Bereich bis ca. 60° ausgedehnt werden kann. Mit einem automatisierten Diffraktometer kann bei Routinemessungen eine hinreichend große Zahl von $d(\psi)$-Werten in Minutenschnelle ermittelt und ausgewertet werden. Sofern ein lineares Verhalten von $d(\sin^2\psi)$ sichergestellt ist, führt eine lineare Regression sowie bekanntes $s_2^{rö}$ und d_0 zu σ_φ^I. Von Zeit zu Zeit sollte mit einer Pulverprobe, für die d unabhängig von ψ ist, die Justierung überprüft werden. Bei nur kleinen Abweichungen können die Meßdaten entsprechend korrigiert werden. Auch muß sichergestellt sein, daß hinreichend viele Körner der Probe erfasst werden, das kann mit einem Film vor dem Zählrohr kontrolliert werden, der eine gleichmäßig geschwärzte Spur des Kegelmantels zeigen muß. In letzter Zeit werden Diffraktometer eingesetzt, mit denen die Reflexe automatisch für $0 \leq \varphi < 360°$ und im zugänglichen ψ-Bereich abgefahren werden. Es ergeben sich als zweidimensionale Darstellungen sogenannte Polfiguren von d, der Linienbreite und der Textur, die dann besonders interessant sind, wenn Abweichungen vom normalen $\sin^2\psi$-Verhalten auftreten.

Größe und Richtung der Hauptspannungen können aus Gl. 13.2 durch Messung von σ_φ^I für drei Winkel: φ, $\varphi+45°$ und $\varphi+90°$ ermittelt werden. Zur Bestimmung der REK ist eine Vorrichtung zur elastischen Dehnung der Proben (in 1-Richtung) erforderlich. Häufig wird eine Vierpunktbiegung eingesetzt, wobei die Behinderung der Querkontraktion zu einer $0 < \sigma_2^I < \nu\, \sigma_1^I$ führt. In der Praxis liegt $m = \sigma_2^I / \sigma_1^I$ bei $0.1\,\nu$. Mit diesem Verfahren erhaltene a ($\sin^2\psi$, ε_1^I) Kurven sind in Bild 13.4 gezeigt, sie schneiden sich für eigenspannungsfreie

Proben bei:

$$\sin^2 \psi^* = -(1+m)\ s_1^{rö} / \tfrac{1}{2} s_2^{rö} \qquad \text{und} \qquad a^* = a_0$$

Das mit Dehnungsmeßstreifen ermittelte ε_1^I führt mit den bekannten mechanischen s_1 und s_2 Werten zu σ_1^I (Gl. 13.1), welches in Gl. 13.3 eingesetzt die gesuchten REK liefert. Eine Überprüfung der REK kann anhand einer von BURBACH [13.6] für den isotropen Vielkristall gefundenen Beziehung

$$3\ s_1^{rö} + \tfrac{1}{2} s_2^{rö} = s_{11} + 2\ s_{12} \qquad \text{erfolgen.}$$

Die in der Literatur angegebenen REK streuen mitunter stark. Abweichungen von 10% für das speziell interessierende $s_2^{rö}$ sind nicht selten und für praktische Anwendungen wird mitunter (z.B. von HAUK [13.7]) empfohlen einfach die mechanischen Werte einzusetzen, insbesondere natürlich dann, wenn Γ dicht bei $\frac{1}{5}$ liegt. Eine gute Näherung sind die nach dem KRÖNER'schen Ansatz [13.3] berechneten Werte.

Detailliertere Informationen über die RSM befinden sich in einem HTM-Sonderheft (1976) [13.8] und in Aufsätzen von MACHERAUCH (1980) [13.9]. Zahlreiche praktische Anwendungen werden in einem von MACHERAUCH und HAUK [13.10] herausgegebenen Sammelwerk (1983) beschrieben. Im folgenden soll nur ein besonders illustratives, wenn auch extremes Beispiel einer Anwendung der RSM geschildert werden und zwar die Untersuchung von WELSCH u.a [13.11] der überlastbedingten Eigenspannungsverteilungen in rißspitzennahen Werkstoffbereichen und deren Einfluß auf die Ausbreitung von Ermüdungsrissen. Da sehr starke Änderungen der lokalen Eigenspannungswerte erwartet wurden, wählten die Autoren extrem kleine Meßflächen von 0,04 mm^2. Um dennoch hinreichend viele Körner zur Reflektion zu bringen wurden die Proben im Zentrum einer kardanischen Aufhängung um kleine Winkel gependelt ohne die Einstellung von φ und ψ im Mittel zu verändern. Die Lage des Röntgenstrahles wurde mit einem speziell entwickelten lichtoptischen System justiert, das eine Positionierung mit einer Genauigkeit von $\pm$ 0.05 mm zuließ. Es konnte so die Eigenspannungsverteilung auf den Rißflanken und vor den Rißspitzen in unterschiedlichen Stadien des Rißfortschrittes systematisch untersucht werden. Ein Ergebnis für Eigenspannungen σ_y senkrecht zur Rißrichtung in Abhängigkeit des Abstandes vom Kerbgrund zeigt Bild 13.5. Die Spitze des Risses liegt bei ca. 2,8 mm. Auf die Einzelheiten des Experiments und der Deutung kann nicht eingegangen werden. Die Abbildung soll im wesentlichen die Leistungsfähigkeit der RSM belegen, die mit Erfolg auf vielen Gebieten der zerstörungsfreien Werkstoffprüfung eingesetzt wird.

In den letzten Jahren interessiert man sich zunehmend für Fälle, die zu Abweichungen vom $\sin^2\psi$ Gesetz führen. So werden schlangenförmige Kurven beobachtet mit Wellen, deren Amplituden von der aufgebrachten Last abhängen können. Es gibt Aufspaltungen zwischen positiven und negativen ψ Winkeln. Es wurde eine starke Veränderung der REK bei plastischer Verformung beobachtet und auch Werte, die außerhalb der VOIGT-REUSS'schen Schranken liegen. Das Interesse an diesen Erscheinungen ergibt sich einerseits daraus, daß man auch in diesen Fällen Spannungen ermitteln möchte, andererseits lassen sich aus den Anomalien vertiefte Informationen über den Werkstoffzustand gewinnen. Als Ursache kommen neben systematischen Unebenheiten der Probenoberfläche Anisotropie und Inhomogenitäten des Werkstoffes infrage. Eine Gruppe von Erscheinungen rührt daher, daß die Tiefe des Oberflächenbereiches, über den d gemittelt wird, von ψ abhängt. Gradienten in d führen deshalb zu nichtlinearen d ($\sin^2\psi$) Kurven. Solche Gradienten können sich als Folge von Konzentrationsgradienten ergeben, wie sie bei der Oberflächenvergütung entstehen (PRÜMMER [13.12]).Durch spezielle Beanspruchung, z.B. beim Schleifen oder beim Walzen, können sich Spannungsgradienten oder mit der Tiefe zunehmend gekippte Spannungssysteme ausbilden. Systematische theoretische Untersuchungen hierzu gibt es von PEITER und LODE [13.13], deren in Kapitel 15 dargestelltes Integralverfahren unter funktioneller Erweiterung des $\sin^2\psi$ -Gesetzes in besonders einfacher Weise zu dreiaxialen Spannungsverteilungen führt. Bei Werkstoffen aus elastisch anisotropen Körnern führt eine ausgeprägte Textur zu deutlichen Abweichungen. Von DÖLLE und HAUK [13.14] wurde die Auswirkung im REUSS-Fall für Ideallagen der Textur berechnet. BARRAL u.a [13.15] schlagen einen Formalismus vor, der den Textureinfluß, ebenfalls basierend auf der REUSS'schen Annahme, mit Hilfe der OVF generell zu berechnen erlaubt. (hhh) und (h00)-Reflexe sollten von Textureinflüßen frei sein, was aber nicht mit BARRAL's experimentellen Befunden im Einklang steht. Nach HAUK u.a[13.16] wird der Textureinfluß bei sich überlappenden Reflexen und bei großen Flächenhäufigkeitsfaktoren gemildert, z.B. für (732)/(651) bei α-Fe (vgl. Tabelle 13.1). Als weitere Ursache für nichtlineare d $(\sin^2 \psi)$ -Kurven kommen schließlich inhomogene ε^{II} -Verteilungen infrage, die möglicherweise bei plastischen Verformungen entstehen. Einen Hinweis hierauf liefern z.B. entsprechende, von MAURER [13.17], mit Wolfram erzielte Ergebnisse.

Tabelle 13.1: Daten für die RSM an α-Fe

$\frac{1}{2} s_2^{rö}$ nach HAUK und KOCKELMANN | 13.18 |

Berechnet: aus Einkristalldaten nach KRÖNER.
Experimentell: für ferritisch-perlitische Stähle.

Mittelwerte mit Standardabweichung

Ebene	Γ	Röhre	λ K_α (Å)	2θ	μ/g cm^2/g	$x_E^{\perp}$ µm	$s_2^{rö}/2$ (10^{-6} mm^2 / N) exp.	ber.
(211)	0.25	Cr	2.291	156.49	115	5.5	5.68 ± 0.08	5.76 ± 0.12
(220)	0.25	Fe	1.937	145.80	72.8	8.7	5.36 ± 0.23	5.76 ± 0.12
(310)	0.09	Co	1.790	161.88	59.5	10.7	7.02 ± 0.12	6.98 ± 0.16
(222)	0.33	Cu	1.542	137.47	324	2.0	-	-
(732) (651)	0.175 0.25	Mo	0.711	155.21	38.3	16.6	5.53 ± 0.39	-

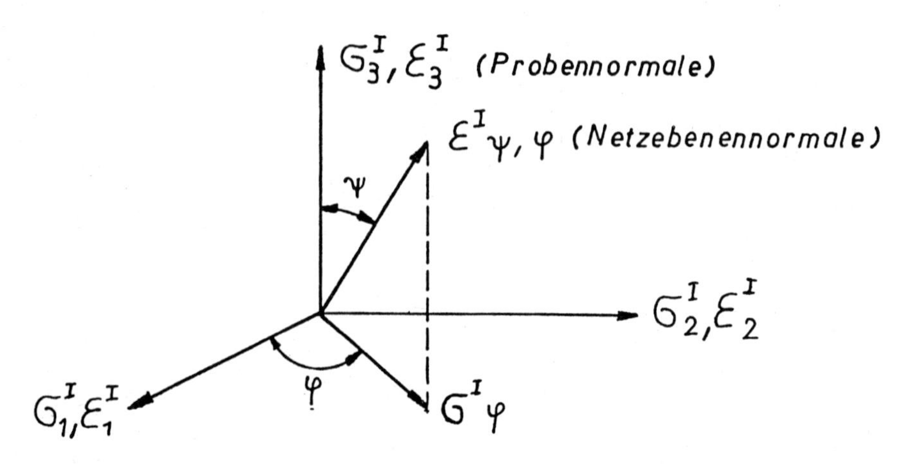

Bild 13.1 Koordinatensystem für Gleichung 13.1 bis 13.3. Indizierung in Voigt'scher Schreibweise

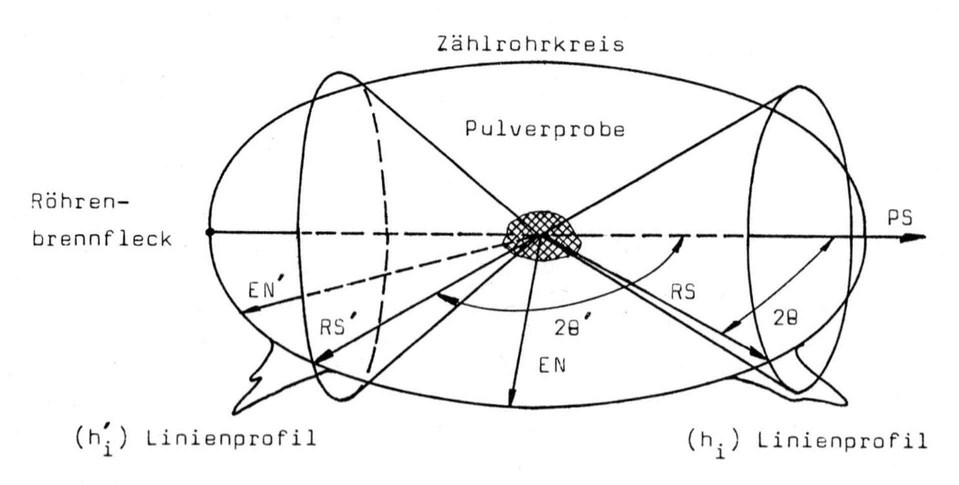

Bild 13.2 Pulverdiffraktometer mit eingezeichneten Beugungskegeln

RS: In Zählrohrrichtung reflektierte Strahlen

EN: Normale auf den nach RS reflektierenden Ebenen

Linienprofil: Beim Durchlaufen des Zählrohrspaltes registrierte Intensität

PS: Primärstrahl

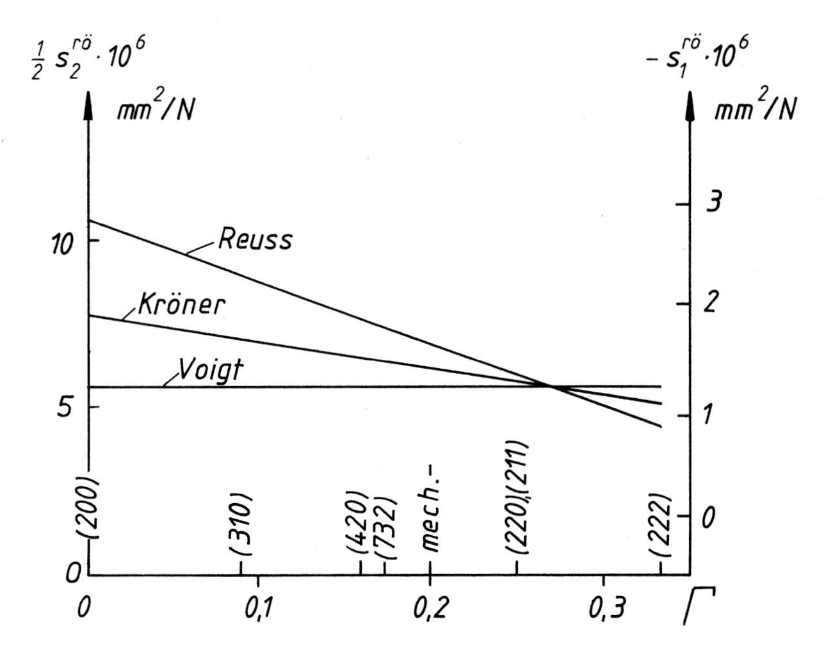

Bild 13.3 REK von α Fe als Funktion des Orientierungsfaktors Γ, berechnet nach Voigt, Kröner und Reuss

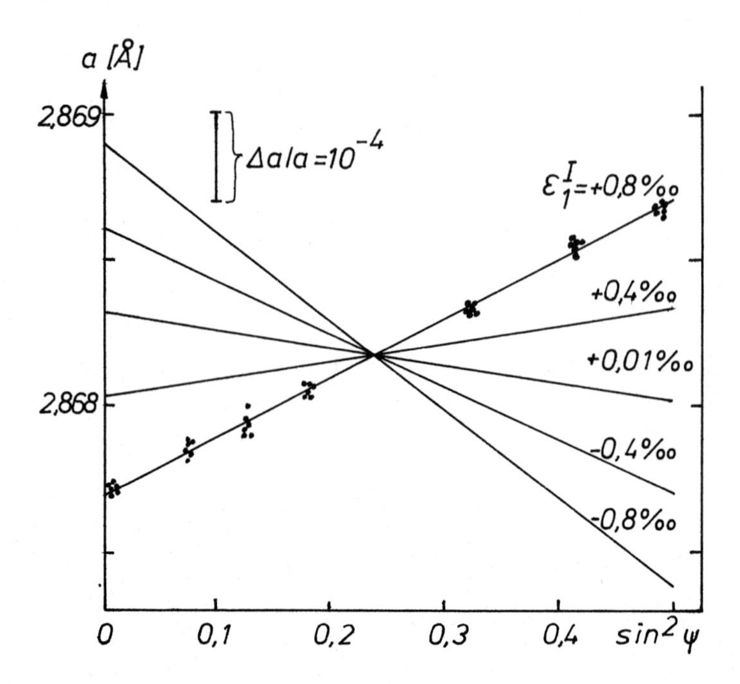

Bild 13.4 a (sin² ψ) Ausgleichsgeraden mit Beispielen individueller Meßpunkte. Werkstoff Ck 45, Cr K_α, (211), gedehnt um $-0.8‰ \leqq \epsilon \leqq +0.8‰$ nach Ruppersberg und Schwinn [13.19]

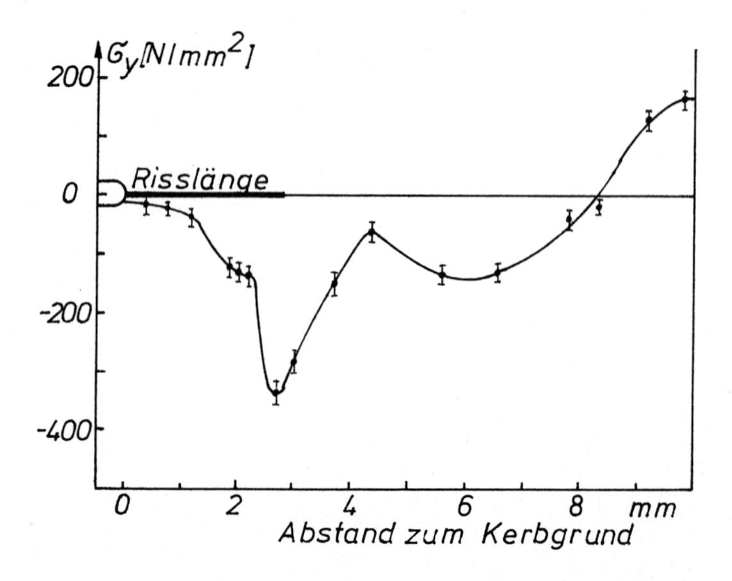

Bild 13.5 Eigenspannungskomponente σ_y senkrecht zu einem Riß, und zwar in dessen Flanke und vor seiner Spitze. Nach Welsch u. a. [13.11]

14 Fehleranalyse und Datenreduktion

14.1 Problemstellung

Eine physikalische Größe wird durch einen Zahlenwert und ihre Maßeinheit beschrieben und läßt sich experimentell nur näherungsweise bestimmen. Die gemessenen Zahlenwerte liegen innerhalb eines von dem Meßverfahren abhängigen Fehlerintervalles, das gesondert abgeschätzt werden muß. Die Fehler lassen sich in systematische und zufällige Fehler gliedern, wobei freilich die Grenze zwischen beiden nicht immer eindeutig zu ziehen ist. Die systematischen Fehler werden z.B. durch Ungenauigkeit der Eichung eines Meßgerätes und der Anzeige des Gerätes infolge von fehlerhafter Funktion verursacht. Sie sind dadurch gekennzeichnet, daß sie den Meßwert stets in nur einer Richtung verfälschen. Systematische Fehler erkennt man durch geeignete Kontrollmessungen der Meßapparatur an bekannten Meßobjekten, d.h. durch Eichung des Meßgerätes. Obwohl die systematischen Fehler ebenso wichtig sind wie die zufälligen, spielen letztere bei der üblichen Fehlerabschätzung eine größere Rolle. Das liegt u.a. daran, daß sie durch eine einfache Statistik leicht zu erkennen oder abzuschätzen sind und ohne Änderung der Meßapparatur auch meist durch Wiederholung der Messung verringert werden können. Die im folgenden aufgezeigten Methoden der Fehlerabschätzung beschränken sich ausschließlich auf den Anteil der zufälligen Fehler am Gesamtfehler.

14.2 Termdefinition

Zur Verkleinerung des Anteils der zufälligen Fehler am Gesamtfehler mißt man dieselbe Größe X mehrfach unter unveränderten Versuchsbedingungen. Aus N Einzelmessungen x_i bestimmt man den Mittelwert $\bar{x}$ durch arithmetische Mittelung:

$$\bar{x} = 1/N \sum_{i=1}^{N} x_i \qquad (14.1)$$

Die Mittelwertbildung führt deshalb zu einer genaueren Aussage als der Einzelmeßwert, da sich die Schwankungen der Meßgröße teilweise kompensieren. Systematische Fehler dagegen werden durch eine Mittelwertbildung nicht verringert, da sie jeden Einzelmeßwert in derselben Richtung verfälschen. Zu unterscheiden ist der Mittelwert vom "wahren Wert" μ. Beide werden erst dann übereinstimmen, wenn die Zahl N gegen Unendlich geht, d.h.

$$\mu = \lim_{N \to \infty} (1/N \sum_{i=1}^{n} x_i) \tag{14.2}$$

Der arithmetische Mittelwert $\bar{x}$ ergibt sich aus der Forderung, daß die Summe der Quadrate aller Abweichungen der Einzelmeßwerte x_i vom Mittelwert minimal sein soll,

$$f = \sum_{i=1}^{n} (x_i - \bar{x})^2 \stackrel{!}{=} \text{Minimum} \tag{14.3}$$

wie sich durch Differentiation leicht zeigen läßt. Das Ausgleichsprinzip, das auf das arithmetische Mittel führt, nennt man GAUSS'sches Ausgleichsprinzip oder die Methode der kleinsten Quadrate. Bei dieser Methode wird das Minimum von (Gl. 14.3) als Maß für das Schwankungsquadrat der x_i um den Mittelwert genommen. Da das Minimum mit wachsender Zahl der Messungen zunimmt, muß noch durch die Zahl der Kontrollmessungen dividiert werden. Denn nur diese können eine Aussage über den Fehler geben. Ist nämlich der wahre Wert μ bereits vor der Messung bekannt, so stellen alle N Messungen Kontrollmessungen dar. Häufiger aber ist der wahre Wert unbekannt, so daß von den N Messungen nur N-1 Kontrollmessungen sind.

$$s^2 = \sum_{i=1}^{N} (x_i - \bar{x})^2 / (N - 1) \tag{14.4}$$

$s = \sqrt{s^2}$ ist ein Maß für die Streuung der Einzelwerte um den Mittelwert, wobei die Unsicherheit des Mittelwertes, d.h. dessen mögliche Abweichung vom wahren Wert durch die Division durch (N - 1) statt durch N mit berücksichtigt ist. s trägt die Bezeichnung Standardabweichung, s^2 wird Varianz genannt. Die "wahre" Varianz σ^2 ist wie folgt definiert:

$$\sigma^2 = \lim_{N\to\infty} \left[1/N \sum_{i=1}^{n} (x_i - \mu)^2 \right] \qquad (14.5)$$

Die Varianz σ^2 und die Standardabweichung σ charakterisieren die Unsicherheiten, mit denen ein Experiment behaftet ist, um den wahren Wert μ zu bestimmen. $\bar{x}$ und s, die aus dem Experiment berechnet werden können, sind also Schätzwerte. Die "wahren" Werte sind μ und σ . Das Ergebnis der Messung wird angegeben in der Form:

$$x = \bar{x} \pm s \qquad (14.6)$$

Dieser Sachverhalt soll an einem Beispiel erläutert werden. Man messe einhundert mal die Länge einer Stange. Die Beobachtungen sollen reichen von 18.9 cm bis 21.2 cm und viele dieser Beobachtungen sind identisch. Diese Messungen sind in Tabelle 14.1 aufgelistet in Abhängigkeit von der Häufigkeit f mit der gemessen wurde. Der Mittelwert der Datenpunkte ergibt $\bar{x}$ =20.03 und die Standardabweichung s = 0,48. Das Ergebnis lautet also x = (20.03 $\pm$ 0.48) cm. [1]

14.3 Ausgleichsrechnung

In diesem eben diskutierten Fall wird also die euklidische Norm des Fehlers minimiert (Gl. 14.3) und man hat ein Problem der Ausgleichsrechnung im engeren Sinn vor sich, das bereits von GAUß studiert wurde. Neuerdings werden jedoch auch die Lösungen x betrachtet, welche die Maximumnorm des Fehlers minimieren.

$$\max \left| y_i - f_i (x_1, \dots , x_n) \right| \qquad 1 \leq i \leq m \qquad (14.7)$$

y_i bezeichnet eine der Messung zugängliche Größe, die auf eine bekannte gesetzmäßige Weise von den Variablen x_i abhängt. Die Minimierung der Maximumnorm läuft in der Literatur unter der

Bezeichnung "Diskretes TSCHEBYSCHEFF-Problem". Die Berechnung der besten Lösung x ist in diesem Fall schwieriger, als bei der Methode der kleinsten Quadrate. Bei vielen wissenschaftlichen Beobachtungen geht es darum, die Werte gewisser Konstanten $x_1, x_2, .., x_n$ zu bestimmen. Häufig ist es aber nur schwer möglich, die interessierenden Größen x_i direkt zu messen. Man benutzt dann einen indirekten Weg. Statt der x_i mißt man eine andere, leichter der Messung zugängliche Größe y, die auf eine bekannte Weise von den x_i und gegebenenfalls von weiteren Versuchs- oder Randbedingungen, die durch die Variable z symbolisiert werden sollen, abhängt:

$$y = f\ (\ z;\ \ x_1, \ldots, x_n\ ) \tag{14.8}$$

Um die x_i zu bestimmen, führt man unter "m" verschiedenen Versuchsbedingungen $z_1, \ldots, z_m$ Experimente durch, mißt die zugehörigen Resultate

$$y_k = f\ (\ z_k, x_1, \ldots, x_n\ ) \qquad k=1,2,\ldots,m \tag{14.9}$$

und versucht durch Rechnung die Größen $x_1, \ldots, x_n$ so zu bestimmen, daß die Gleichung (14.9) erfüllt ist. Natürlich muß man i.a. mindestens m Experimente, $m \geq n$ durchführen, damit durch (14.9) die x_i eindeutig bestimmt sind. Für $m>n$ ist (14.9) aber ein überbestimmtes Gleichungssystem für die unbekannten Parameter $x_1, \ldots, x_n$, das gewöhnlich keine Lösung besitzt, weil die y_i als Meßresultate mit unvermeidlichen Fehlern behaftet sind. Es stellt sich damit das Problem, wenn schon nicht exakt, so doch "möglichst gut" zu lösen. Als "möglichst gute" Lösungen von (14.9) bezeichnet man solche, die entweder die euklidische Norm, oder die Maximumnorm des Fehlers minimieren. [4]

Bevor an einem konkreten Beispiel die Ausgleichsrechnung demonstriert wird, ist es erforderlich, noch einige Bemerkungen zur Fehlerfortpflanzung anzufügen.

14.3.1 Fehlerfortpflanzung

Die bisher angegebenen Fehler charakterisieren die Streuung einer direkt gemessenen, konstanten Größe. Häufig ist man aber an einer mittelbaren Größe interessiert, die sich über eine Formel aus verschiedenen Meßwerten $x_1, x_2, x_3, \ldots$ ergibt: $F = F(x_1, x_2, x_3, \ldots)$. Infolge der Fehler der direkten Meßwerte hat auch F einen Fehlerbereich. Als Fehlerfortpflanzung bezeichnet man die Auswirkung der Einzelfehler δ_{x1}, δ_{x2}, usw. auf F. Je nach Art der Funktion F kann diese Auswirkung völlig unterschiedlich sein, so kann z.B. ein kleiner Fehler δ_{x1} einen großen Fehler für F bedingen. In diesem Fall spricht man von einer schlecht konditionierten Funktion F. Daher ist es angebracht, die Fehlerfortpflanzung schon vor der Messung der Einzelgrößen abzuschätzen, um zu wissen, welche Messungen besonders sorgfältig durchgeführt werden müssen und bei welchen ein großer Meßaufwand überflüssig ist. Zur Herleitung des Fehlerfortpflanzungsgesetzes wird sich auf eine Funktion mit 2 Meßgrößen x_1 und x_2 beschränkt: $F = F(x_1, x_2)$. Setzt man einmal die Mittelwerte $\bar{x}_1$, $\bar{x}_2$ und dann die Werte $\bar{x}_1 + \Delta x_1$, $\bar{x}_2 + \Delta x_2$ in F ein, so ergibt der Unterschied der zugehörigen F-Werte die Auswirkung der Fehler Δx_1 und Δx_2 auf F an. Den Wert von $F(\bar{x}_1 + \Delta x_1, \bar{x}_2 + \Delta x_2)$ erhält man, indem man F in eine TAYLOR-Reihe um $F(\bar{x}_1, \bar{x}_2)$ herum entwickelt.

$$F(\bar{x}_1 + \Delta x_1, \bar{x}_2 + \Delta x_2) = F(\bar{x}_1, \bar{x}_2) + \frac{\delta F}{\delta x_1} \Delta x_1 + \frac{\delta F}{\delta x_2} \Delta x_2 + \frac{\delta F}{\delta x_1^2} \Delta x_1^2 + \frac{\delta^2 F}{\delta x_1 \, \delta x_2} \Delta x_1 \, \Delta x_2 + \ldots \quad (14.10)$$

Sofern Δx_1 und Δx_2 klein gegen $\bar{x}_1$ und $\bar{x}_2$ sind, kann man diese Reihe nach den linearen Gliedern abbrechen, und es gilt für die Differenz:

$$F(\bar{x}_1 + \Delta x_1, \bar{x}_2 + \Delta x_2) - F(\bar{x}_1, \bar{x}_2) = \frac{\delta F}{\delta x_1} \Delta x_1 + \frac{\delta F}{\delta x_2} \Delta x_2 \quad (14.11)$$

Wie die Fehler Δx_1 und Δx_2 zu bilden sind, ist nicht festgelegt. Man kann z.B. den "mittleren Fehler des Mittelwertes" oder Gauß'schen Fehler des Mittelwertes δ_{xG} einsetzen, der wie folgt definiert ist:

$$\delta_{xG} = \sqrt{\sum_{i=1}^{n} (x_i - \bar{x})^2 \; / \; [n\,(n-1)]} \qquad (14.12)$$

Zur Berechnung der oberen Grenze des Schwankungsintervalles von F muß man annehmen, daß die Beiträge aller Einzelfehler dasselbe Vorzeichen haben, d.h. es sind die Absolutbeträge der Einzelfehler zu nehmen. Die Summe der Absolutbeträge liefert dann den absoluten Größtfehler ΔF:

$$\Delta F \leq \left| \delta F / \delta x_1 \; \Delta x_1 \right| + \left| \delta F / \delta x_2 \; \Delta x_2 \right| \qquad (14.13)$$

Dabei bedeuten $\delta F/x_1$ und $\delta F/x_2$ die partiellen Ableitungen. Für eine Funktion f mit n Variablen erhält man analog:

$$\Delta f \leq \sum_{i=1}^{n} \left| \delta f / \delta x_i \; \Delta x_i \right| \qquad (14.14)$$

Für einige häufig auftretende Typen von Funktionen läßt sich das Fehlerfortpflanzungsgesetz (Gl. 14.14) vereinfachen:

a) Funktionen, die ausschließlich aus Summen und / oder Differenzen bestehen.

$$f = \sum_{i=1}^{n} a_i \cdot x_i$$

erhält man

$$\Delta f \leq \sum_{i=1}^{n} |a_i \cdot \Delta x_i| \qquad (14.15)$$

b) Funktionen, die ausschließlich aus Produkten und / oder Quotienten der Variablen x_i mit beliebigen Potenzen m_i bestehen gilt:

$$f = A \prod_{i=1}^{n} x_i^{\,m_i} \qquad (14.16)$$

In diesem Fall ist es zweckmäßiger zunächst den relativen Größtfehler zu berechnen:

$$\Delta f \,/\, f \leq \sum_{i=1}^{n} \left| m_i \cdot \Delta x_i \,/\, x_i \right| \qquad (14.17)$$

d.h. der relative Größtfehler ist gleich der Summe der Beträge der relativen Einzelfehler, jeder multipilziert mit dem Exponenten der Variablen.

14.3.2 Wahrscheinlichkeitsverteilung

Kehren wir zum Problem der Ausgleichsrechnung zurück. Die Verfahrensregel in Kap. 14.1 lautete "Minimiere die Euklid'sche Norm des Fehlers" ohne daß bisher auf die Voraussetzungen für die generelle Anwendbarkeit dieses Verfahrens eingegangen wurde. Dazu ist es erforderlich sich einige Begriffe der Wahrscheinlichkeitstheorie zu vergegenwärtigen. Ausgehend von einer kontinuierlichen Variablen X definiert man eine Wahrscheinlichkeitsdichte f(x) derart, daß das Integral von f(x) über ein Intervall A die Wahrscheinlichkeit P angibt mit der X innerhalb dieses Intervalles liegt.

$$P\,(X \in A) = P(A) = \int_A f(x)\,dx \qquad (14.18)$$

Für ein unendliches Intervall gilt:

$$\int_{-\infty}^{\infty} f(x)\,dx = 1 \qquad (14.19)$$

d.h. man betrachtet stets eine normierte Wahrscheinlichkeitsdichte. Das Verteilungsmittel $\mu(X)$, die Varianz σ^2 und die sogenannte Verteilungsfunktion F sind wie folgt definiert:

$$\mu = \int_{-\infty}^{\infty} x\,f(x)\,dx \qquad (14.20)$$

$$\sigma^2 = \int_{-\infty}^{\infty} (x-\mu)^2\,f(x)dx \qquad (14.21)$$

$$F(x) = \int_{-\infty}^{x} f(y)dy \qquad (14.22)$$

Welches sind nun typische Wahrscheinlichkeitsverteilungen

f(x) ? Ohne näher darauf einzugehen seien hier nur folgende genannt: Binominalverteilung, Poissonverteilung, Exponentialverteilung, Gammaverteilung, Student'sche t-Verteilung.
Die speziellen Eigenschaften all dieser Verteilungen und anderer mehr sind in der Literatur ausführlich beschrieben.
Die weitaus wichtigste und am häufigsten benützte Verteilung in der Statistik ist jedoch die Gauß'sche Normalverteilung.
Dies liegt u.a daran, daß in der Praxis sehr viele Meßdaten normalverteilt sind. Darüberhinaus ist die Theorie der Normalverteilung und daraus abgeleiteter Verteilungen eingehend untersucht und entsprechendes Tabellenmaterial existiert. Zudem sind viele statistische Techniken, die auf der Normalverteilung basieren sehr robust, d.h. sie funktionieren auch noch bei Abweichungen vom Normalverhalten. | 1,2,3,5,6 |
Die Dichtefunktion mit Mittel μ und Varianz σ^2 ist definiert als:

$$f(x) = (2 \pi \sigma^2)^{-0.5} \exp (- (x - \mu)^2 / (2 \sigma^2)) \qquad (14.23)$$

Üblicherweise benützt man die standardisierte Form:

$$z = (x - \mu) / \sigma \qquad (14.24)$$

$$\Phi(z) = (2 \pi)^{-0.5} \exp (- z^2 / 2) \qquad (14.25)$$

Will man überprüfen, ob Datenpunkte normalverteilt sind, so ist lediglich der lineare Zusammenhang zwischen x und der standardisierten Variablen z nachzuweisen:

$$x = \sigma z + \mu \qquad (14.26)$$

Betrachtet man dazu das Beispiel aus Tabelle 14.1 , so folgt die Verteilungsfunktion F_j aus der Summe der relativen Häufigkeiten $F_j = \Sigma_j \; f_j/100$. Den zugehörigen z-Wert entnimmt man einer Tabelle oder rechnet ihn über die Definition der Verteilungsfunktion $F_j(z) = \int_{-\infty}^{z} \Phi(x)dx$ aus. Die Auftragung der

Meßgröße x_j gegenüber der Variablen z_j ist eine Übungsaufgabe für den Leser.
Im folgenden soll nun eine lineare Funktion an gemessene Datenpunkte angepaßt werden, und es gelte

$$y(x_i) = a + b\,x_i \qquad i = 1,N \quad N \geq 2 \tag{14.27}$$

Unter der Annahme, daß die Daten für N Beobachtungen normalverteilt sind, kann man die Wahrscheinlichkeit für geschätzte Werte von a und b berechnen, diesen Satz von Messungen zu beobachten. [3]

$$P(a,b) = \prod_{i=1}^{N} \left(1/\sigma_i \sqrt{2\pi} \right) \cdot \exp \left(-\frac{1}{2} \sum_{i=1}^{N} \left((y_i - y(x_i))/\sigma_i \right)^2 \right) \tag{14.28}$$

Die besten Schätzwerte für a und b werden nun gerade diejenigen sein, für die die Wahrscheinlichkeit P(a,b) maximal wird. Dies ist äquivalent mit der Forderung, daß die Größe

$$\chi^2 = \sum_{i=1}^{N} \left(1/\sigma_i^2 \cdot (y_i - a - b\,x_i)^2 \right) \tag{14.29}$$

minimal werden soll.
Die Größe χ^2 wird oft als Güte der Anpassung bezeichnet. Die Minimumbedingung bedeutet also, daß die partiellen Ableitungen nach den beiden Koeffizienten a und b simultan verschwinden müssen,

$$\frac{\delta}{\delta a} \chi^2 = -2/\sigma^2 \sum_i (y_i - a - b\,x_i) = 0 \tag{14.30a}$$

$$\frac{\delta}{\delta b} \chi^2 = -2/\sigma^2 \sum_i x_i\,(y_i - a - b\,x_i) = 0 \tag{14.30b}$$

wobei der Einfachheit halber alle Standardabweichungen gleichgesetzt wurden. $\sigma_i = \sigma$
Werden die Standardabweichungen σ_i der Einzelmessungen mitberücksichtigt, so spricht man von einer gewichteten Ausgleichsrechnung. Statt die Summation in Gl. 14.30 explizit durchzuführen ist es äquivalent und vom Aufwand her einfacher das

überbestimmte lineare Gleichungssystem durch Multiplikation mit der transponierten Koeffizientenmatrix von links wieder auf eine quadratische Form zu bringen, die dann mit Standardalgorithmen gelöst werden kann. Die Vereinfachung liegt darin, daß viele Taschenrechner heute die Matrizenmultipilkation als Unterroutine zur Verfügung haben. | 4 , 5 |

$$A \begin{pmatrix} a \\ b \end{pmatrix} = y \tag{14.31}$$

$$A = \begin{pmatrix} 1 & x_1 \\ \cdot & \cdot \\ \cdot & \cdot \\ 1 & x_n \end{pmatrix} \qquad y = \begin{pmatrix} y_1 \\ \cdot \\ \cdot \\ y_n \end{pmatrix} \tag{14.32}$$

$$A^T A \begin{pmatrix} a \\ b \end{pmatrix} = A^T \cdot y \tag{14.33}$$

Sofern die Matrix $A^T A$ nicht singulär ist, d.h. die Determinate det $(A^T A)$ nicht verschwindet, existiert eine eindeutige Lösung

$$x = \binom{a}{b} = (A^T \cdot A)^{-1} \cdot A^T \cdot y \tag{14.34}$$

wobei $(A^T A)^{-1}$ die Inverse von $A^T A$ ist und folgende statistische Bedeutung besitzt. | 4 | Dazu wird angenommen, daß die Komponenten von y_i, $i=1,\ldots,N$ unabhängige Variablen mit dem Mittelwert μ_i und gleicher Streuung σ^2 sind.

$$E[y_i] = \mu_i \tag{14.35}$$

$$E[(y_i - \mu_i)(y_k - \mu_k)] = \begin{cases} \sigma^2 & i=k \\ 0 & \text{sonst} \end{cases} \tag{14.36}$$

Setzt man $\mu = (\mu_1,\ldots,\mu_n)^T$, so ist dies gleichbedeutend mit

$$E[y] = \mu \,, \quad E[(y - \mu)(y - \mu)^T] = \sigma^2 I \tag{14.37}$$

Für den Mittelwert des Lösungsvektors erhält man damit:

$$E[x] = E[(A^T A)^{-1} \cdot A^T \cdot y]$$

$$= (A^T A)^{-1} \cdot A^T \cdot E[y]$$

$$= (A^T A)^{-1} \cdot A^T \cdot \mu \qquad (14.38)$$

und für die Streuung

$$E[(x-E[x])(x-E[x])^T] = E[(A^T A)^{-1} A^T (y-\mu)(y-\mu)^T A (A^T A)^{-1}]$$

$$= (A^T A)^{-1} A^T E[(y-\mu)(y-\mu)^T] A (A^T A)^{-1}$$

$$= \sigma^2 I (A^T A)^{-1} \qquad (14.39)$$

E [ ] bedeutet Erwartungswert.
Dies bedeutet also, daß bei bekannter Varianz σ^2 der Meßdaten die Varianz der erzielten Lösung σ^2_x proportional ist zu den Diagonalelementen von $(A^T A)^{-1}$. Ist die wahre Varianz σ^2 unbekannt, so wird sie abgeschätzt durch s^2 (s. Gl. 14.4).
$(A^T A)^{-1}_{jj}$ wird häufig als Fehlermatrix bezeichnet.
Hierzu ein Beispiel: [3]
Folgende Meßdaten seien gegeben und sollen an eine Gerade der Form $y = a + bx_i$ angepaßt werden.

i	x_i	y_i
1	1.0	15.6
2	2.0	17.5
3	3.0	36.6
4	4.0	43.8
5	5.0	58.2
6	6.0	61.6
7	7.0	64.2
8	8.0	70.4
9	9.0	98.8

Das überbestimmte Gleichungssystem hat also folgende einfache Gestalt.

$$\begin{pmatrix} 1. & 1. \\ 1. & 2. \\ 1. & 3. \\ 1. & 4. \\ 1. & 5. \\ 1. & 6. \\ 1. & 7. \\ 1. & 8. \\ 1. & 9. \end{pmatrix} \begin{pmatrix} a \\ b \end{pmatrix} = \begin{pmatrix} 15.6 \\ 17.5 \\ 36.6 \\ 43.8 \\ 58.2 \\ 61.6 \\ 64.2 \\ 70.4 \\ 98.8 \end{pmatrix} \qquad (14.40)$$

Durch Multiplikation mit der transponierten Koeffizientenmatrix erhält man:

$$\begin{pmatrix} 9 & 45 \\ 45 & 285 \end{pmatrix} \begin{pmatrix} a \\ b \end{pmatrix} = \begin{pmatrix} 466.7 \\ 2898 \end{pmatrix} \qquad (14.41)$$

mit der Lösung a= 4.8 und b= 9.4
Für $(A^T A)^{-1}$ ergibt sich:

$$(A^T A)^{-1} = \begin{pmatrix} 0.52\overline{7} & -0.08\overline{3} \\ -0.08\overline{3} & 0.01\overline{6} \end{pmatrix} \qquad (14.42)$$

Für die Varianz s^2 erhält man

$$s^2 = \frac{1}{N-2} \sum_{i=1}^{9} (y_i - a - bx_i)^2 = \frac{1}{7}(316.69) = 45.24 \qquad (14.43)$$

Für die Unsicherheiten in den Parametern a und b folgt damit:

$$\begin{aligned} \sigma_a^2 &\simeq s^2 \cdot 0.52\overline{7} = 23.9 \qquad \sigma a \simeq 4.9 \\ \sigma_b^2 &\simeq s^2 \cdot 0.01\overline{6} = 0.754 \qquad \sigma b \simeq 0.87 \end{aligned} \qquad (14.44)$$

Neben diesem einfachen Spezialfall einer linearen Funktion treten in der Praxis häufig Funktionen auf, die nichtlinear in den Parametern sind. Dann ist der oben beschriebene Weg nicht mehr gangbar. In diesem Fall besteht die Möglichkeit wie in Bild 14.1 gezeigt mit Versuchswerten a und b zu starten und diese dann sukkzessiv zu ändern, um das Minimum von χ^2 zu finden. Diese Methode ist zwar recht einfach, konvergiert aber sehr schlecht, wenn die Parameter nicht unabhängig voneinander sind. Ein wesentlich effizienteres Verfahren ist sogenannte Gradienten-Such-Methode. Hier wird der in Bild 14.1 zickzackartige Weg durch einen direkten Vektor in Richtung des Minimums ersetzt.

$$\nabla \chi^2 = \sum_{i=1}^{n} \frac{\partial \chi^2}{\partial a_j} \cdot \hat{a}_j \qquad (14.45)$$

($\hat{a}_j$ bezeichnet einen Einheitsvektor)

Alle Parameter a_i werden simultan inkrementiert, wobei die notwendigen Differentiationen numerisch durchgeführt werden.

$$\frac{\partial^2}{\partial a_i} \simeq | \chi^2 (a_i + f \; \Delta a_i) - \chi^2(a_i) \; | \; / \; (f \; \Delta a_i) \tag{14.46}$$

f wird zumeist zwischen 1% und 10% von a_i gewählt.
Diese Methode zeigt eine gute Konvergenz wenn die Parameter weit außerhalb des Minimums liegen. In unmittelbarer Nähe des Minimums gibt es allerdings Probleme mit der numerischen Ableitung. Eine dritte häufig angewendete Möglichkeit besteht in der Linearisierung der theoretischen Funktion y(x).
Dabei wird die anzupassende Funktion in eine Taylor-Reihe um die Startparameter herum entwickelt und nach dem ersten Glied abgebrochen.

$$y(x) = y_0(x) + \sum_{i=1}^{n} \frac{\partial y_0}{\partial a_i} \cdot \delta a_i \tag{14.47}$$

Die Minimumbedingung für χ^2 führt dann wieder auf ein <u>lineares</u> Gleichungssystem, das mit Standardalgorithmen gelöst werden kann. | 3 , 5 |

$$\alpha \cdot a \; \delta = \beta \tag{14.48}$$

$$\beta_k = \sum_i \left(1/ \sigma_i^2 \cdot [\, y_i - y_0(x_i) \,] \; \frac{\partial y_0(x_i)}{\partial a_k} \right) \tag{14.49}$$

$$\alpha_{j,k} = \sum_i \left(1/ \sigma_i^2 \cdot \frac{\partial y_0(x_i)}{\partial a_j} \cdot \frac{\partial y_0(x_i)}{\partial a_k} \right) \tag{14.50}$$

Ein gebräuchlicher Algorithmus (MARQUARDT), der die Eigenschaften des Gradienten - Such - Verfahrens mit der Methode der Linearisierung der Funktion verknüpft, besteht darin, die Diagonalelemente der Matrix α um einen Faktor η zu erhöhen, der die Interpolation zwischen den beiden Verfahren kontrolliert.

$$\alpha_{j,k} = \begin{cases} \alpha_{j,k} \; (1 + \eta) & j = k \\ \alpha_{j,k} & j \neq k \end{cases} \tag{14.51}$$

Für kleine η liegt das Problem von (Gl. 14.48) an, für große η dominieren die Diagonalelemente der Matrix α und die Matrixgleichung entkoppelt in j seperate Gleichungen analog dem Gradientenverfahren.
Da die Lösung nach dieser Methode der kleinsten Quadrate keine exakte analytische Lösung ist, kann auch keine analytische Form für die Unsicherheiten σ_{a_i} in den resultierenden nichtlinearen Parametern ausgegeben werden. Für unabhängige Parameter kann jedoch ein Maß für diese Unsicherheiten angegeben werden. In diesem Fall sind die $\sigma_{a_i}^2$ durch die inversen Diagonalelemente der Matrix α gegeben.
In [3] sind vollständige Unterprogramme in FORTRAN zur Lösung eines Fitproblems nach dem MARQUARDT-Algorithmus angegeben.

Anschließend sei noch an einem konkreten Beispiel die Topologie einer χ^2 - Fläche explizit aufgezeigt. Mit Hilfe des Röntgenintegralverfahrens (siehe Kap. 15) wurden experimentelle Röntgenspannungsmessungen an Scheiben aus 100 Cr 6 ausgewertet. In Bild 14.2 sind die Meßwerte $2\,\theta/\psi$ und die zugehörige Ausgleichskurve dargestellt. Daneben abgebildet ist die Zentralprojektion der topologischen χ^2 - Fläche in Abhängigkeit der beiden Formänderungen ε_{011} und ε_{033}. Deutlich ist ein Minimalverhalten dieser Fläche zu erkennen, die aufgrund des linearen Ansatzes des Formänderungsfeldes keine singulären Punkte zeigt.

Tabelle 14.1 Beispiel aus Referenz 3)

x,cm	f	$\sum_j f_j/100$	fx	$x - \bar{x}$	$(x - \bar{x})^2$	$f(x - \bar{x})^2$
18.9	1	0.01	18.9	-1.128	1.2616	1.262
19.0	0	0.01	0.0	-1.028	1.0568	0.0
19.1	1	0.02	19.1	-0.928	0.8612	0.861
19.2	2	0.04	38.4	-0.828	0.6856	1.371
19.3	1	0.05	19.3	-0.728	0.5300	0.530
19.4	4	0.09	77.6	-0.628	0.3944	1.578
19.5	3	0.12	58.5	-0.528	0.2788	0.836
19.6	9	0.21	176.4	-0.428	0.1832	1.649
19.7	8	0.29	157.6	-0.328	0.1076	0.861
19.8	11	0.40	217.8	-0.228	0.0520	0.572
19.9	9	0.49	179.1	-0.128	0.0164	0.147
20.0	5	0.54	100.0	-0.028	0.0008	0.004
20.1	7	0.61	140.7	0.072	0.0052	0.036
20.2	8	0.69	161.6	0.172	0.0296	0.237
20.3	9	0.78	182.7	0.272	0.0740	0.666
20.4	6	0.84	122.4	0.372	0.1384	0.830
20.5	3	0.87	61.5	0.472	0.2228	0.668
20.6	2	0.89	41.2	0.572	0.3272	0.754
20.7	2	0.91	41.4	0.672	0.4516	0.903
20.8	2	0.93	41.6	0.772	0.5960	1.192
20.9	2	0.95	41.8	0.872	0.7604	1.521
21.0	4	0.99	84.0	0.972	0.9448	3.775
21.1	0	0.99	0.0	1.072	1.1492	0.0
21.2	1	1.00	21.2	1.172	1.3736	1.374
SUM	100		2002.8			22.627

$$\bar{x} = \frac{1}{N} \sum_{j=1}^{n} f_j x_j = \frac{2002.8}{100} = 20.028 \text{ cm}$$

$$s^2 = \frac{1}{N - 1} \sum_{j=1}^{n} f_j (x_j - \bar{x})^2 = \frac{22.627}{99} = 0.229 \text{ cm}^2$$

$$s = \sqrt{s^2} = 0.48 \text{ cm}$$

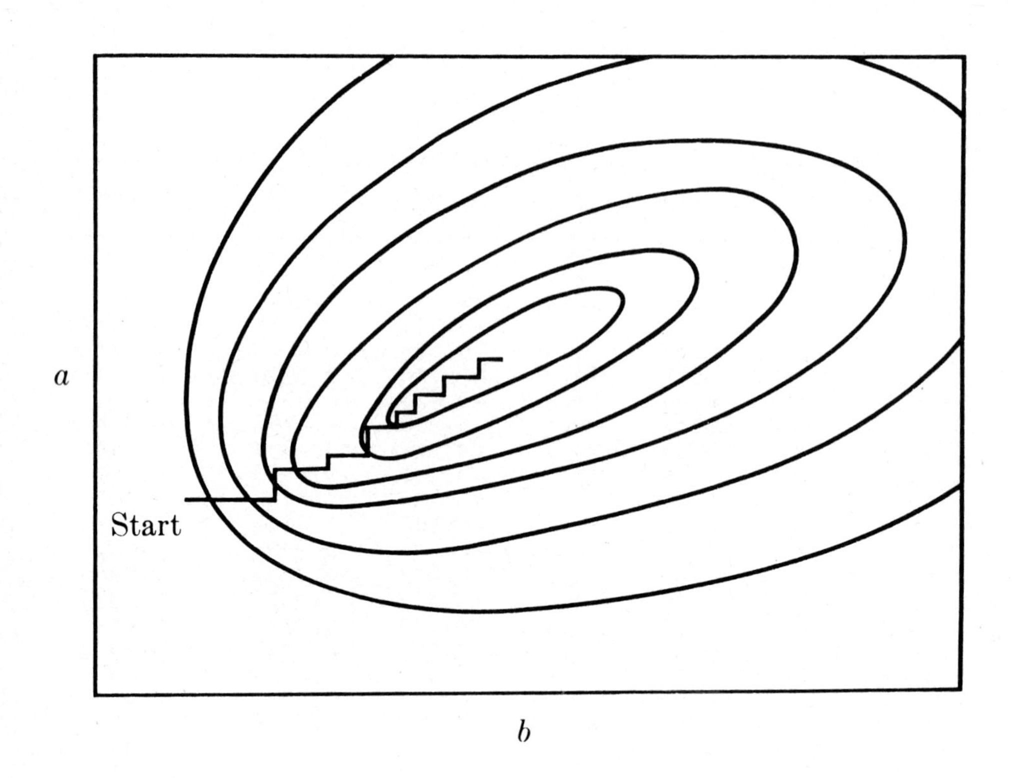

Bild 14.1 Höhenlinie der topologischen Fläche χ^2 in Abhängigkeit von den Parametern a und b [3]

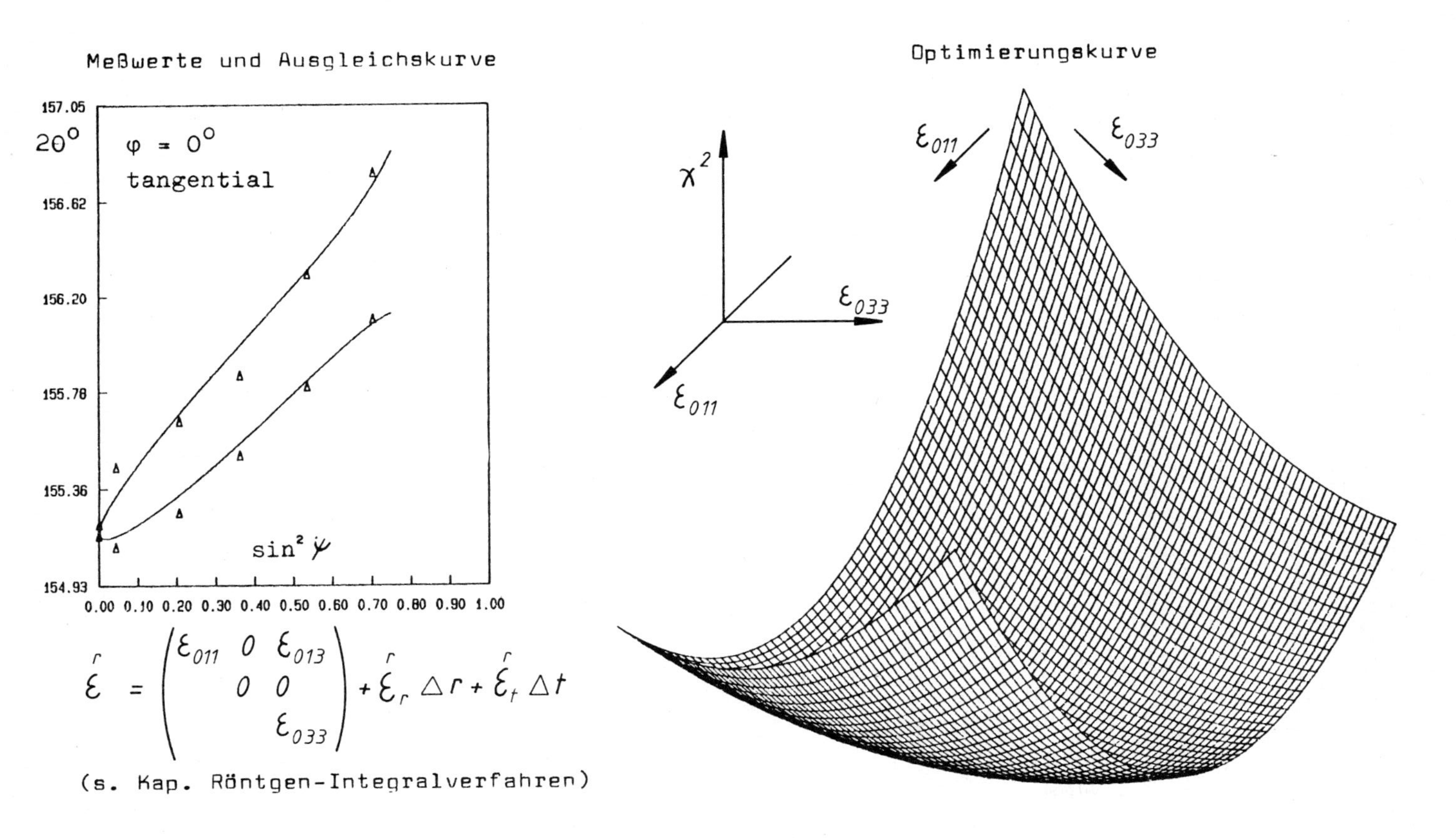

Bild 14.2 χ^2-Fläche zur Optimierung der beiden Formänderungen ε_{011} und ε_{033} aus Röntgen-Spannungsmessungen an Scheiben aus 100 Cr 6

15 Röntgen-Integralverfahren

15.1 Meß- und Auswerteprinzip

Die Grundlagen der Röntgenspannungsmessung wurden bereits in Kapitel 13 erläutert. Es wird sich daher hier ausschließlich auf die Diskussion des Röntgenintegralverfahrens beschränkt. Es gestattet inhomogene Verformungen im Eindringbereich des Röntgenbündels zu erfassen. Die Erweiterung gegenüber dem bisher häufig benützten "$\sin^2 \psi$"-Verfahren besteht in einem erweiterten Ansatz des Formänderungsfeldes ε und einer Wichtung der Meßwerte über das vom Röntgenstrahl beleuchtete Gebiet. Das Verfahren wird für zylindrische Proben abgeleitet, wobei eine einfache Grenzwertbetrachtung die entsprechenden Formeln für eine ebene Oberfläche liefert.

Bild 15.1 zeigt die Meßgeometrie mit Angaben der Winkel und ihre Orientierung relativ zu einem vorgegeben Koordinatensystem x,y,z. Der Einheitsvektor $\vec{e}_{\varphi\psi}$ in $\varphi\psi$-Richtung ergibt sich damit zu

$$e_{\varphi\psi}^{T} = (\cos\varphi \sin\psi , \sin\varphi \sin\psi , \cos\psi) \qquad (15.1)$$

Die Formänderung in Meßrichtung $\varphi\psi$ berechnet sich dann mittels linearer Transformation aus der ε-Matrix,

$$\varepsilon_{\varphi\psi} = e_{\varphi\psi}^{T} \cdot \varepsilon \, e_{\varphi\psi} \qquad (15.2)$$

$$\text{mit} \quad \varepsilon = \begin{pmatrix} \varepsilon 11 & \varepsilon 12 & \varepsilon 13 \\ \varepsilon 12 & \varepsilon 22 & \varepsilon 23 \\ \varepsilon 13 & \varepsilon 23 & \varepsilon 33 \end{pmatrix}$$

wobei die Formänderungsmatrix ε in Zylinderkoordinaten angesetzt wird als

$$\varepsilon = \varepsilon_0 + \varepsilon_r \cdot \Delta r + \varepsilon_t \cdot \Delta t \qquad (15.3)$$

ε_0 bezeichnet ein konstantes Deformationsfeld an der Oberfläche der Probe, ε_r und ε_t sind Gradientenmatrizen, welche die Formänderungen mit der Tiefe Δr bzw. in Umfangsrichtung Δt beschreiben.

Die obige Gleichung ist eine TAYLOR-Reihenentwicklung von Matrizen, die bei Bedarf noch um höhere Terme erweitert werden kann. Eine Auswertung von experimentellen Meßdaten am Ende dieses Kapitels zeigt jedoch, daß der lineare Ansatz in erster Näherung geeignet ist, die häufig beobachteten Aufspaltungen der Meßpunkte gegenüber $\sin^2 \psi$ vernünftig zu beschreiben.

Die vom Röntgenstrahl übermittelte Information hängt von mehreren Parametern ab, die im folgenden skizziert werden sollen. Aus Bild 15.1 wird ersichtlich, daß die Meßebene durch die beiden Winkel φ und ψ fixiert ist, wobei die Messung im ψ /2 θ- Mode durchgeführt wird, d.h. ψ ist der einzige extern veränderliche Parameter. θ bedeutet den Glanzwinkel des reflektierten Strahlenbündels, der sich aus der BRAGG'schen Gleichung ergibt. Die Netzebenenschar, die zur konstruktiven Interferenz beiträgt, wird über die MILLER'schen Indizes hkl angewählt. Beim Integralverfahren ist hkl stets konstant und ergibt sich aus der Raumgruppe des Kristalls und gewissen praktischen Überlegungen. Aus Intensitätsbetrachtungen werden stets niedrig indizierte Reflexe ausgewählt. Je nach Intensitätsverhältnis der einfallenden Intensität I_0 zu I variiert die Informationstiefe z wie,

$$z = \frac{\cos^2\eta - \sin^2\psi}{2\,\mu\,\cos\eta\,\cos\psi} \cdot \ln\,(I_0 \,/\, I) \tag{15.4}$$

wobei das übliche Schwächungsgesetz mit Massenabsorptionskoeffizient $\mu(\lambda)$ vorausgesetzt wurde. Die Definition der Winkel ergibt sich aus Bild 15.2. Da die Informationstiefe nur als geometrischer Faktor von Bedeutung ist, bleibt eine Intensitätsvariation mit dem Betragsquadrat des Strukturfaktors des jeweiligen Reflexes, sowie Polarisationseffekte unberücksichtigt. Mit der üblichen Annahme I/I_0 = const. = 1/e erhält man damit eine effektive Informationstiefe z_0.

$$z_0 = \frac{\cos^2\eta - \sin^2\psi}{2\,\mu\,\cos\eta\,\cos\psi} \tag{15.5}$$

Da die Verformungen im Eindringbereich des Röntgenbündels längs des Probenumfangs und mit der Tiefe unterschiedlich sein können, ist es sinnvoll die Meßwerte exponentiell über das vom Röntgenstrahl erfaßte Gebiet zu wichten. (siehe Bild 15.3)

$$\langle\varepsilon_{\varphi\psi}\rangle = \frac{\iint\limits_{(G)} \varepsilon(x,z)\ \exp -(z/z_0)\ dx\, dz}{\iint\limits_{(G)} \exp -(z/z_0)\ dx\, dz} \tag{15.6}$$

Auf die Umrechnung der kartesischen Koordinaten in Polarkoordinaten und die explizite Herleitung der dabei auftretenden Radial- und Winkelintegrale soll hier nicht näher eingegangen werden. Als Ergebnis findet man

$$\begin{aligned}\langle\varepsilon\rangle = \ & \varepsilon_0 + \varepsilon_r \left(V_0\, W1\, \frac{\beta + \alpha + \sin(\beta + \alpha)\ \cos(\beta - \alpha - 2\psi)}{2\,[\,\sin(\beta - \psi) + \sin(\alpha + \psi)\,]} + \right. \\ & \left. + V_0^2\ W2\ /\ 2R\ \right) + \\ & + \varepsilon_t \left(R\, \frac{\beta \sin(\beta - \psi) - \alpha \sin(\alpha + \psi) + \cos(\beta - \psi) - \cos(\alpha + \psi)}{\sin(\beta - \psi) + \sin(\alpha + \psi)}\right)\end{aligned} \tag{15.7}$$

V_0 bezeichnet die effektive Einstrahltiefe in ψ - Richtung

$$V_0 = \frac{\cos^2\eta - \sin^2\psi}{2\,\mu\,\cos\eta\,\cos^2\psi} \tag{15.8}$$

R ist der Radius der zylindrischen Probe. W1 und W2 sind Wichtungsfaktoren, die von einem Faktor k abhängen, der die effektive Informationstiefe steuert.

$$k = V_1 \,/\, V_0 \tag{15.9}$$

$$W1 = \frac{1 - \exp(-k)\,(1+k)}{1 - \exp(-k)} \quad ; \quad W2 = \frac{2 - \exp(-k)\,(2 + 2k + k^2)}{1 - \exp(-k)} \tag{15.10}$$

Die Winkel α und β (siehe Bild 15.3) ergeben sich iterativ aus folgenden Bestimmungsgleichungen. | 1 |

$$\sin\alpha + \cos\alpha \cdot \tan\psi - \tan\psi - \frac{Bl}{2\,R\cos\psi} = 0 \tag{15.11}$$

$$\sin\beta - \cos\beta \cdot \tan\psi + \tan\psi - \frac{Bl}{2\,R\cos\psi} = 0 \tag{15.12}$$

Bl bedeutet die Beleuchtungsbreite des einfallenden Röntgenbündels. Für Messungen in Hohlzylinderflächen ist R negativ einzusetzen. Die bisher angegebenen Formeln gelten nur für den Fall $\varphi = 0°$, d.h. in Umfangsrichtung der zylindrischen Proben. Eine Grenzwertbetrachtung für $R \rightarrow \infty$ liefert die entsprechenden Beziehungen für eine ebene Oberfläche, die für das zylindrische Werkstück mit $\varphi = 90°$ d.h. der Längsrichtung identifiziert werden können.

$$\langle \varepsilon_{\varphi = 90°} \rangle = \varepsilon_0 + \varepsilon_r \cdot \cos\psi \cdot V_0 \cdot W1 \tag{15.13}$$

Die Berechnung eines dreiaxialen Spannungszustandes erfordert die Kenntnis aller Formänderungselemente $\varepsilon_{i,j}$. Es ist daher üblich in drei verschiedenen φ- Richtungen ψ- abhängig Meßwerte aufzunehmen (z.B. $\varphi = 0°, 45°, 90°$). Da der Aufwand zur Berechnung der Wichtungsintegrale für $\varphi \neq 0°, 90°$ erheblich steigt, wird jedoch auf eine analytische Ableitung verzichtet und die betreffenden Faktoren mittels quasilinearer Interpolation zwischen $\varphi = 0°$ und $\varphi = 90°$ gewonnen, wobei der Proportionalitätsfaktor mit " $\sin\varphi$ " gewählt wird, der die zylindrische in eine ebene Meßfläche überführt. Dies ist zwar eine Einschränkung, die aber, wie die Auswertung einer $\varphi = 45°$ Messung zeigt, gerechtfertigt ist. Bei isotropen und auch quasiisotropen Werkstoffen ist die Formänderungsmatrix ε

symmetrisch zur Hauptdiagonalen, so daß demnach 18 Elemente der TAYLOR-Reihenentwicklung von Gl. 15.3 zu bestimmen sind. Da in der Regel genügend Meßpunkte zur Verfügung stehen, stellt Gl. 15.2 ein überbestimmtes Gleichungssystem dar, das mit den Methoden aus Kapitel 14 gelöst werden kann. Üblicherweise werden die Meßpunkte in der Form $(2\theta, \psi)$ angegeben, die über die BRAGG'sche Gleichung leicht in $(\langle\varepsilon\rangle, \psi)$ umgerechnet werden können.

15.2 Auswertebeispiele

Betrachtet wird folgendes Meß- und Rechenbeispiel (siehe Tab. 15.1). In drei verschiedenen φ - Richtungen $\varphi = 0°, 45°, 90°$ sind nachstehende Meßpunkte (2θ / ψ) gegeben. (s. Tab. 15.2) Da im Formänderungsansatz von Gl. 15.3 die Matrix ε_0 ein konstantes Formänderungsfeld an der Oberfläche beschreiben soll, muß diese Randbedingung bei der Ausgleichsrechnung berücksichtigt werden, d.h. im Sinne eines " Top down " werden zunächst die 6 Elemente der ε_0 - Matrix bestimmt, wobei die funktionelle Abhängigkeit von φ und ψ durch Gl. 15.2 gegeben ist. Als Ergebnis findet man:

$$\varepsilon_0 = \begin{pmatrix} -0.001609 & 0.000504 & -0.000324 \\ & -0.002443 & 0.000008 \\ & & 0.001510 \end{pmatrix} \qquad (15.14)$$

Standardabweichung $s = 9.2 \quad 10^{-7}$

Unter Vorgabe der ε_0 -Matrix werden dann sukkzessive die Gradientenmatrizen ε_r und ε_t bestimmt, wobei als Kriterium für die Reihenfolge der Auswertung die jeweils kleinste Standardabweichung herangezogen wird. Als Ergebnis folgt:

$$\varepsilon_r = \begin{pmatrix} 0.019158 & 0.006269 & -0.001859 \\ & 0.028577 & -0.000124 \\ & & 0.026894 \end{pmatrix} \qquad (15.15)$$

$$\varepsilon_t = \begin{pmatrix} -0.001133 & 0.005453 & 0.000057 \\ & 0.010907 & 0.007493 \\ & & -0.003497 \end{pmatrix} \tag{15.16}$$

$s = 4.4 \quad 10^{-7}$

Damit ist man nun in der Lage zerstörungsfrei das Formänderungsfeld und über das HOOKE'sche Gesetz das Spannungsfeld σ im Eindringbereich der Röntgenstrahlung anzugeben. In Bild 15.4 sind die experimentellen Meßpunkte zusammen mit den theoretischen Kurven aus Gl. 15.2, die durchgezogen sind, angegeben. Von Bedeutung sind die sogenannten Hauptformänderungen ε_H bzw. die Hauptspannungen σ_H, die sich aus der Eigenwertgleichung

$$(\varepsilon - \varepsilon_H \; I) \cdot x_\varepsilon = 0 \tag{15.17}$$

$$(\sigma - \sigma_H \; I) \cdot x_\sigma = 0 \tag{15.18}$$

berechnen lassen.

Aus den Eigenvektoren x_ε bzw. x_σ lassen sich die entsprechenden Hauptwinkel ϕ, θ, ψ ausrechnen. In diesen Richtungen liegen also die extremalen Formänderungen bzw. Spannungen. Da die orthonormierten Eigenvektoren nichts anderes als die Richtungskosinuse darstellen, muß beachtet werden, daß sich die Hauptwinkel nicht einfach aus den Skalarprodukten mit den entsprechenden Raumachsen ergeben. Vielmehr werden unter den Hauptwinkeln die sogenannten EULER'schen Winkel verstanden, die die Transformation des kartesischen Koordinatensystems auf die Hauptkoordinaten beschreiben.

Mit der Definition der EULER'schen Winkel nach | 2 | nimmt die Transformationsmatrix A folgende Gestalt an.

$$x_H = A \cdot x \tag{15.19}$$

$$A = \begin{pmatrix} \cos\psi\cos\phi - \cos\theta\sin\phi\sin\psi; & \cos\psi\sin\phi + \cos\theta\cos\phi\sin\psi; & \sin\psi\sin\theta \\ -\sin\psi\cos\phi - \cos\theta\sin\phi\cos\psi; & -\sin\psi\sin\phi + \cos\theta\cos\phi\cos\psi; & \cos\psi\sin\theta \\ \sin\theta\ \sin\phi \quad ; & -\sin\theta\ \cos\phi \quad ; & \cos\theta \end{pmatrix}$$

Für die Formänderungsmatrix ε_0 an der Oberfläche ergeben sich die folgenden Eigenwerte und Eigenvektoren.

$$\varepsilon_{0H} = \begin{pmatrix} -0.001401 & 0 & 0 \\ & -0.002685 & \\ & & 0.001544 \end{pmatrix} \qquad (15.20\ a)$$

$$x_H = \begin{pmatrix} 0.89562 \\ 0.43377 \\ 0.098508 \end{pmatrix}; \begin{pmatrix} -0.43249 \\ 0.90096 \\ -0.035119 \end{pmatrix}; \begin{pmatrix} -0.10399 \\ -0.01115 \\ 0.99452 \end{pmatrix} \qquad (15.20\ b)$$

Wählt man aus den Eigenvektoren folgendes Rechtssystem

$$x_H = \begin{pmatrix} -0.10399 \\ -0.01115 \\ 0.99452 \end{pmatrix} \quad y_H = \begin{pmatrix} 0.89562 \\ 0.43377 \\ 0.98508 \end{pmatrix} \quad z_H = \begin{pmatrix} -0.43249 \\ 0.90096 \\ -0.035119 \end{pmatrix}$$

aus, so lassen sich dann aus der Transformationsmatrix A die EULER'schen Winkel bestimmen:

$\phi = 95.66°$; $\theta = 92.01°$; $\psi = -25.64°$

Die lokale Spannungsmatrix an der Oberfläche errechnet sich aus dem HOOKE'schen Gesetz mit POISSON-Zahl $\nu = 0.27$ und Elastizitätsmodul $E = 205000$ MPa zu

$$\sigma_0 = \begin{pmatrix} -500.56 & 81.35 & -52.30 \\ & -635.18 & 1.29 \\ & & 2.90 \end{pmatrix} \text{ MPa} \qquad (15.21)$$

Die Lösung des Eigenwertproblems liefert die Hauptspannungen

$$\sigma_{0H} = \begin{pmatrix} -462.28 & & \\ & -673.46 & \\ & & 2.90 \end{pmatrix} \text{ MPa} \qquad (15.22\text{ a})$$

mit den Eigenvektoren

$$x_0 = \begin{pmatrix} 0.90484 \\ 0.42575 \\ 0. \end{pmatrix} ; \begin{pmatrix} -0.42575 \\ 0.90484 \\ 0. \end{pmatrix} ; \begin{pmatrix} 0. \\ 0. \\ 1. \end{pmatrix} \qquad (15.22\text{ b})$$

Als Hauptwinkel ergeben sich:
$\phi = -25.20°$; $\theta = 0°$; $\psi = 0°$

Einen interessanten Aspekt zeigt die Tatsache, daß die Koordinatenspannung σ_{033} fast Null ist. Damit wird diese Randbedingung für eine freie Oberfläche ($\sigma_{033} = 0$) vom Werkstoff "a priori" erfüllt, ohne daß sie in der Ausgleichsrechnung explizit berücksichtigt werden muß. Umgekehrt läßt sich daraus allein aus der Formänderungsmatrix ε_0 eine Bedingungsgleichung für die POISSON-Zahl ν angeben,

$$\nu = \frac{\varepsilon_{033}}{\varepsilon_{033} - \varepsilon_{022} - \varepsilon_{011}} \qquad (15.23)$$

so daß erstmals eine Kontrollmöglichkeit der Messung gegeben ist und zur Berechnung der Spannung lediglich noch der E-Modul bekannt sein muß. Für die Oberflächenmatrizen ε_0 in den Gl. 15.14 und 15.20 berechnet sich die POISSON-Zahl zu $\nu = 0.27$. Der Schermodul folgt damit aus:

$$G = \frac{E}{2(1+\nu)} = \frac{E}{2(1+0.27)} = \frac{E}{2.54} = 0.3937\ E \qquad (15.24)$$

Um sich mit der Hauptachsentransformation und der Bestimmung der EULER'schen Winkel besser vertraut zu machen, können die beiden folgenden Beispiele als Übungsaufgabe behandelt werden.

In der Tiefe $\Delta r = 0.01$ mm erhält man für die lokale Formänderungsmatrix ε die folgenden Werte

$$\varepsilon = \begin{pmatrix} -0.001417 & 0.000567 & -0.000343 \\ & -0.002157 & 0.000007 \\ & & 0.001779 \end{pmatrix}$$

und mit ν = 0.27 und E = 205000 MPa die lokale Spannungsmatrix

$$\sigma = \begin{pmatrix} -398.93 & 91.47 & -55.30 \\ & -518.35 & 1.09 \\ & & 117.02 \end{pmatrix}$$

Hieraus lassen sich als Übung die Hauptformänderungen und Hauptspannungen mit Angaben der betreffenden Hauptwinkel berechnen.

Eine ausführliche Darstellung des Röntgenintegralverfahrens (auch als RIM abgekürzt) kann dem Schrifttum (3 bis 6) entnommen werden.

Tabelle 15.1 Kenngrößen

Strahlung	CrK_α	λ = 0.228962	nm
Gitterkonstante		a_0 = 0.2867	nm
Miller'sche Indizes	hkl	= (2 1 1)	
Absorptionskoeffizient		μ = 89.7	mm^{-1}
Strahlbreite		Bl = 2	mm
Radius der zyl. Probe		R = 20	mm
Werkstoff		Stahl 100 Cr 6	
Faktor	k	= 3	

Tabelle 15.2: Röntgenographische Eigenspannungsmessung an rollbeanspruchten Scheiben aus 100 Cr 6, Meßwerte 2θ in Abhängigkeit von φ und ψ nach K. MAEDA.

φ \ ψ	-57	-47	-37	-27	-12	-0	+0	12	27	37	47	57
0	156.20	155.85	155.60	155.35	155.00	155.05	155.10	155.45	155.60	155.75	156.20	156.45
45	156.20	155.80	155.50	155.35	155.10	155.10	155.10	155.25	155.50	155.80	156.10	156.50
90	156.75	156.25	155.85	155.50	155.25	155.10	155.10	155.20	155.55	155.80	156.20	156.65

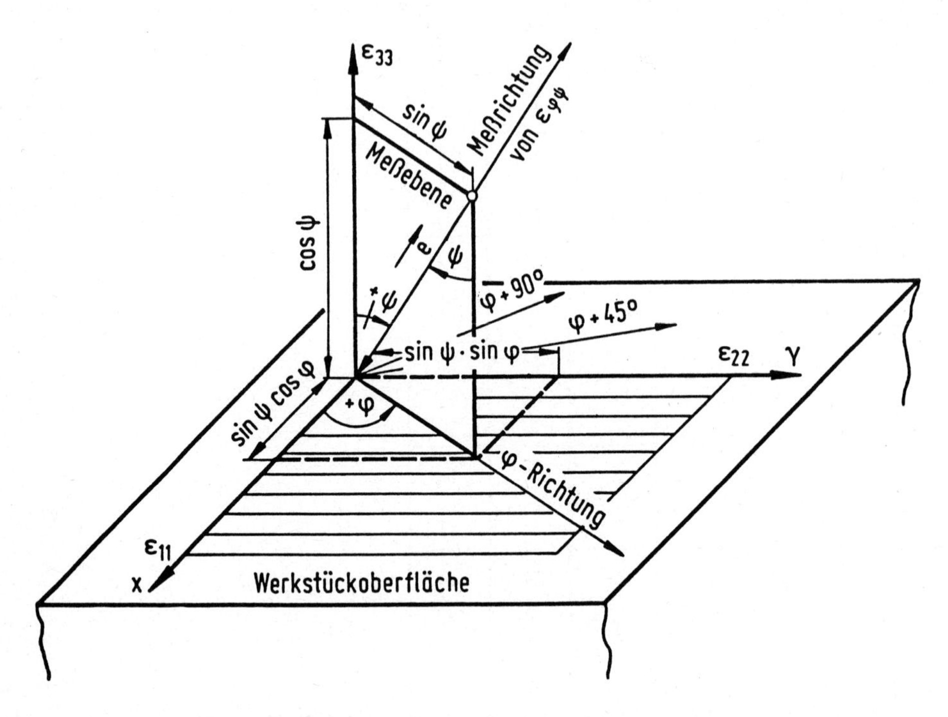

Bild 15.1 Winkel und ihre Orientierung am Meßort mit Angabe der Projektionen des Einheitsvektors $\vec{e}$ auf die Raumachsen

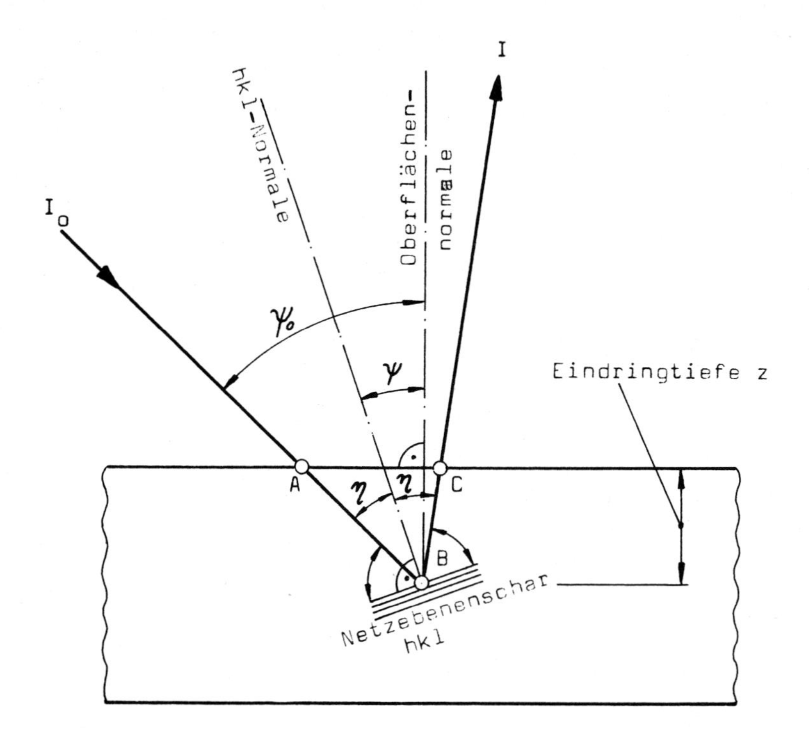

I_o : Primärintensität

I : gebeugte Intensität

hkl : MILLER'sche Indices

Bild 15.2 Schematische Darstellung des Röntgenstrahls bei Reflexion an einem ebenen Werkstück

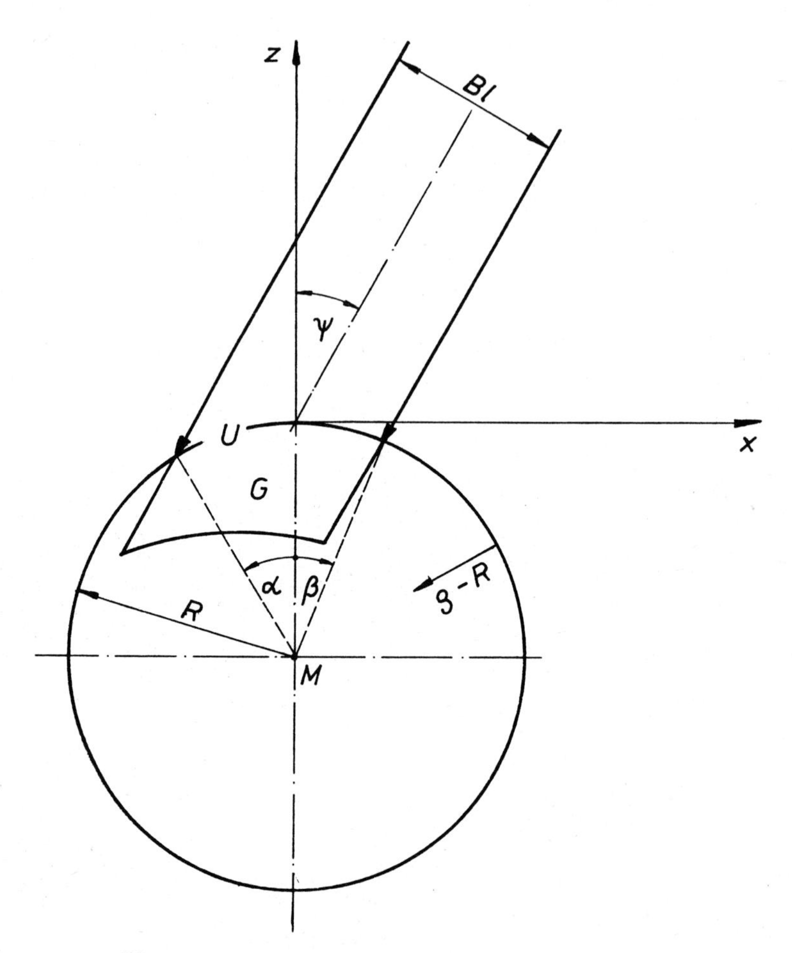

Bl = Beleuchtungsbreite
ψ = Einstrahlwinkel
U = Umfangselement
α, β = Öffnungswinkel

Bild 15.3 Umfangselemente und Informationsgebiet

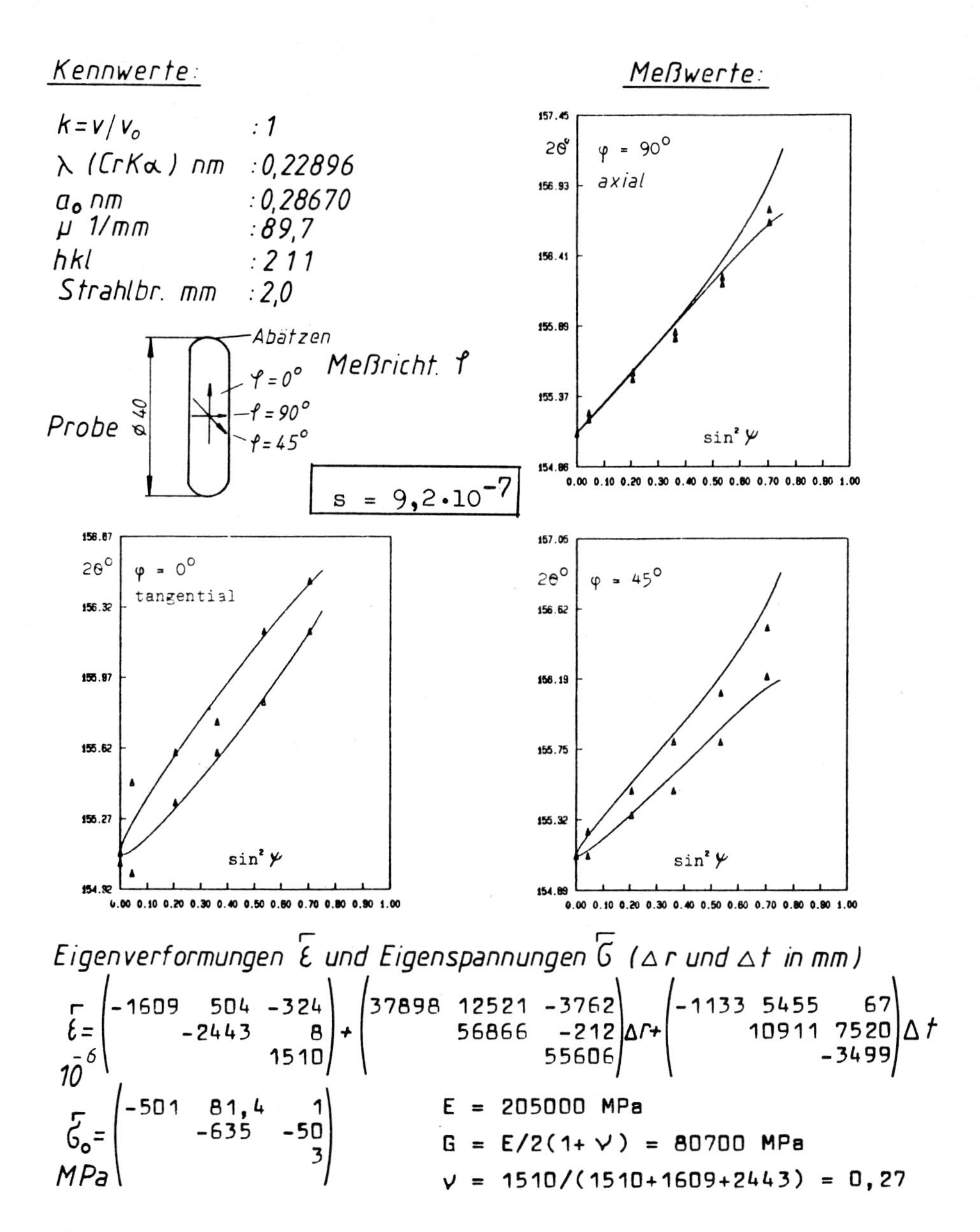

Bild 15.4 Röntgenographische Eigenspannungsmessung an rollbeanspruchten Scheiben aus 100 Cr 6; Abätzen: 3 μm. Meßwerte nach K. Maeda

16 Ausblick

Überschaut man einmal die Spannungsmeßtechnik der letzten 50 Jahre, so lassen sich tiefgreifende Änderungen und Entwicklungen erkennen, die bis heute noch nicht beendet sind. Aus einer solchen Chronologie ergeben sich auch Hinweise, wie es weitergehen wird.

Es begann damit, daß die bis zur Perfektion entwickelten mechanischen und optischen Laborgeräte durch den Dehnungsmeßstreifen (DMS) eine solche Konkurrenz erhielten, daß sie fast alle verdrängt wurden, und heute nur noch der Setzdehnungsmesser der BUNDESANSTALT FÜR MATERIALPRÜFUNG, Berlin, verwendet wird. Mit dem beginnenden elektrischen Messen mechanischer Größen ergaben sich vielfältigere und ganz neue Anwendungen außerhalb der Labors, auf Baustellen und Werkstätten, bei statischer und dynamischer Beanspruchung, bei hohen und tiefen Temperaturen, im Wasser und in aggressiven Medien. Der DMS und die in der Folge entwickelten kapazitiven und induktiven Aufnehmer erweiterten dadurch die bisher fast nur theoretisch und auf Einzelproben orientierte Festigkeitslehre, Mechanik und Materialprüfung auf fast alle technische Bereiche. Es wurde möglich am fertigen Werkstück, an vielen Stellen, unter Betriebsbedingungen die wahren Spannungen auf einer Fläche von nur einigen mm^2 zu ermitteln, zu speichern, zu übertragen und damit Vorgänge zu steuern oder langfristig zu beobachten. Es ist zu erwarten, daß der Einsatz von DMS so zunimmt, daß er in Werkstätten und Baustellen zusammen mit Meßuhren, Mikrometern und Lupen benutzt wird, d.h. daß er technisches Allgemeingut wird. Daneben wird er verstärkt in Aufnehmern eingesetzt werden, wobei eine Selbstanzeige z.B. in Kraftmeßdosen wünschenswert ist.

Eine großflächige Feldanalyse der Oberflächenbeanspruchung ist durch das spannungsoptische Oberflächenschichtverfahren möglich. Es entwickelte sich aus der zwei- und dreiaxialen Modell- Photoelastizität. Das Verfahren ist praxisgerecht weiterentwickelt worden, wird aber fast nur in Entwicklungs- und Versuchslabors eingesetzt. Vielleicht kann es durch eine automatisierte, digitale Bildverarbeitung attraktiver werden.

Schnelle, einfache Feldanalyse könnte einmal mit dem Dehnlinienverfahren möglich werden. Gelänge es mit: Aufsprühen, kurzem Warten, Belasten, die Stellen der größten Beanspruchung auf einen Blick zu erfassen und zu messen, dann wäre dies wohl das ideale Verfahren für Labors und Werkstätten, sowie bei Belastungsprüfungen.

Röntgenverfahren übermitteln vielfältige Angaben von der Oberfläche und darunter liegenden Schichten, von Makro- und Mikrospannungen, von einzelnen Gefügeanteilen, Korngrößen und von Texturen. Entsprechend schwierig sind Analysen und Aussagen. Sie können nur durch geschulte Physiker und Computereinsatz erarbeitet werden. Hier wären handliche, selbstjustierende und gesteuerte Geräte zu wünschen, die innerhalb kurzer Zeit eine vollständige Analyse erstellen, d.h. die Spannungsmatrix für jede Stelle im Strahleneindringbereich.

Noch tiefer dringen Ultraschallwellen in die Werkstücke ein, und damit sind auch ihre Angaben noch schwieriger zu analysieren. Verfahren, Technik und Auswertung sind in Entwicklung, um die Einflüsse von Gefüge und Spannung zu trennen.
Eine recht junge Methode zur Spannungsanalyse ist die Neutronenbeugung. Neutronen mit Energien von 0,01 bis 0,1 eV haben nach der DE BROGLIE-Gleichung Wellenlängen von etwa 0,1 nm, was Atomabständen in Kristallgittern entspricht. Weil sie aber nur mit Nukleonen reagieren, ist ihre Eindringtiefe im Vergleich zu Röntgenstrahlen etwa um 20.000-mal größer. Mit Neutronen lassen sich daher zerstörungsfrei Spannungen im Werkstoffinnern messen, wenn man durch geeignete Prüfsysteme das BRAGG-Gesetz auf kleine Volumen von etwa 1 mm^3 mit dortiger, konstanter Beanspruchung anwenden kann. Dieses Verfahren wird vorerst nur in Verbindung mit Hochenergie-Reaktoren und ausreichender Neutronenquelle einsetzbar sein.

Bei dem MOIRE-Verfahren werden zwei flächige, durchsichtige Strichgitter überlagert. Verformt sich das auf der Probe befindliche gegenüber dem unverformten Referenzgitter, so kommt es zu MOIRE-Streifen. Aus deren Abstand und Drehung kann man auf die Oberflächenspannungen schließen. Das Verfahren wird wenig angewendet, obwohl es kostengünstig ist und bei hohen, sowie tiefen Temperaturen eingesetzt werden kann. Der größte Vorteil gegenüber anderen Methoden ist die Feldanalyse über 100x100 mm^2 und mehr und die dortige Messung großer Verformungen.

In letzter Zeit gewinnen berührungslos messende Verfahren an Bedeutung:

- Mit der Holographie ist es möglich großflächige, dynamisch beanspruchte Proben zu untersuchen. Überlagert man einen kohärenten Laserstrahl nach Reflexion vom Prüfling mit einem Referenzstrahl, so lassen sich aus den Interferenzen alle Verschiebungen der Oberfläche nachweisen, insbesondere die Schwingungsknoten. Die Messung von Verformungen und damit von Spannungen ist aufwendig.

- In dynamisch und somit adiabatisch beanspruchten Werkstükken kommt es infolge der Spannungsänderung zu Temperaturänderungen, die durch Messen der Infrarotstrahlung der Oberfläche ermittelt werden kann. Dieser thermoelastische Effekt ermöglicht sehr genaue Spannungsbestimmungen. Die mit flüssiger Luft gekühlten Spannungsanalysatoren lösen auf 1 mm genau noch Temperaturunterschiede von 0,002°C auf und weisen so Spannungsänderungen in Stahl von 1 und in Aluminium von 0,4 N/mm^2 nach. Die Geräte sollen sich auch für den Einsatz in Werkstätten eignen.

- Eine ganz neue Analyse- und Aufnehmertechnik wird durch Lichtleitfasern gegeben. Es lassen sich damit in Verbindung mit mechanischen und physikalischen Änderungen der Prüfkörper Temperaturen, Drücke, Konzentrationen, elektrische und magnetische Felder und Spannungen messen. Ob sich die vielen Möglichkeiten in der Praxis durchsetzen, wird davon abhängen, wie sich die notwendigen Aufnehmer realisieren lassen, und ob es möglich ist, die Signale optisch weiterzuverarbeiten, auszuwerten und zu speichern.

Aus der kurzen Vorstellung bekanntgewordener und bewährter Verfahren ist zu ersehen, daß sie sich heute nicht mehr den Rang ablaufen oder verdrängen. Jedes ist speziellen Aufgaben und Auswertungen zugeordnet, die sich mechanisch allerdings überschneiden. Ungelöst sind heute jedoch immer noch die Fragen nach Meßabweichungen, -korrekturen und -genauigkeiten. Hier muß man sich auf Firmenangaben, eigenen Kalibrierungen und Erfahrungen verlassen. Es gibt in dem sehr umfangreichen deutschen Normenwerk keine Vorschrift über Spannungsmessungen. Vielleicht ist dies dadurch bedingt, daß es z.Z. auch noch keine Spannungsnormale gibt, mit der Meßmethoden kontrolliert werden könnten, wie z.B. Bleche, Platten, Stäbe, Rohre, in denen durch eine gezielte Behandlung definierte Eigenspannungen erzeugt wurden. Gemeinschaftsuntersuchungen der letzten Jahre in der Röntgenmeßtechnik erbrachten leider nicht die erhofften gleichen Spannungsangaben. Hier müssen die zukünftigen Bemühungen einsetzen; denn jedes Verfahren ist nur so gut wie seine kontrollierbaren Aussagen, insbesondere seine Genauigkeit.

17 Anhang

Im folgenden werden einige Daten und Erläuterungen gegeben, welche für die theoretischen Grundlagen und experimentellen Auswertungen in der Spannungstechnik unerläßlich sind.

17.1 Elastische Kennwerte

Zur Spannungsermittlung müssen die Meßwerte mit Hilfe werkstoffeigener, elastischer Kennwerte in die mechanischen Spannungen umgerechnet werden.

K.M. SWAMY und K.L. NARAYANA stellten in ihrem Aufsatz "Elastische und akustische Eigenschaften isotroper, polykristalliner Metalle" (Austica Vol. 54, 1983, Seite: 123/125) zehn Kennwerte von 66 reinen Metallen zusammen. Daraus entnommen sind nachstehende Angaben:

Met.	Git-	(g/cm²)		(GPa)		(-)		(m/s)	
	ter	Dichte	E	G	K	ν	v_l	v_s	v_t
Al	kfz.	2,70	70,3	26,1	76,0	0,346	6409	3109	5102
Be	hex.d	1,85	287,25	128,4	125,6	0,118	12678	8342	12477
Co	hex.d	8,90	215,2	82,1	190,0	0,311	5798	3037	4917
Cr	krz.	7,19	279,0	115,0	162,0	0,213	6622	3999	6229
Cu	kfz.	8,94	128,2	47,7	137,0	0,344	4736	2310	3786
Fe	krz.	7,87	211,0	81,9	166,0	0,288	5912	3226	5177
Mg	hex.d	1,74	44,63	17,3	35,4	0,290	5797	3153	5064
Mn	Kom.k	7,44	191,0	82,6	92,6	0,156	5219	3332	5066
Mo	krz.	10,22	323,7	125,0	263,0	0,295	6485	3497	5627
Ni	kfz.	8,90	222,5	85,8	183,0	0,297	5777	3105	5000
Pb	kfz.	11,34	24,23	8,6	44,7	0,409	2219	871	1461
Sn	tetr.	7,30	48,47	17,9	55,4	0,354	3293	1566	2576
Ti	hex.d	4,54	114,66	43,4	107,0	0,321	6021	3092	5025
V	krz.	6,11	130,9	48,1	157,0	0,361	6015	2805	4628
W	krz.	19,30	409,6	160,0	310,0	0,280	5208	2879	4606
Zn	hex.d	7,13	99,3	39,5	68,3	0,257	4114	2353	3731

Hierin bedeuten:

kfz., krz. : kubischflächenzentriert, kubischraumzentriert
hex.d, tetr.: hexagonal dicht, tetragonal
Kom.k : Kompakt kubisch
E, G, K : Elastizitäts-, Gleit- und Kompressionsmodul
Für isotrope Stoffe gilt u.a. $G = E / |2 (1 + \nu)|$
$K = E / |3 (1 - 2\nu)|$

$\nu = - \frac{\text{Querdehnung}}{\text{Längsdehnung}} > 0$: Poisson-Zahl

v_l, v_s, v_t : Longitutinal-, Scher- und Transversalgeschwindigkeit

Literaturverzeichnis

Kapitel 1

1.1 N. N., Deutsche Normen, Beuth-Verlag

1.2 Haasen, P., Physikalische Metallkunde, Springer-Verlag, 1984

1.3 Brostow, W., Einstieg in die moderne Werkstoffwissenschaft, Carl Hanser-Verlag, 1984

1.4 Ilscher, B., Werkstoffwissenschaften, Springer-Verlag, 1982

1.5 Laska, R. und Felsch, Chr., Werkstoffkunde für Ingenieure, Vieweg-Verlag, 1981

1.6 Bergmann, W., Werkstofftechnik, Teil 1, Grundl. Carl Hanser-Verlag, 1984

1.7 Gawehn, W., Finite-Elemente-Metnode, Vieweg-Verlag, 1985

1.8 Zammert, W.-K., Betriebsfestigkeitsberechnung, Vieweg-Verlag, 1985

1.9 Rieck, W. und Rieck, I., Grundlagen der Werkstoffkunde und Werkstoffprüfung, Verlag Gehlen, 1985

Kapitel 2

2.1 Neuber, H., Technische Mechanik, Springer-Verlag, 1974

2.2 Neuber, H., Kerbspannungslehre, Springer-Verlag, 1983

Kapitel 3

3.1 Betten, J., Elastizitäts- und Plastizitätstheorie, Vieweg-Verlag, 1985

3.2 Tetelman/McEvily, Bruchverhalten technischer Werkstoffe, Verlag Stahleisen, 1971

3.3 Lippmann, H., Mechanik des plastischen Fließens, Springer-Verlag, 1981

Kapitel 4

4.1 Freudenthal, A. M., Inelastisches Verhalten von Werkstoffen, VEB-Verlag Technik, 1955

4.2 N. N., Die wichtigsten physikalischen Eigenschaften von 52 Eisenwerkstoffen, Stahleisen-Verlag

4.3 Scharr, G., Experimentelle Bestimmung des kompletten Stoffgesetzes von anisotropen faserverstärkten Kunststoffen, Messtechn. Briefe 21 (1985) H. 1, S. 7–11

Kapitel 5

5.1 N. N., Hersteller von Setzdehnungsmesser und Übertrager: Fa. Fr. Staeger, Zossenerstr. 56–58, 1 Berlin 61 (Kreuzberg)

5.2 Peiter, A. und Derenbach, W., Eigenspannungsverteilung in geschweißten Platten aus St 52, Schweißen und Schneiden 26 (1974) H. 10, S. 387–401

Kapitel 6

6.1 N. N., von verschiedenen DMS-Herstellern

6.2 N. N., Veröffentlichungen über DMS in verschiedenen Zeitschriften

Kapitel 7

7.1 Richter, I., Dehnungslinienverfahren VDI-Bildungswerk, Lehrgang: Experimentelle Spannungsmeßtechnik

7.2 Vertrieb von Stresscoat-Dehnlinienlack: Fa. Fischer-Pierce & Waldburg, 7964 Kisslegg

Kapitel 8

8.1 Hehn, K.-H., Messungen an Baustoffen, VDI-Bildungswerk, Lehrgang: Spannungsanalyse mit Dehnungsmeßstreifen (36–10)

Kapitel 9

9.1 Elfinger, F. X., Peiter, A., Theiner, W. A. und Stücker, E., Verfahren zur Messung von Eigenspannungen. 6. GESA-Symposium 1982. VDI-Bericht 439 (1982) S. 71–84

9.2 Peiter, A., Lode, W., Ewen, M. und Herz, Th., Eigenspannungen ermitteln mit mechanischen Meßwerkzeugen. Bänder, Bleche, Rohre, 22 (1981) H. 12, S. 340–344

9.3 Peiter, A., Lode, W., Hektor, A. und Praum, U., Bestimmung der Eigenspannungen in lichtbogenhand- und gasgeschweißten Stahlblechen nach dem Biegepfeilverfahren. Schweißen und Schneiden 35 (1983) H. 7, S. 312–318

9.4 Peiter, A., Keller, A. und Neusius, W., Eigenspannungen in längsgeschweißten sowie hartgelöteten Stahlrohren; Oerliken Schweißmittel 102, Mai (1983), S. 24–31

9.5 Peiter, A. und Lode, W., Ermittlung von Eigenspannungen in zweischichtigen Thermobimetallen. Metall 37 (1983) H. 1, S. 40–43

9.6 Peiter, A., Lode, W., Jost, A. und Meisinger, M., Verteilung der Eigenspannungen in Thermobimetallen. Metall 38 (1984) H. 1, S. 46–50

9.7 Peiter, A., Heinrich, R. und Trebing, N., Meßstand zur Ermittlung von Längs- und Torsionseigenspannungen in Stäben, Fachberichte. Hüttenpraxis 22 (1984) H. 8, S. 749

9.8 Peiter, A. und Mitarbeiter, Vergleichende Spannungsmessungen und -berechnungen mit Bohrlochrosetten Arch. Eisenhüttenwes. 50 (1979) H. 7, S. 305–310

9.9 Peiter, A., Lode, W. und Mitarbeiter, Die ϵ-Feldanalyse, ein DMS-Verfahren zur örtlichen, dreiaxialen Last- und Eigenspannungsmessung. Fachber. Hüttenpraxis, 23 (1985) H. 10, S. 984–990

Kapitel 10

10.1 Avril, J., Encyclopedie Vishay D'Analyse des Contraintes. Vishay Micromesures, S. 89–128, 1974

10.2 Dally, J. und Riley, W., Experimental Stress Analysis. McGraw-Hill, 1965

10.3 Kuske, A. und Robertson, G., Photoelastic Stress Analysis, John Wiley & Sons, 1974

10.4 Measurements Group Meßtechnik GmbH, Einführung in das Spannungsoptische Oberflächenschichtverfahren, 1970

10.5 Föppl, L. und Mönch, E., Praktische Spannungsoptik, Springer Verlag, 1972

10.6 Measurements Group, Meßtechnik GmbH, Datenblätter zum Photostreß-Verfahren, 1980

10.7 Schöpf, H.-J. und Kizler, W., Die Bohrlochmethode – Eine umfassende Erweiterung für das Spannungsoptische Oberflächenschichtverfahren. Messen + Prüfen, Bd. 15, Heft 9, S. 649, 1979

10.8 Zandmann, F., Redner, S. und Dally, J., Photoelastic Coatings, Sesa, 1977

10.9 Schöpf, H.-J., Spannungs- und Verformungsanalyse im Automobilbau, Messen + Prüfen (4/84)

Kapitel 11

11.1 Murnaghan, F. D., Finite Deformation of an Elastic Solid. New York: Wiley 1951

11.2 Hughes, D. S. und Kelly, J. L., Second-Order Elastic Deformations of Solids, Phys. Rev. **92** (1953) 1145–1149

11.3 Schneider, E., und Goebbels, K., Zerstörungsfreie Bestimmung von (Eigen-)Spannungen mit linear-polarisierten Ultraschallwellen. VDI-Bericht Nr. 439 (1982) 91–96

11.4 Goebbels, K. und Hirsekorn, S., A New Ultrasonic Method for Stress Determination in Textured Materials. NDT Intern. **17** (1984) 337–341

11.5 Thompson, R. B., Smith, J. F. and Lee, S. S., Acoustoelastic Measurements of Stress. Appl. Phys. Lett. **44** (1984), 269–298

11.6 Papadakis, E. P., Ultrasonic Phase Velocity by the Pulse-Echo Overlap Method. J. Acoust. Soc. Amer. **42** (1967), 1045–1051

11.7 Hübschen, G., Repplinger, W. und Salzburger, H.-J., Ultraschallprüfung mit elektro-magnetischen Wandlern (EMUS). Fhg-Berichte Nr. 1 (1984), 23–32

11.8 Kino, G. S., Husson, D. und Bennett, S. D., Measurement of Stress. In "New Procedures in NDT", Hrsg. Höller, P., Springer-Verlag, Berlin (1983), 521–537

11.9 Schneider, E., Höller, P. und Goebbels, K., Nondestructive Detection and Analysis of Residual and Loading Stresses in Thick-Walled Components. Nucl. Eng. and Design **84** (1985), 165–170

11.10 Goebbels, K., Pitsch, H., Schneider, E. und Nowack, H., NDE of Stresses in Thick-Walled Components by Ultrasonic Methods. Proc. 7. Intern. Conf. NDE in Nuclear Industry, Grenoble (1985), 405–415

11.11 Brokowski, A. und Deputat, J., Ultrasonic Measurements of Residual Stresses in Rails. Proc. 11 World Conf. on NDT, Las Vegas (1985), 592–598

11.12 Egle, D. M. und Bray, D. E., Application of the Acousto-Elastic Effect to Rail Stress Measurements. Materials Eval. (1979), 41–55 (March)

11.13 Sorel, M., Aubert, J., Brand, A. und Vacelet, M. H., Ultrasonic Measurements of the Tension due to Tightening of Bolted Joints. Proc. 6. Intern. Conf. NDE in nucl. Industry, Zürich (1983), 779–788

11.14 Heymann, J. S. und Chern, E. J., Ultrasonic Measurements of Axial Stress. J. Testing and Evaluation **10** (1982), 202–211

Kapitel 12

12.1 Theiner, W. und Höller, P., Magnetische Verfahren zur Spannungsermittlung. Härtereitechn. Mitteilungen, Sonderband „Eigenspannungen und Lastspannungen", Hrsg. V. Hauk, E. Macherauch, Carl Hanser Verlag, München (1982), 156–163

12.2 Altpeter, I., Theiner, W. und Reimringer, B., Härte- und Eigenspannungsmessungen mit magnetischen zerstörungsfreien Prüfverfahren. In „Eigenspannungen", Band 2, Hrsg. E. Macherauch, V. Hauk, DGM Oberursel (1983), 83–103

12.3 Brinksmeier, E., Schneider, E., Theiner, W. und Tönshoff, H. K., Nondestructive Testing for Evaluating Surface Integrity. Annals of the CIRP **33** (1984), 489–509

12.4 Goebbels, K. und Theiner, W., Zerstörungsfreie Analyse der Gefüge- und Spannungszustände in metallischen Werkstoffen. Materialprüf. **27** (1985), 64–69

Kapitel 13

13.1 Macherauch, E. und Wolfstieg, U., Zur zweckmäßigen Definition von Eigenspannungen. HTM **28** (1973), S. 201

13.2 Hauk, V. und Stuitje, P. J. T., Röntgenographische phasenspezif. Eigenspannungsuntersuchungen heterogener Werkstoffe nach plastischen Verformungen. Z. Metallkunde **76** (1985), S. 445

13.3 Kröner, E., Berechnung der elastischen Konst. des Vielkristalls aus den Konst. des Einkristalls. Z. Physik **151** (1958), S. 504

13.4 Warren, B. E., X-Ray Diffraction. Addison-Wesley Publ. Comp. (1969)

13.5 Stickforth, J., Über den Zusammenhang zwischen röntgenographischer Gitterdehnung und makroskopischen elastischen Spannungen. Techn. Mitt. Krupp **23** (1966), H. 3/1

13.6 Burbach, J., Mechanische Anisotropie, Ed. H. P. Stüwe, Springer-Verlag (1974), S. 105

13.7 Hauk, V., Nikolin, H.-J. und Weisshaupt, H., Röntgenographische Elastizitätskonstanten von einem niedrig leg. Stahl in zwei Zuständen. Z. Metallkunde **76** (1985), S. 226

13.8 Autorengemeinschaft, HTM-Sonderheft (1976), H 1/2

13.9 Macherauch, E., Stand und Perspektiven der röntgenographischen Spannungsmessung. I. Metall **34** (1980), S. 443, II. Metall **34** (1980), S. 1087

13.10 Macherauch, E. und Hauk, V., Eigenspannungen, Entstehung – Messungen – Bewertung. DGM (1983), 2 Bände

13.11 Welsch, E., Scholtes, B., Eifler, D. und Macherauch, E., Überlastungsbedingte Eigenspannungsverteilung in rißspitzennahen Werkstoffbereichen und deren Einfluß auf die Ausbreitung von Ermüdungsrissen. In 13.10, Band 2, S. 219

13.12 Prümmer, R. und Pfeiffer-Vollmar, H. W., Einfluß eines Konzentrationsgradienten bei röntgenograph. Spannungsmessungen. Z. für Werkstofftechnik **12** (1981), S. 282

13.13 Peiter, A. und Lode, W., Beanspruchungsanalyse metallischer Kontaktflächen mit Röntgen-Integralverfahren. Fachber. Hüttenpraxis 21 (1983), **6**, S. 398–405

13.14 Dölle, H. und Hauk, V., Einfluß der mechanischen Anisotropie des Vielkristalls (Textur) auf die röntgenographische Spannungsermittlung. Z. Metallkunde **69** (1978), S. 410

13.15 Barral, M., Sprauel, J. M. und Maeder, J., Stress Measurements by X-ray Diffraction on Textured Material Characterised by its Orientation Distribution Function (ODF). In 13.10, Band 2, S. 31

13.16 Hauk, V. und Vaessen, G., Röntgenographische Spannungsermittlung an texturierten Stählen. In 13.10, Band 2, S. 9

13.17 Maurer, G., Texture and Lattice Deformation Pole Figures of Rolled Tugsten. Bericht Tagung Fachauschüsse „Spannungsmeßtechnik" und „Spannungszustand und Werkstoffverhalt.", Straßburg 17. und 18.10.1985

13.18 Hauk, V. und Kockelmann, H., Röntgenographische Elastizitätskonstanten ferritischer, austenitischer und gehärteter Stähle. Arch. Eisenhüttenwesen **50** (1979), S. 347

13.19 Ruppersberg, H. und Schwinn, V., unveröffentlicht

Kapitel 14

14.1 Zurmühl, R., Praktische Mathematik für Ingenieure und Physiker, Springer Verlag (1961)

14.2 Green, J. R. und Margerison, D., Statistical Treatment of Experimentel Data. Elsevier-Amsterdam-Oxford-New York (1978)

14.3 Bevington, P. R., Data Reduction and Error Analysis for the Physical Sciences. Mac Graw-Hill, New York (1969)

14.4 Stoer, J., Einführung in die Numerische Mathematik I. Springer-Verlag Berlin, Heidelberg, New York, Tokyo (1983)

14.5 Jordan-Engeln, G. und Reutter, F., Formelsammlung zur Numerischen Mathematik mit Fortran IV-Prog. BI-Hochschultaschenbuch, Band 106 (1976)

14.6 Frieden, B. R., Probability, Statistical Optics and Data Testing. Springer-Verlag Berlin, Heidelber, New York (1983)

Kapitel 15

15.1 Wern, H., unveröffentlicht

15.2 Goldstein, H., Klassische Mechanik. Akademische Verlagsgesellschaft Frankfurt (1974), 118–121

15.3 Peiter, A. und Lode, W., Theorie des Röntgen-Integral-Verfahrens. Härterei-Techn. Mitt. 35 (1980), Nr. 3, 148–155

15.4 Peiter, A. und Lode, W., Das Röntgen-Integralverfahren. Eine Erweiterung des $\sin^2 \psi$-Verfahrens. Vortrag Göttingen DGZfP Jahrestagung (1980), 12. bis 14. Mai. Materialprüf. 22 (1980), Nr. 7, 288–290

15.5 Peiter, A. und Lode, W., Grundsätzliche Erweiterungsmöglichkeit der Röntgen-Verformungstechnik. Metall 35 (1981), 758–762

15.6 Peiter, A. und Lode, W., Einfluß der Ortsgeometrie auf Röntgen-Verformungsmessung. Materialprüf. 24 (1982), 436–440

Sachwortverzeichnis

A

Abdrehquerschnitt 126
Abdrehverfahren 125
Absorptionseffekte 196
Analytisch 35,47
Anisotrop 52,55,143
Ausbohrquerschnitt 126
Ausbohrverfahren 125
Ausgangsmeßlänge 117
Ausschlagmethode 74
Ausschneideverfahren 120

B

Barkhausenrauschen 181
Beugungsmethoden 192
Beugungsphänomen 160
Biegeeigenspannungen 125
Biegeformänderungen 123
Biegerückfederungen 118
Biegeverfahren 121
Binominalverteilung 214
Blockwandbewegungen 180
Bohrlochverfahren 126
Brechungsindizes 143

C

Contured-Sheet-Technik 153
CRAMER-Regel 49

D

Datenreduktion 207
Dauerschwingverhalten 79
Deformationsfeld 225
Dehngrenzen 6
Dehnlinienfelder 10
Dehnlinienverfahren 94,100
Dehnungsgradienten 145
Dehungshypothese 39
Dehnungsmeßstreifen 8,70
Delta-Rosette 103
Detektor 198
Diagonalelemente 217
Dichtefunktion 214
Diffraktometer 194
DMS-Erwärmung 198
DMS-Ketten 101
DMS-Meßgitter 102
DMS-Meßtechnik 72
Doppelbrechungsverfahren 166
Drehprozesse 180
Dreipunktmessung 62
Durchlicht-Spannungsoptik 144

E

Eigenspannungen 114
Eigenspannungsanalyse 121
Einheitszelle 192
Einkristallkonstanten 194
Einkristallplatten 194
Elastizitätsgrenzen 53
Elementarvolumen 32,33
Einschneideverfahren 117
Einschnürung 105
Epsilon-Feldanalyse (EFA) 126
Epsioln-R-Effekt 70
Exponentialverteilung 214

F

Fehlerabschätzung 207
Fehleranalyse 207
Fehlerfortpflanzung 211
Fehlermatrix 217
Fitproblem 220
Formänderungsarbeitshypothese 40
Formänderungsfeld 224
Formbehinderung 114
Freiformänderung 123

G

Galvanometerausschlag 75
Gammaverteilung 214
GAUSS Ausgleichsprinzip 208
Geradenänderung 118
Gerade-Formänderung 123
Gerade-Rückfederung 118
Gleichmaßdehnung 6
Gleitbrüche 38
Gradientenmatrizen 225
Gradienten-Such-Methode 218
Gestaltsänderung 38,49
Gestaltsänderungs-Arbeit 41
Gestaltsänderungs-Hypothese 41

H

Hauptdehnungsdifferenz 146
HOOKE'sche -Gerade 6,38,46,52
HOOKE'sche Gesetz 6
Hysterese-Kurve 181
Hysterisis 54,104

I

Impuls-Echo-Überlager.meth. 166
Indextripel 193
Inkompaktibilität 114
Interferenzbilder 10
Interferenzerscheinung 143
Interferenzmaxima 195
Intensitätsbetrachtung 225
Intensitätsvariation 225
Isochromatenanordnung 146
Isoklinen 149
Isolationswiderstand 79

J

Jochmagnet 181

K

Koeffizientenmatrix 216
Koerzitivfelstärke 180
Kompensatorsignale 181
Konglomerat 192
Kontraktion 105
Koppelmittel 107
Kornorientierung 195
Kriechen 78
Kristallbereich 114
Kristallkollektive 192
Krümmung 62,118
Krümmungsänderung 58,118
Krümmungsmessung 61
Krümmungsradius 58,118
Krümmungsradius, mittlerer 118
Kubisches Gitter 52
Kugelmessmarken 61

L

Laufzeitmessung 162
Lastspannungsermittlung 117
Längenänderung 58
Längsdehnung 47
Längseigenspannung 99
Leiterkapazität 80
Leitungswiderstand 79
Linearitätsfehler 77
Longitudinal 34
Longitudinalwellen 161

M

Magnetostriktion 180
Makrobereich 114
Makrospannung 194
MARTENS-Spiegelgerät 57
Massenabsorptionskoeff. 225
Max. Formänderung von DMS 77
Maximumnorm 209
MAYBACH-Verfahren 94
Mechanische Hysterisis 77
Meßdurchführung 104
Meßkette 72
Meßprinzip 116
Meßstellenauswahl 101
Meßwertextrapolation 103
Meßwertkorrekturen 76

Mikrobereich 114
Mikromag. Spannungsmessung 174
Mikrostruktur 160
Mischbruch 38
Mittelwertrbildung 208
MOHR 24
MOHR'sche Spannungskreis 36,38
MURNAGHAN-Konstanten 162

N
Netzebenenscharen 193
Neutronenbewegung 197
NEWTON'sches Spektrum 143
Normalspannungshypothese 38
Normalspannungsverteilung 214
Null-Kompensationsmethode 150
Nullmethode 73
Nullpunktdrift 78

O
Oberflächenanisotropieeff. 198
Oberflächenschichtverf. 100,143
Oberflächenwellen 161
Optischer DMS 145
Orientierungsfunktion 195

P
Parabelfit 196
Parabelkrümmung 164
Parallaxenfehler 151
Permutation 162
Permutationszyklus 21
Peripheriewinkel 37
Phasenvergleichsmessung 166
Photo-Stress-Verfahren 154
POISSON 23
POISSON-Verteilung 214
POISSON-Zahl 40,47,52,105
Polariskop 144
Polarisationseffekt 225
Polarisationsfelder 144
Polarisationsfilter 149
Polymerisation 153
Proportionalitätsfaktor 105
Punze 54
PYTHAGORAEISCHER-Lehrsatz 37

Q
Querempfindlichkeit von DMS 77
Querkontraktion 52
Querkontraktionszahl 47

R
Radiale Zugspannung 34
Randfaserabstand e 80
Reflektionsachse 149
Reflexionsmethode 144
Relaxieren 4,7,78,104
Rißfortschritt 201
Röhrenbrennfleck 198
Röntgenbündel 224,225
Röntgenintegralverfahren 224
Röntgenmethoden 16
Röntgenspannungsmessung 192,224
Röntgenverfahren 10,104
Rückfederung 54
Rückfederung, frei 119
Rückfederungslänge 117
Rückwandechofolge 167

S
Saiten-Dehnungsmesser 57
Schallemisionsprüfung 182
Scherwinkel 19
Schubspannung 32,33,34
Schubspannungshypothese 39
Schwankungsintervall 212
Schwächungskoeffizient 160
Schwankungsquadrat 208
Setzdehnungsmesser 58
SHEAR-Horiz.-Wellen-Verf. 165
Signaldynamik 182
Signalintensitäten 182
Spannungsanalyse 58,179
Spannungsanalyse, linear 120
Spannungsermittlung 100

Spannungsdeviatoren 41
Spannungsgradienten 101
Spannungskomponenten 115
Spannungsverteilung 118
Spiegel-Dehnungsmeßgeräte 57
Spiraltensometer 57
Standardabweichung 209
Standardalgorithmen 219
Startparameter 219
STÄBLEIN-Gleichung 121
Stern-Rosette 103
Strahlbreite 232
STRESSCOAT 100
STRESSCOAT-Verfahren 95
Strukturfaktor 225
STUDENT'sche Verteilung 214

T

Tangentenmodul 6
Teilordnungsprozesse 174
Telemetrie 14
Temperaturgang bei DMS 78
Tensometer 57
Termdefinition 207
Textur 164
THALES-Halbkreis 37
Thermobimetalle 124
Torsionseigenspannungen 119
Tranformation, allotrope 114
Transformationsmatrix 229
Transversalwellen 161
Transversalwellenprüfköpfe 160
Trennbrüche 38,40
TSCHEBYSCHEFF-Problem 210

U

Ultraschallmethoden 16
Ultraschallverfahren 104,160
Ultraschallwandler 167
Überlagerungspermeabilität 181

V

Varianz 209
Variationskoeffizient 101
Verdrehwinkel 19
Verformungsbehinderung 105
Verformungskreis 38
Verformungsmessung 57
Verformungen, plastisch 114
Vergleichskatalog 147
Versagenhypothese 38
Verteilunhsfunktion 213
Verteilungsmittel 213
Vielkanalanalysator 198
Vielstellenmeßgeräte 101
Volumeneffekte 116
VOIGT-Fall 197

W

Wahrscheinlichkeitstheorie 213
Wahrscheinlichkeitsverteilung 213
WHEASTONE'sche Brücke 71
Winkeländerung 58
Wirbelstromsonden 183
Wirbelstromspulen 182

Z

Zählrohrgoniometer 196
Zentrierwinkel 37
Zylinderkoordinaten 34